# 经营爱自传

李晓 浪哥 著

一个中国新兴情感行业的崛起

北京日报出版社

**图书在版编目（CIP）数据**

经营爱自传：一个中国新兴情感行业的崛起 / 李晓，
浪哥著 . —北京：北京日报出版社，2018.7
ISBN 978-7-5477-3051-5

Ⅰ . ①经… Ⅱ . ①李… ②浪… Ⅲ . ①情感 – 心理咨
询 – 案例 – 中国 Ⅳ . ① B842.6

中国版本图书馆 CIP 数据核字（2018）第 165145 号

**经营爱自传：一个中国新兴情感行业的崛起**

---

**出版发行**：北京日报出版社
**地　　址**：北京市东城区东单三条 8-16 号东方广场东配楼四层
**邮　　编**：100005
**电　　话**：发行部：（010）65255876
　　　　　总编室：（010）65252135
**印　　刷**：北京市金星印务有限公司
**经　　销**：各地新华书店
**版　　次**：2018 年 10 月第 1 版
　　　　　2018 年 10 月第 1 次印刷
**开　　本**：710 毫米 ×1000 毫米　1/16
**印　　张**：23.25
**字　　数**：395 千字
**定　　价**：68.00 元

---

# 自　序

去年浪哥突然跟我说，我觉得我们的公众号可以写一些我们的故事，比如团队的故事和导师的故事。我说当然可以呀。

后面他又说，我觉得我们可以出一本自己的书，我希望这本书既能让读者了解到我们这个情感行业，也能了解到我们这个团队，更重要的是能学习到一些实用的恋爱心理学。

我说，这有点儿难。

但是没想到一晃半年就这么过去了，然后初稿就这样出来了。其实直到现在我都对自己的文笔不满意，写作常常会陷入瓶颈，导致后面有些烂尾。但基于是第一次，我选择原谅自己。动笔前浪哥让我参考一下其他类似的书，我根本就没看。因为我害怕自己会受到其他作者风格的影响，我觉得，我们的故事和技巧都是独一无二的，没有必要去效仿。

这本书定稿前，浪哥突然跟我说，我想加一点儿自己的故事在里面。我说里面写了很多了呀。

他说不，我想把我以前的经历写进去。

其实说实在的，跟浪哥相处了一年多，这些故事，我都是第一次听。

我记得刚来公司的时候，第一次参加公司的聚餐，我看到浪哥坐在热闹的席间沉默不语，眼睛不知道盯着什么地方，面无表情。当时我说浪哥，我觉得你是个很内向的人啊。

他笑笑说，是啊，我是很内向。

然后没过多久，他又开始嘻嘻哈哈地跟大家扯皮开玩笑，声音高亢洪亮。

后来他跟我说，在他上学期间，在他接触情感这个行业之前，他一直是一个内向到骨子里的人，曾经还患过轻度抑郁。

因为从小身材孱弱，不善言辞，经常被同学欺负，所以他一直没有什么朋友。男生出去踢球、打球从来不会叫他，因为他唯一的爱好就是回家打游戏。有喜欢他的女生找他，他连说话的勇气都没有，宁愿放弃，也不愿敞开自己。

他不知道怎么跟别人沟通，更别提如何敞开心扉了。



踏入社会后严重到什么地步呢。在诸如在医院的公共场所，他从来不敢插话，一定要等别人说完，他才敢清一下嗓子。就连说句“我想去卫生间”都要忍着，忍到有人注意到自己。

禽流感爆发那年，天生体弱的浪哥突发起了高烧，这一烧，就烧坏了一只眼睛。

医生说“视神经萎缩”没有治愈方法，只能通过心情调节，或者等待一个什么偶然的契机重获光明。

但是他不接受。

那年他才 20 岁，父母带他辗转了全国很多家医院，尝试过无数种方法，吃了不知道多少中西药，丝毫不见好转。

医生说，最坏的情况也就是这样了，不会再糟了。

所以，就该认命吗？

他一时心态崩坏，动不动就砸东西，把家里能摔的东西都摔得稀碎。

高中毕业，一事无成，交际障碍，现在又几近失明，像我这样的废人活着还有什么意思？

他几次想到自杀。割腕怕疼，上吊太难看。终于有一天他走到窗边，

试图一跃而下，了结这窘迫的人生。

但踏出一只脚的那一刻，他害怕了。

外面响着呼呼的风声，一片漆黑。

我不敢死，因为我怕黑。

这是浪哥的原话。

但是我觉得，他是不甘心。不甘心被命运这样捉弄了，还轻而易举地认输。

从那天起，他试图改变这种堕落的生活。



他求着父亲给自己找一些“读屏”的软件，那时候智能手机还不流行，他就整日在电脑上用软件读书、听广播。他热切地渴望学习些什么，但一时又找不到目标。

偶然的一天，他听到一个讲述恋爱心理学的广播，对此产生了很浓厚的兴趣，他立马知道，这就是他接下来要做的事。

后来出了智能手机，他发现手机上有一个“文字转语音”的功能，这个功能终于能够弥补他无法看书看图的缺陷。他每次“看”完一部分内容，就复述其中认为比较重要的部分，录成音频，后期再一点一点整理和学习。

那个时候，学习心理学和恋爱技巧成为他人生中唯一的坚持，他晦暗的人生里终于出现了一丝光线，他渴望着学习，渴望通过知识改变命运。

大概一年之后，浪哥有了一定的学习积累，也开创了一些自己的东西，于是开始尝试在某些平台上试着讲课。第一次讲课的时候，一名听众深受感染，主动给浪哥充了两百元的话费。他第一次得到了别人的认可，受到了极大的鼓舞。于是跟平台进行交流后，把课程流程化、规范化了一些，也收获了一批自己的粉丝。

而这些粉丝，从来都不知道那时候的浪哥已经被评为“一级残疾”。

有了第一次的收益之后，后续他又为自己赚取了一部手机，一台笔记

本，然后给母亲买了房子，给父亲买了台新车。浪哥觉得这也可以是一个“生财之道”。他开始找同学帮自己建立网站，建立自己的讲课平台，积累了更多的经验和资金，慢慢地组建起了自己的团队。

在赚钱的过程中，他发现自己已经慢慢喜欢上“恋爱心理学”这个东西，而自己内向的性格和拙劣的口才也得到了很大的改变，他开始喜欢用高亢的声调和夸张的态度来讲课，他开始跟粉丝互动，也慢慢对身边的人打开了心房。

所以浪哥说，选择这个行业最主要的原因不是为了赚钱，而是因为它改变了自己的人生和命运。

关于自身的恋爱经历，浪哥向我们“吹嘘”过最多的就是交往过无数个模特。但是在做情感行业之前，内向的他几乎没有谈过正经的恋爱。因为性格孤僻，也不懂女生的心思，他常常被女生放了鸽子、被当了备胎自己都毫无察觉。有一次他在暴雨中等了足足两个小时，等来的却是女生的一番嘲笑。

后来他像完全变了一个人，不仅可以随时撩拨起每个异性的情绪，而且在后面的每一段关系中都处于高位。但是在情场中甚是得意后，他突然发现自己对于爱情的渴望不是那么强烈，他开始对恋爱关系产生厌倦感，他觉得这不是他想要的结果。这也不是他学习的初衷。

为什么后来转做女性市场了？其实也是一个契机。有一次浪哥跟一个女网友聊天，她突然说她失恋了，想结束自己的生命。浪哥试图劝阻，但还是听到语音里有刀片划向皮肤的声音，那声音刺进了浪哥的骨子里，又渗透到血液里，让他脊背发凉。他不禁感叹，为什么在爱情里的女人都这么傻?!

也是那次，他突然发现，自己做这个行业的初衷并不是教一些男人撩妹子骗炮，恋爱技巧难道不是为了帮助情侣更好地去磨合和相处吗？

那一天，他决定要投身一个伟大的事业中，他决定要拯救所有被爱情伤害过的女性，他不想再看到有任何一个女性在自己面前哭哭啼啼。

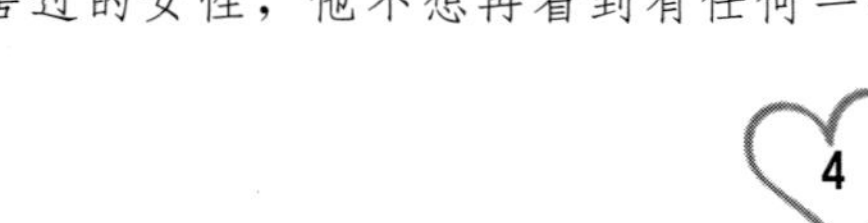

“白手起家”创业并不新鲜，但浪哥是在没有任何人脉、没有充沛资金、没有学习条件并且拿着国家残疾补助的情况下，白手起家创立了“经营爱”。他说，他并不想让别人觉得我很厉害，我只是想让他们也反思一下，像我这样的人都愿意努力拼搏，你为什么选择安于现状呢？

浪哥一直纠结要不要把自己眼睛这件事写进书里，因为对外，他从来没有提过自己眼睛的问题，他对外说的一直都是“弱视”。他不想因此博得别人的同情，他更害怕别人可怜自己。

我一直到现在，到我现在跟你讲述的这一刻，我心里都是自卑的。但是现在我希望自己踏过这个坎儿。你觉得写进书里合适吗？

浪哥这样跟我说。



我说，当然。您的经历能激励到我，也能激励更多的人。

这本书是我们的处女作，也许它有瑕疵，也许它有漏洞，也许它不够有深度，也许它并不完美。但我们只是希望通过这本书，让你们能够真正认识我们，认识浪哥，认识“经营爱”这个团队，认识情感服务这个行业。

如果这本书有幸拿到你的手里，希望它多少能让你对爱情有一丝丝的感悟，让你重新拾起爱的信心，也增添更多爱的勇气。

李　晓

2018年5月24日

# 目录 contents

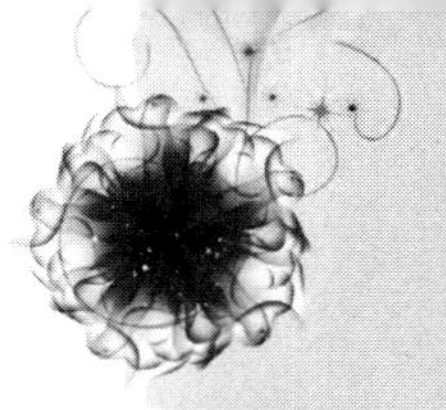

## 第一章

# 团队起源：经营爱是谁？

# 1.1 “经营爱”的主心骨儿

## 1.1.1 浪哥为什么叫“浪哥”?

浪哥遇见艾米的时候还不叫浪哥，当时的浪哥还是一位整天研究撩妹技巧、教那些直男把妹的男性情感工作者，完全隐藏了自己内心深处是个妹子的属性。

01

那是一个风和日丽的清晨，浪哥又准时被美眉舔醒，揉着惺忪的双眼，顶着一头乱到看不出形状的头发在镜子前面站了足足一分钟。

好吧，我爱她。浪哥只能找到这一个理由来说服自己应该起床了。

作为一个有内涵、有修养的文化工作者，我怎么能打狗呢?

六点五十浪哥牵着可爱的美眉出门，尽量抖擞起精神来，以免让美眉误会自己不喜欢她，毕竟现在美眉是浪哥身边唯一的异性了。

叮咚。电梯门缓缓打开，一个肤白貌美的高挑妹子站在里边，一身黑色修身套裙，栗色的大波浪卷发已经微微发黄，鹅蛋脸上只有唇上的姨妈色口红让她看起来还有点精神。但是据浪哥说，当时注意到艾米不是因为她漂亮，而是因为她已经把假睫毛哭歪了。

“你家狗好可爱……我也有一只德牧，但是被我前男友带走了……呜呜呜呜……”艾米说着哭得更厉害了。

“呃……你们是怎么分手的?我是做情感咨询的，虽然是针对男性的，但是也许可以帮助你……”

没等浪哥说完，艾米突然用一种惊恐的眼神看着他，“天啊我要迟到了!!!”

说完她踩着8.5厘米的细高跟鞋跑出了浪哥的视线，连微信都没来得及加。

## 02

浪哥第二次见到艾米，是第二天晚上九点钟，刚刚到家的浪哥连外卖都没来得及拆，就听到了门铃声。

打开门后两个人对视了十秒钟，浪哥不知道她在想什么，但是自己在想“她怎么知道我家的我要不要让她进来这么晚了孤男寡女的是不是不太好啊不过我也不是什么坏人要不就跟她聊聊吧”。

“我不能进去吗？”艾米瞪大眼睛。

“哦可以可以～”浪哥向后退了一步，把艾米让进来的时候，美眉正趴在桌子上用鼻子拱外卖盒子。

“好吧，你一定是来找我咨询的……请说出你的故事，让我来为你解答男性思维。”浪哥发射了一个不太符合他气质的媚眼。

艾米环视一周发现好像只有沙发的一个角可以坐。

“我……我也不知道为什么会分手，他提出来的。他说没有感觉了。哼，你知道高中的时候有多少追我的男生吗?！多的是富家子弟和班草校草的，我怎么偏偏选了这么个玩意儿?!”艾米说着说着就气鼓鼓的，突然顿了顿。

“我妈说找男朋友不能找太帅的，让人不放心，我找了一个可真是让人放心的男人，在一起七年了，都见过家长开始谈婚论嫁了，突然跟我说没有感觉了！他说他不爱我了，他爱的不是我这样的人！那他早干吗去了……”说着她又哽咽起来。

“所以就因为这个?!”

“就因为这个，就因为我那天跟他说要去看婚纱，他突然跟我说算了，是不是混蛋啊?!”

“哦～明白了。他可能有婚前焦虑症，很正常，给他一段时间缓缓就好了。”

“所以呢，你是觉得他还爱我？”

“我……不知道啊，应该吧。”

“那他为什么不跟我求婚？为什么不愿意娶我？为什么不愿意跟我去挑婚纱？为什么不能……”

“停！！可能就是因为这个……”浪哥挑眉。

“什么?!”艾米顿住。

“因为男人都不喜欢被束缚，被压迫，更不喜欢女人给他施加压力。你跟他提出结婚，可能他还没有准备好，但是被你逼得太紧了。”

“被束缚?!有压力?!我从一个黄花大闺女跟他熬到25岁了！我把青春都给他了，我就想跟他有一个家，有错吗?!”艾米声音突然提高了两个度，表示难以理解。

“但是他会想到婚后生活带来的压力，会想到以后就要在日复一日的重复中煎熬着，想到要去赚更多的钱来养家养孩子，想到马上将会没有一点自己的私人空间，他就会想要逃避这个结果。所以他不是不爱你，是还不想结婚。”浪哥难得地正经起来。

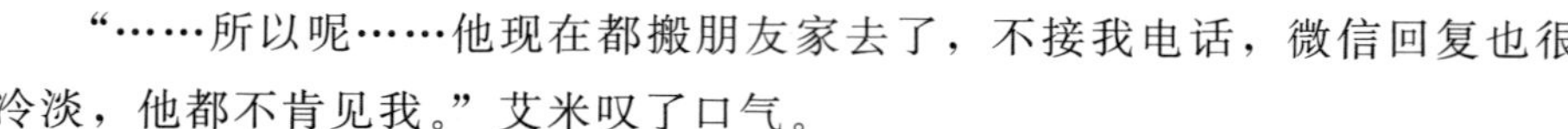

“……所以呢……他现在都搬朋友家去了，不接我电话，微信回复也很冷淡，他都不肯见我。”艾米叹了口气。

“嗯……其实你们该冷冻几天，给他一个缓冲的时间。”

“冷冻是啥?!”

“就是……谁都不搭理谁，互相冷战，给自己也给对方一个空间，重新考虑这段关系。”

“那我们已经冷冻快一个月了啊……”

“那……他那个朋友你认识吗?你认识的话就好办了。我做男性市场的，教男生们撩妹的时候就使用“僚机”，就是共同好友之类的，让他们帮忙达成目标，比如帮忙把他约出来之类的……”浪哥突然变得很激动，大概是因为第一次站在女生的角度去撩汉子……

“是啊！我跟那个男的很熟啊！他俩还是我介绍认识的呢，我怎么给忘了。哈哈哈哈哈拜拜我先走了哈哈哈哈哈……”

艾米说完关门就跑，又一次消失在浪哥的视线中。

## 03

艾米虽然才毕业三年，却已经顺风顺水地成为一家广告公司的创意总监。颜值给了她很大的机遇。

她跟老刘从高中就在一起，起初是受不住老刘的死缠烂打，勉强答应的。在一起之后发现这个胖子还蛮有意思的，为人也正直，最重要的是，这样一个嗜吃如命的人总是愿意把最好吃的东西留给她。她觉得自己是世

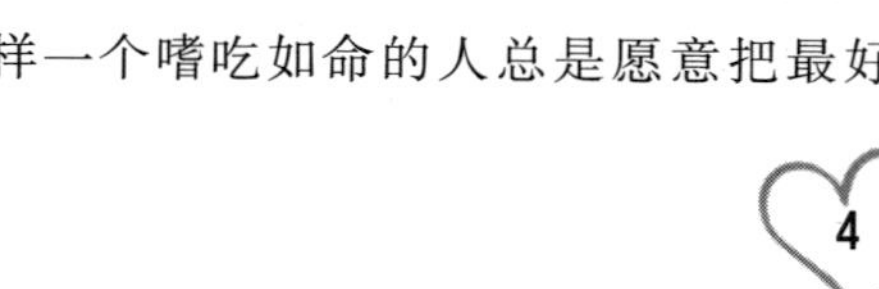

界上最幸福的人。

可是为什么会变成这样呢？艾米也不知道。自从大四两个人住到一起后就问题不断，从床应该朝哪个方向摆到今天的碗该谁刷，所有的小事都能成为两个人争吵的导火索。但是艾米从来没有觉得老刘不爱她，因为艾米说不会做饭，老刘二话不说就为她下厨房，一做就是两年。

艾米拨通了六子的电话，听着急促的嘟嘟声突然有些紧张了。

“喂？”

“六子，老刘是不是在你那啊？”

“嗯对……不是啊，没有啊，老刘不见了啊？”没有办法，六子这个人老实到从来不会撒谎。

“我求求你，你就告诉我吧，他一定是在你那，他应该告诉你我俩吵架了吧？”

“没……没有啊。”六子明显底气不足。

“是这样的，我想清楚了，我觉得现在结婚确实有点操之过急了，你告诉他我想明白了，先稳定两年再说。我能去你家一趟吗？”

“呃……他说他现在还不想见你，过两天会回去收拾东西……”

“六子你到底站哪边啊”艾米气到跺脚，气呼呼地把电话挂了。

她看了一眼床上他买的史迪仔玩偶，墙上贴着他最爱的陈奕迅的海报，哇地哭出声来。

04

“你不等我说完就自己跑了，我还没告诉你不能轻举妄动，僚机是需要培养和发展才能使用的……”浪哥慢条斯理地指出她的仓促。

“你能不能别给我讲大道理了……呜呜呜呜……你就……不能告诉我可以做什么吗？我现在看着满屋子都是……都是他的东西我好难过啊……”

“OK，我又想到了！你可以去写一本你们的恋爱回忆录，把你们之前的感情经历写出来，或者拉以前的合照什么的，或者是以前你们互送的礼物什么的……总之找机会给他看，用一招回忆杀……嗯?！喂?！喂!!”

浪哥握着手机认真思考了一下，还是决定重新回归工作中，给妹子帮忙实在是太难了！

05

一个月后。

“我们昨天见面了，我把之前我们一起做的手工戒指给他，说要他好好留着，就算分开也要好好说再见。”

“然后呢?”

“然后他说回家做饭哈哈哈哈～”

“和……和好了?”浪哥表示难以置信。

“对啊，我去六子家里找到他，六子偷偷告诉我他们经过无数个彻夜长谈，发现老刘还是放不下我的，他就是被我逼婚逼的……哎，我总以为结婚对两个人来说都是很幸福的事儿，可是他不这么想啊……”

“这说明你不了解男性思维啊姑娘!”

“那你们男的也不了解我们小女生的想法啊!”

“……”浪哥无言以对。

“老刘说想见见那个教我用回忆杀的心理咨询师。”艾米欢快地说。

“啊?! 为……为啥啊?”浪哥竟然开始结巴。

“不知道，他说也想跟你交个朋友啊。”

“……好吧”沉思良久后，浪哥勉强答应了。心里却想，这个胖子不会以为我勾搭他媳妇吧!

06

第二周，浪哥又一次从睡梦中被惊醒，不过这次是紧锣密鼓的敲门声。

就这样，穿着睡衣蓬头垢面的浪哥第一次见了那个嗜吃如命的胖子老刘，还注意了一下他的手里并没有提着菜刀。

浪哥也不知道为什么这个胖子这么喜欢听自己讲心理学。

“你怎么知道我没有放下她?”

“因为我也是男的啊，如果你真放下她了用回忆杀这招儿也不好使啊。”

“那你怎么知道艾米应该怎么做?”

“我也不知道，我瞎掰的啊，谁知道呢，可能我内心也是个妹子吧哈哈哈哈哈……”

“这笑声……够浪的。”老刘嘴角挑起一丝戏谑。

浪哥从艾米身上找到了帮助女性成功挽救恋情的满足感和成就感，自此毅然决然地开始投身女性市场，想要帮助更多在爱情里迷茫无助的妹子们。

他自己是这样说的，但是我觉得应该是因为他喜欢美女。

嗯，一定是这样。

听说浪哥开了自己的公司正在招人，老刘又来了，不知道跟浪哥说了些什么。

后来就成为了现在的阿缘老师。

### 1.1.2 浪哥放弃挖来的嫩模：“浪子回头金不换”

遥想当年，浪哥还是一个撩妹达人。他曾说每一个被撩到的妹子他都是真心对待的，我们暂且信了他这种鬼话。

而其中浪哥提及最多，也让他永远怀有愧疚之心的，就是模特瑾柔。

01

14 年的时候浪哥混过摄影圈，手中掌握了无数让男人眼红的模特资源，瑾柔只是其中一个。注意到她可能只是因为第一次拍摄完后，她走到浪哥身边，直勾勾地盯着他说，“你是独生子吗？”

浪哥虽然一头雾水，但是对于美女的主动搭讪他从来不会露怯，“是啊小美女，怎么了？”

瑾柔笑笑没说话，她转身的时候浪哥眼里只有那双一米一的大长腿。

浪哥完全没有想到她是在指责自己的霸道独裁。

02

瑾柔当时还是在读大学生，出来只是兼职，有时候做 T 台模特，有时候也去做展会礼仪。她做这个从不为钱，只是不想白瞎了这样的好身材。

“小公主今天想吃什么呀？”浪哥捏着嗓子学女声。

瑾柔笑着却一脸嫌弃，“你是个爷们儿，能不能别每天娘们唧唧的。”

浪哥总是展现出自己“能说会道能撩会笑”的一面，他喜欢调戏和撩拨女孩子，然后听她们嗔怪“讨厌”。但是瑾柔不吃这一套。

虽然她和浪哥很聊得来，却不屑于浪哥这套撩妹招式，“你这也就骗骗小姑娘还行。”

“你才多大啊?！你就是我要撩的小姑娘啊！”浪哥故作一脸真诚。

瑾柔被堵得说不出话，笑得花枝乱颤。

## 03

其实刚认识的时候，浪哥就知道瑾柔有一个老实巴交的“低能男友”，但他明显不是自己的对手。

为什么说他“低能”? 瑾柔过生日就送一条十几块钱的劣质毛毯。瑾柔来大姨妈肚子疼得出不了门，男友说好吧我自己去吃饭。

“难道他隐藏了自己身家过亿的身份?? 否则这种男人凭什么占有你?”浪哥一脸不解。

“也不是啊，学生时代的感情，感觉很纯真啊……”瑾柔说着越来越没底气。

那天在商场吃完饭等下楼的电梯，浪哥冷不丁儿地把瑾柔抱起来转了一个圈儿，当时瑾柔可能是吓到了，半晌没说话。

久经情场的浪哥知道对方可能是有些尴尬，拿出手机微信问她，“你是生气了吗?”

瑾柔看了一眼手机屏幕，还是不说话，轻轻捏了一下浪哥的手臂。

浪哥不由自主地笑起来。

她不是生气，而是害羞了。

## 04

那次之后瑾柔几乎天天找浪哥聊天，几乎每晚都会准时打电话来。如果男友不在身边，便会跟浪哥一一列举男友的“十宗罪”，语气里都是对男友的不满。

浪哥知道这是瑾柔的情感窗口，只是倾听，不评论也不煽动。全心成为瑾柔的“精神伴侣”。

瑾柔在外地上大学，每次放假会直奔石家庄来。她曾对浪哥说，我骗过包括我男朋友我爸妈我家里所有的人，唯独没有骗过你。

浪哥置之一笑。不管是不是真的，他都愿意去相信。

后面几次见面，两个人之间就有了进展，从相互斗嘴、调侃逐渐升级到了推搡和拥抱。

五一期间两个人约定到附近的景区进行三天两夜的旅行。瑾柔起初并不知道浪哥只订了一间房，后来也没有表示抗议。

最后两个人自然而然地发生了一些爱的小动作。但是具体浪哥是怎么说服瑾柔的，我们也无从得知。

他只说天机不可泄露。

05

那个时候浪哥一直以为自己是爱着瑾柔的，起码是很喜欢。他喜欢瑾柔把自己当成依靠，他喜欢瑾柔向自己倾诉，他喜欢瑾柔的撒娇和温柔。

但是浪哥后来才明白，他起初对瑾柔的这些喜欢，最后也变成了对她的厌烦。

浪哥太擅长让女生依赖上自己，他甚至能轻而易举地挖墙脚。但他不在乎这些，只要是自己喜欢的女生，总有办法留在身边。

但是最后的分手，也是浪哥提出的。

大概是因为失去了新鲜感，大概是因为没有了征服欲，大概是开始厌烦瑾柔每日的唠叨和诉苦。

男人总是不会去珍惜手里能握住的东西。

浪哥发消息给瑾柔的时候，她正在另一个城市跟男友堆雪人。男友看了一眼屏幕上的“我们分手吧”，什么都没说。

瑾柔的男友向来都这样没出息，他一直都知道浪哥的存在，却从来不敢跟瑾柔提起一句。

“好。”瑾柔发来那句话的时候，浪哥知道她一定哭了，还哭得很厉害。

他太了解瑾柔了。

06

虽然挖完了墙脚又跑了，浪哥却一直觉得愧对瑾柔。那样好的姑娘，原本可以跟她的“傻男友”一直过着那种单调却又平淡的日子，那才是能保护她那份纯真的最好方式。

瑾柔偶尔还会来这个城市参加展会，依旧对模特行业充满着热情和热忱。只是不会再一结束就跑来找浪哥吃饭聊天。

浪哥从前就是个浪子，他总是不会去留心自己对女生造成的伤害，却唯独念念不忘瑾柔的笑脸。



“我昨天去宠物店买了只小金毛，太可爱了，过来看看。”浪哥在“结束”与“重新开始”之间苦苦挣扎了几个月，还是试图去弥补对瑾柔的亏欠。

“真的吗？给我看下照片我再决定去不去。”瑾柔又发出那种久违的银铃般的笑声。

大概我真的放不下她吧。浪哥只能这样说服自己。

07

人们常常分不清楚“亏欠”和“感情”的界限，尤其是男人。浪哥曾一度以为，自己可以重新爱上瑾柔，他们可以重新开始，他可以挽回这段感情。

但是揉皱的纸毕竟是捋不平了。从前就是从前了，只能被时间打包带走，没有人能回得去。

浪哥最后还是放弃了瑾柔，因为他发现在瑾柔身上再也找不到那种感觉。

瑾柔第一次见他，认真地盯着他的眼睛说话的时候，浪哥有心跳漏掉了一拍的那种感觉。

“你把虫子带走吧，算是给你留个念想。”浪哥低头看她，瑾柔却轻轻

抚摸小金毛的头，没有说话。

现在浪哥讲课的时候还是经常拿当年的这段故事做例子，他笑着调侃自己是怎么套路女生的，给女神们做借鉴。

但是浪哥决定转战女性市场的时候，我们都知道他是怀着对瑾柔的歉疚的。

他向我讲述这段故事的时候，一直在谴责自己做男性市场时的那些可恶招式和那颗喜新厌旧的心。

“浪子回头金不换”，而浪哥的回头，却是用自己心上的一道疤换来的。

# 1.2 “稳重成熟的绅士”明哥

## 1.2.1 有些感情里的平淡代表着安稳

明哥的长相跟声音相符，稳重得体，柔情温和，不吸烟、不喝酒、不泡吧，除了会熬夜打游戏之外没有什么不良嗜好。

我们一直视他为女生终极的择偶标准和结婚对象，所以当听说过他无数段的风流野史后却发现他一直孑然一身，我们不由得开始怀疑他的性取向。

用明哥自己的话说，这叫有标准的男人，我不是一个随便的人。

所以他一直保持着不主动不负责的态度，跟无数的女生暧昧聊骚。

他说，我已经开始习惯使用一些招数去套路女生，让她们爱上我，简直太容易了。

01

但是入行之前的他，是一个被女生堵到家门口都以为她只是来家里喝口茶的纯情男一枚。

他很无辜地说，为什么女生的喜欢这么复杂，不直接说就好了呢?!

他的人生轨迹总是被父母精心地设定好，上当地的大学，毕业后顺其自然地走进一家新开的商场做策划。刚刚进入社会的压力让他无意留心身边的异性。

除了她。

那时候他已经准备辞职，而她作为暑期工刚刚入职。她总是喜欢穿各种素色的棉质连衣裙，化淡妆，性格似长相一样寡淡。

要不是怕常年的熬夜会伤肝……好吧，主要是工资的微薄，他甚至愿意为了她留下来。

他们联系方式加了几个月都没有说过一句话。如果不是当时她有男友，明哥也可以用刚刚学到的技巧去套路上她。

直到有一天姑娘发了一首吴青峰翻唱的《纪念》，他终于找她的情感窗口。

“如果从此不见面/让你凭记忆想念/本来这段爱情可以记得很完美”。

他在下面评论，“那一瞬间/你终于发现/那曾深爱过的人/早在告别的那天/已消失在这个世界”。

姑娘打来了电话，一句话没有说。

于是他就抱着电话听她哭了一个小时。

02

“是不是跟像我这种没脾气没个性没特点的女孩子在一起很无聊啊。”

“不会，有趣是男人做的事。”

“可是他不再愿意为我变得有趣一点。”

“我愿意啊。”

明哥的告白是那种悄无声息的柔软，并且齁甜，很符合他的长相。

他其实掌握着更多可以早点追到她的简单技巧，却舍不得去套路她。

03

姑娘毕业后考研到成都，所以两个人一直异地，真正在一起的时间少之又少。

“那你们经历过感情里的平淡期吗？”

“平淡期？从在一起的第一天起就很平淡，一直到现在。”

“那你是说……对她没什么感觉？还是没那么爱她？”

“不，我很爱她。你知道吗，有些感情里的平淡代表着安稳。”

我突然明白，他爱上的就是这个姑娘的淡然平和，已经过了追求浪漫年纪的他们，愿意给予对方细水长流的陪伴。

刚刚在一起的时候他正忙于研究把妹技巧，常常一个月都没有几次联系。他认为这就是他想要的能让他“省心”的另一半。

可惜研究了太多的技巧，他却忽略了女生的心思。直到有一次周末，他跟朋友在影院看电影，她突然打来电话，质问他为什么对她冷淡。他似乎从来没有想过，没有矛盾没有争吵的冷淡也可以成为女生伤心的理由。毕竟对于男生来说，他们生命中有太多比爱情更重要的东西。

她又一次在电话那头哭了一个小时。令他难受的是这次竟然是因为自己。

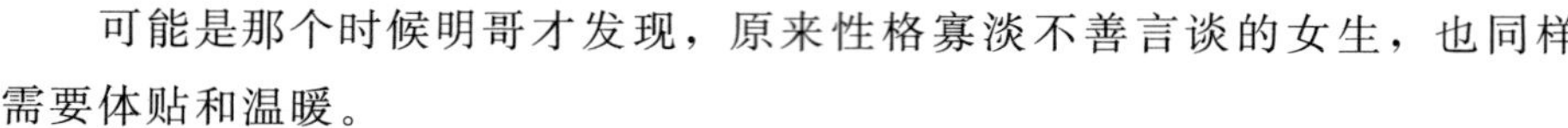

可能是那个时候明哥才发现，原来性格寡淡不善言谈的女生，也同样需要体贴和温暖。



04

明哥没有大男子主义或直男癌，性格温顺的她也从不会无理取闹。他们从没有过闹到鸡飞狗跳的时候，甚至很少吵起来，最多就是因为鸡毛蒜皮而拌嘴。

因为她实在是太懂事，她的温柔让他不忍去伤她的心。

“我们吵得最厉害的一次，是她想让我去成都找她，但是我太忙走不开，她第一次跟我哭闹。”

“然后呢？你去了没？”

“去了。”明哥的笑容里带着宠溺，“我听不了她哭。”

我突然惊觉，原来示弱是女性天生的一种优势。

“为什么男生评断一个女生的时候常常用‘懂事’这个词？什么又能称为‘懂事’或者‘不懂事’？”

“比如说，我在工作，在忙，在开会，你非要不停地打电话来问我吃什么，我不接要怪罪我不理你，我接得慢了怪罪我不在乎你，我要是挂了就说我不爱你了，这就是不懂事儿，这太让男人心累了。”

“那懂事就是乖乖等你忙完，然后跟你说辛苦了？”

“不，懂事就是，你自己决定好，然后定好餐厅给我发个位置，等我忙完过去找你。”

“你想得还挺美!”公司所有小仙女齐刷刷给他翻了一个白眼。

“其实懂事就是，你知道男人想要什么，不想要什么。我女朋友就都能知道。”明哥皱着眉，表情严肃。

所以我确信是真的。

05

异地真的是恋爱的天敌，即便明哥自己就是情感导师，每天周旋在无数可爱的妹子身边给她们提建议支招儿，教她们怎么去应对，但很多时候他也并不能很好地排解自己的情绪。

他能提出那些建议是基于自己的专业知识，另一方面是因为自己也是个爷们儿，他懂男人心里在想什么。

但是他有时候也会不明白女生是怎么想的。比如为什么给她打了电话她还会生气，比如为什么送了礼物她还不开心，比如好不容易见面了她却宁愿窝在家里看书。

但是这有什么呢，他愿意尝试自己所掌握的一切技巧，去经营这段能够带给他舒服和安全的感情。

他知道异地应该多一些共谋，所以约定好了每天必须要联系，每周有两天必须要视频聊天，小长假她要回来跟他见面。

他知道异地的话沟通就显得尤其重要，所以偶尔也使用一些小惯例去拉升两个人之间的情感可得性。比如会在半夜忙完之后给睡着的她打电话。

“我刚才做了一个梦特别可怕。”

“梦见什么了?”

“在梦里你非要走，我怎么劝你都不听，然后我就醒了，发现自己脸上还有眼泪。”

“哈哈……傻帽儿。”

他知道所有女生都会受用，所以他就这样去做。他这次也并不是想去套路她，他只是想让她知道，就算没有在一起，他们一样也可以相爱，他们一样可以像在一起那样。

06

“我们的感情就是很平淡……没有什么可说的哈哈哈……”

“不会啊，世界上没有相同的个体，也没有同样的情感经历，每个人的爱情都是独一无二啊。”

管它是热烈还是淡然，管它是汹涌还是平凡，管它是刻骨的疼还是如饴的甜。爱情从来没有一个确切的定义，找到一个在一起舒服的人，就算是相伴在山头看日升日落，也是一种最幸运的遇见了。

## 1.2.2 不是所有男人都会沉迷你的身体

01

八月份的燥热和沉闷像是要吞噬了整个世界，路上的行人行色匆忙，没有人愿意多与太阳抗衡一秒。

明哥突然收到竹子的微信，说她明天要来石家庄面试，也已经好久没见，有没有时间碰个面。

明哥简单地回复了“好”，心里却带着不安和疑虑。

竹子是明哥的高中同学，也是俊友的女朋友。

而俊友，是明哥在高中里最好的哥们儿。

大学都去了不同的城市，明哥很少见俊友了，最多寒暑假会聚一聚。上一次俊友第一次带竹子来，没有介绍是女友，却紧紧抓着对方的手。

明哥想起来上一次本来跟竹子约定一起去看孙燕姿的演唱会，最后却不了了之。

其实明哥跟竹子不熟，叫竹子一起不过是因为她的女神也是孙燕姿。

02

“我到了。”

“你到哪了?”

“我也不知道这是什么街，我刚下了车，就在站牌这。这边有个桥。”

“好，等一会，路上比较堵。”

明哥发完信息查了一下地图，大概还有十站的样子。于是他又给竹子发微信，叫她不要着急。

“没关系。”

“喂?你在哪啊?”

“你看到桥对面有一家宾馆吗?我在622呢。”

“你……怎么……是吗?”

“嗯对啊。对了这边都停水了，你待会上来帮我买瓶水吧。”

“行。”

明哥挂断电话，心里却画起了更大的问号，竹子为什么要约自己在酒店见面呢。

但是明哥还是买了水和饮料带了上去。

03

“你终于到了，渴死我了!”

明哥把水递过去，环视了一周却不知道坐在哪。

竹子坐在床边拧开水瓶盖儿，咕咚咕咚灌了半瓶子，看样子是渴坏了。

“你面试怎么样啊?”明哥也顺势坐在床边。

“不知道啊，感觉应该不行，这公司老板太傲气了，应该瞧不上我。你呢，找到工作了吗?”

“还没。”

“哎，现在工作真的不好找啊。”

“随便找一个，凑合干着呗。”

竹子没有搭话，从包里掏出烟来，递给明哥。

明哥摆摆手，“我有烟。你怎么……也抽烟啊，俊友知道吗?”

“他知道吗?就是他教我的好不好?!”不知道为什么竹子要用一种很轻蔑的语气说出来。

“是吗，我还真不知道……你吃饭了吗?”

“没呢啊。”

“要不先去吃饭吧。”

“嗯……也行。”

竹子拿上挎包和房卡，转身关上房门，两个人沉默着穿过长长的走廊。

04

明哥以前是一个比较寡言的人，不是很会找话题聊天。一路上都是竹子在讲话，说实习工作怎么样，说为什么又停水，说太晚了今天不回去了。

唯独没有提过俊友。

明哥带竹子去了附近的商场六楼，毕竟没有一起单独吃过饭，他不想在街边的小吃店凑合。他让竹子选，竹子却带着他在那一层整整溜了一圈。

“你想吃什么？”

“看你，我都行。”

“你怎么这样，问你你就说嘛！”

“我都行，真的。”

所以竹子径直走进了面前的一家港式茶餐厅。明哥紧跟着进去。

这顿饭是明哥有史以来吃得最尴尬的一次，他紧张地不停看手机，想抽烟，但是在商场又只能忍着。两个人没话找话说的感觉很难受。

吃完饭已经快九点，明哥说，“我送你回去吧。”

竹子笑笑，“好。”

05

走到酒店楼下，明哥打算打了招呼就走，“我看着你上电梯再走。”

“你……带套了吗？”竹子突然趴到明哥耳边，小声说。

明哥尴尬地笑笑说，“你别闹了……”

但是竹子死死地拽着他的 T 恤一角，坚定地看着他。

“我先送你上去吧。”

竹子见明哥往里面走，才松开了手。

一时这种尴尬变得更加微妙，明哥闻到竹子身上淡淡的香水味，心扑通扑通地狂跳着。

好不容易走到房间门口，房门却怎么也打不开。

“这什么玩意儿?”竹子大声喊出来了，对面房间的门敞着，一个高中体育生模样的小伙子一直向这边张望。

明哥感到很局促，“我来试试。”

“嘀”。房门终于打开了。

明哥不知道要不要进去，站在门口傻愣着。

06

“你进来啊。”

明哥的身体不听使唤地迈了进去。

这应该是他这一天做得最错误的决定。

竹子扔下包，又开始抽烟，一根接一根。

明哥就那么站着，一时竟然说不出一句话。

“我真的要走了，快十点了。”明哥说完转身去拉门把手，竹子却突然扑过来，死死握住，不让他开。

“你到底想干吗?”

“想跟你上床。”

“不是……你怎么了啊?”

“没怎么啊，不行吗?”

“你跟俊友怎么了?”

“没怎么啊！都说了没怎么!”竹子突然开始暴躁起来，蹲在门前面又开始抽烟。

“你别闹了……不可能。”

“为什么不可能？你嫌弃我？还是因为俊友。”

明哥说不出话。

竹子这种举动是他从来没有想到过的。高中的时候竹子就是很高冷的一个人，虽然那时候没有现在漂亮，但是成绩优异，性格开朗，很受男生欢迎。高中的时候明哥就知道俊友跟竹子关系好，但是并不知道他们是怎么到一起的。

“你别闹了，我真的要走了。”明哥不知道重复了多少遍这句话，又一次尝试去拉开门。

竹子突然站起来紧紧抱住他，明哥试图推开，却被抱得更紧。竹子突然“哇”的一声哭起来，像受了很大的委屈，明哥的左肩很快就湿透了。

他除了能抱住竹子，不知道还能做什么。

明哥一只手抚摸着竹子柔顺的长发，一只手轻轻放在竹子的腰间。

其实有那么一瞬间，明哥感受到了竹子身体的温度，感受到竹子那无助的难过，很想就这样多抱她一会儿。

07

竹子突然抬起头把头凑过来，想要印在明哥的嘴上，明哥一直躲闪，竹子尝试几次无果后，用了很大的力气把明哥推开。

竹子胡乱在脸上抹了一把眼泪，直接背靠门坐在地上。

“你知道我们是怎么在一起的吗？”

“不知道啊，俊友没跟我说过……”

“我说想跟他上床，然后就在一起了。”竹子突然笑起来，黑暗里明哥看到她的脸上还在不停地淌下泪来。

“但是我没想跟你在一起，我就想跟你上床。”

“……为什么。”明哥沉默一会，还是忍不住发问。

“因为你俩太像了，哈哈哈。”竹子兀自地笑起来。

“你俩好好的吧……别闹了。”明哥想扶她起来，却被一把甩开。

“好好的？怎么好好的？他跑山东去了，几个月见不了一次面，我想要个活的！……而且我俩不可能，他连房子都买不起，在一起也就是玩玩儿。”

“为什么你们女生都老提房子……有那么重要吗？”

“重要吗？！你们是觉得女生势利吗？那你告诉我没有房子没有家以后住哪？！这不是很现实的问题吗？”

明哥决定不再跟竹子争论。

“如果你……有生理需要可以去约炮嘛……为什么非要找我。”

“我不是想那个，我只是想跟你，你明白吗?!”

“我不明白……你说了不喜欢我。”

“我也不明白，我就是想跟你试试，不行吗?!”

明哥叹了口气，甚至找不到更多的话来劝竹子了。

08

“如果我没有跟俊友在一起你会答应吗?”

“啊?”

“你还是不会吧……”

“……这种事没有如果，你的确跟俊友在一起，你们就好好的吧……”

“你还是不会。哈哈哈哈。我就这么烂吗?”烟亮起来的那一刻，明哥看到竹子的眼神是空洞无光的。

“你睡觉吧，我真得走了，我妈催我了。”

“你就不能陪我说说话吗?我现在只想跟你说说话。你等我睡着了再走。”

“别别……真的不行。”

“你就这么烦我?”

“……不是，这样不合适。”

“我求求你，陪我待会儿。”

明哥真的不够了解竹子，他猜不到竹子在想什么，也不明白竹子为什么要这样做。

明哥只是觉得心里的那条底线一直在提醒着自己，无论怎么样也要走。

“你让我走吧……”

“你要怎么样才能答应……”

“我不会答应的，这事儿它……它是错的!你明白吗?不可能的。而且……我现在有女朋友了，虽然还没确定，但是也差不多了……我们都别闹了吧。”明哥态度坚定。

竹子笑笑，从地上慢慢站起来，拉开门，“你走吧。”

明哥看了看竹子，不知道心里是心疼还是不舍，但是他必须要走。

但是明哥一只脚踏出去的那一刻还是被竹子死死拽住了。她又开始大哭，像孩子丢了最心爱的玩具那样，号啕大哭。

明哥用尽全身的力气挣脱，他没想到竹子力气这么大。他甚至不敢再回头看一眼。

最后竹子猛地松开了手，用力狠狠地关上门。

明哥差点没站稳，他站在房间门口，听到里面比刚才更大的哭声。

但他还是走了，他不能留在这。

09

明哥一直不明白竹子是一种什么心理，但是他只觉得竹子很傻。

她既不懂他，也不懂爱，甚至不知道保护自己。

明哥承认自己不是什么好人，但是绝对做不出伤害兄弟的事。

明哥也认真地想过，如果竹子不是俊友的女朋友，会那样做吗？

应该也不会。因为当竹子哭着求他的时候，竹子浑身上下散发着的魅力都转瞬即逝了。

女人真的不应该尝试用身体去吸引或留住一个男人，即使这个男人得到了你也不会爱上你。

因为你在主动的那一刻，你对他来说，已经变得一文不值。

# 1.3 “有操守的胖子”缘哥

## 1.3.1 什么样的女生最招男生厌烦

大一的时候老刘……哦不，缘哥还不是一个胖子。那时候也算是一个品学兼优、玉树临风的少年，因为跟异地四年的前女友刚刚分了手，缘哥开始寻找一个任意的目标准备下手。

所以在大一开学第二周，他加入了体育部，并且成功加上了部里15位妹子的QQ，并且在喝得烂醉如泥的情况下给每一个妹子发了“我喜欢你，跟我在一起吧”。

其中，两个妹子直接拉黑，三个妹子发了“??”，四个妹子没有回复，五个妹子叫他“滚”，最后剩一个妹子隔了十分钟发了一句“好啊”。

于是老刘从开学第二周起就有女朋友了，从此成为了全宿舍的公敌。

01

这女孩算是15个里面上中游的一个，虽然不算美人，可是有钱呀！缘哥毅然决然地投入到这段感情中了。

缘哥叫她悠悠。

部里第一次举行活动的时候，缘哥把悠悠拉到操场旁边的小树林，进行了第一次的亲密接触。

“你就是个混蛋，哪有第一次就亲人家的！”悠悠羞红了脸。

“那不然呢?! 你还想要别的?”缘哥笑得一脸淫荡。

“……”悠悠捂着脸跑了很远，缘哥还站在那，笑得一脸淫荡。

02

悠悠家世比较好，从来不计较金钱上的东西，她不在乎谁花钱多谁花钱少的。

所以她从来没有主动付过钱。

所以当缘哥眼看着腰包快掏空了的时候，怯生生地问她，“悠悠你应该有钱吧……”悠悠缓缓地把古驰钱包放在缘哥手中，“出门儿还要老娘花钱，难道要我养你吗?”

缘哥这暴脾气……但是他当时确实囊中羞涩，也不好意思反驳什么。

可是，从此悠悠不仅不加收敛，还变本加厉，常常在吵架时拿这件事羞辱他。

缘哥本就是单纯想找个女朋友，这人是谁都行，所以缘哥并不在乎悠悠是不是喜欢自己以及怎么看待自己。

反正他也没那么喜欢她。

03

缘哥总以为悠悠就像那些拜金的小女生一样，花点儿钱总能哄好的。但是他低估了悠悠对他的感情，他从来没有想过，悠悠真的那么在乎自己。

“你圣诞节打算送我什么啊?”悠悠笑眯眯地晃着缘哥的手。

“没……没想好呢。”缘哥差点说漏嘴其实自己并没有准备。

“给我买个迪奥999就好了，我就差这一个色号了，一定跟我很配。”悠悠说着拿手机照了一下自己的妆容有没有花。

“迪奥??是啥?是狗吗?”缘哥思索了一会还是决定说出来，他想万一猜错了真的买条狗不知道悠悠会不会打死他。

“口红！哎呀你们这些直男，什么都不懂！哼!”悠悠说完又嘟起嘴，假装生气。

她总是以此方式来博取缘哥的关心和爱。可惜缘哥总能猜透她这些小心思，便总是故意不去满足悠悠。

他觉得女生这样无理索求的样子，真的不好看。

缘哥没理她，转身就要走，却不想悠悠在身后叫住他，开始大发脾气。

“你怎么这么抠，两百块钱都舍不得花，你到底爱不爱我啊?!你究竟……”

“不爱啊。”缘哥定住脚步，转过头，认真地说。

“你……你说什么?!”悠悠难以置信地瞪大眼睛看着他，像是要穿透他的心，看看里面到底有没有自己。

“你不就是想让我关心你吗，你不就是想让我捧着你吗？你不就是希望我爱你比你爱我更多一些吗？我做不到！我拿着一千块的安卓手机，一个月一千块的生活费，跟你吃顿饭要花两三百，买件衣服要好几百，给你花两百块买个口红?!我真做不到!”

缘哥终于把这些话说出来了。

他一直选择不说，并不是害怕失去什么，而是不想放弃作为男生的最后一点尊严。

他也知道谈恋爱需要花钱，他也宁愿自己省吃俭用把最好的东西留给对方。可惜这个人不是悠悠。

缘哥注定不会喜欢悠悠，即使他有足够的钱，他也不愿多花一分钱在这种欲求不满的女生身上。

这种女生只会吞噬自己，连血带肉，甚至连骨头都不留。

那个时候还没有“作”这个词，不然安到悠悠身上，是最合适不过的了。

## 04

缘哥头也不回地扔下悠悠走了，脑海里翻涌着在一起的每个画面。

可能也有过快乐吧。但绝对不是爱。

缘哥刚踏进宿舍门，上铺就阴阳怪调道，“哟，今天不陪你家小公主住四星级酒店了呀!”

缘哥低头看了一眼手表，已经九点快半了，宿舍楼十点十分就关门了。不知道她回来了没。

虽然嘴上说着不喜欢，但缘哥仍会忍不住地担心。

缘哥不把这称为爱，他把这叫作“人性里的光辉”。

在打了十八个电话发了几十条信息无果后，缘哥还是决定回去找悠悠。

毕竟北方的十二月份是能把眼泪冻住的季节。况且在这个时间教学楼里空无一人，万一悠悠真的出点什么事不还得我担着。

可是缘哥把这五层教学楼来来回回仔仔细细地找了两遍，都没有发现悠悠的影子，甚至还是不接电话不回信息。

他实在是走不动了，找到一个空教室坐下来。此时已经是凌晨十二点四十五了。

门缝里吹进来的风顺着脊柱渗透到骨髓和血液里。缘哥从来没有觉得冬天可以这么冷。

但最后还是坚持不住，趴在冰凉的桌子上睡着了。

两点整收到一条短信，是悠悠发来的，“我到宿舍了。”

缘哥看到“悠悠”两个字只觉得心头被一团什么东西堵住了。

他按下关机键，睡到了第二天。

05

悠悠甚至从来没有问过缘哥那天晚上有没有回去，是怎么睡的，有没有睡着，还有冷不冷。

她从来都没有考虑过别人需要为她的任性付出什么样的代价。

那天开始缘哥不再主动联系悠悠，在第三天悠悠终于忍不住，打电话过来责问，“你什么毛病啊？你是真要跟我分手吗？都是老娘惯的你吧！”

缘哥直接挂断了电话，调成静音。也不知道后来悠悠又打了多少电话。

缘哥打开 QQ，又是悠悠发来的留言。最后一条是十五分钟之前发来的，“你就是想分手吧？你倒是说句话啊！”

“是。”缘哥用尽全身力气打完那一个字，倒在床上睡得昏天黑地。

醒过来的时候发现他已经被悠悠拉黑。

但是他不在乎啊，甚至可以说是一种解放和解脱。

有很多女生在没有弄清楚状况的时候就开始“作”，所以才会搞到最后两个人不欢而散。

女生任性、无理的资本，是那个男生对她的爱。男生爱你，不管你是生气还是撒娇都是可爱的，但若你永无止境地作死下去，再多的耐心都会被消耗得一丝不剩。

爱与不爱之间，是有一道清晰的分界线的。

06

“你那个时候就已经学会逼女生提出分手了？厉害厉害厉害……”我不禁竖起了大拇指。

“哎，这都是经验所致，都是用惨痛经历换来的。”缘哥一脸得意的样子真的很想让人暴打他。

“但是你知不知道男生冷暴力逼女生分手会让女生更伤心?”我义正辞严地为广大女神打抱不平。

“那你们女生到底要怎么样嘛？直接提出分手来不行会太伤自尊心，委婉地让你自己知道又说我们还会让女生伤心，男人真难啊!”缘哥捶胸顿足，顺便抚摩了一下自己饱满的胸部。

“那最后缘哥想说什么？给这个故事结个尾吧。”

“你们知道什么样的女生最招男生烦了吗？‘没有公主命却有公主病’是一方面，更重要的是你的爱是自私的，你只看得到自己的痛苦却看不到对方为你的付出，并且在一味地索求和占有。总有一天，男生不是被你逼得跳河自尽就是被你逼得头也不回地走掉!”

缘哥很少说出这样正经的话，我赶紧拿小本本记了下来。

我觉得缘哥的话也不全对，女生有一个先天优势，就是可以撒娇卖萌。适当的“作”会让男友更爱你，只是不要逾越对方的那条底线，因为没有一个男人愿意因为一个女人的无理取闹去放弃自己的底线的。

### 1.3.2 分手后令男生念念不忘的女生是什么样子的

“虽然最后我们还是分开了，虽然分手是我提的，但是现在我依然觉得她是个好女孩。是我配不上她。”

01

安梦是缘哥高中时隔壁班的语文课代表，当时同为语文课代表的缘哥也经常出入老师办公室，很自然地就去搭讪了。

安梦就很自然地喜欢上缘哥了。

那时候缘哥有一个青梅竹马的女友，并没有想跟安梦怎么样。而安梦一直是一个聪明、明事理的姑娘，虽然她没有告白过，但是明眼人都能看到她对缘哥跟别人不一样。

高中毕业后，缘哥考到了本地的大学，而成绩优异的安梦以630多分的成绩去了安徽的一所著名医科大学。

要不是当时跟女友分手，缘哥也没有想过去撩拨安梦。

怎么说呢，安梦很优秀，性格很要强，缘哥从来不想在感情上以任何方式伤害她。

“我去找你玩两天啊？”

“怎么想起来找我了，你是有多闲。”

“没有啊，就是想你了。”缘哥的“我想你”和“我爱你”大概是这辈子说过最多的话了。

“我才不信。”

虽然这样说着，但是第二周安梦还是让缘哥去安徽找她了。

02

那时候恰逢安梦的学校举行运动会，安梦参加了田径项目。

她里面穿着比赛服，脱下夹克的那一刻缘哥盯住那丰满的胸部久久挪不开眼。男生冲动的荷尔蒙在缘哥体内不停躁动着。

但他清楚“朋友”和“女朋友”的界限，缘哥不是那种会胡来的人，尤其是对这种单纯无害的好姑娘。

缘哥在车站要走的时候安梦突然拽住他，“你知道我高中的时候喜欢你吗?”

缘哥右手按住她的头，凑近她的脸，“我一直都知道啊。”

安梦吓了一跳，但第二秒就笑起来，“嗯，拜拜。”

03

那次之后，感情空窗期的缘哥开始跟安梦热络起来。

缘哥是一个生命里离不了异性的主儿，他突然觉得，跟安梦就这样开始也不错。



五一的时候安梦来找缘哥，从车站接到她的时候天已经快黑了，缘哥径直带安梦去了一家常去撸串儿的馆子。

“你就别喝酒了，我去给你看看有没有果啤。”缘哥说完转身进了店里。

“老板，有没有那种酒味儿不大但是度数很高的酒?”

“有啊，要几瓶。”

“两瓶。”

缘哥的套路你永远都摸不清。

其实安梦挺能喝的，但是那天还是喝醉了。缘哥把她背回宾馆，开了一个标间。

缘哥小心地把她放到床上，替她脱去了衣服和鞋。只穿着一套内衣睡着的安梦看起来更加迷人，那饱满的部位随着呼吸起伏，挠的缘哥心直痒。

但缘哥还是不想这样乘人之危，他做了一百个思想斗争后，还是给安梦盖好被子，自己去睡觉了。

04

第二天安梦惊醒之后看到自己这个样子，突然开始尖叫。

“我可什么都没对你做，我发誓。”

安梦什么都没说，只是翻给他一个白眼。

缘哥当时上大学，手里也没有多少钱，只能带安梦随便逛逛。但是那两天两人依然过得很开心。

缘哥带她去鬼屋，安梦吓得一直蜷在他怀里，出来之后哭了一下午。

带她去创意画室，画了一个下午的陶瓷杯子。

安梦一直顺从着他，从不会埋怨什么，无论去哪里，安梦都看起来很开心。

她知道缘哥身上钱也不多，偶尔也会抢着付钱。

用缘哥的话说，安梦无论是性格还是脾气都是堪称完美的女生，她从不会让你觉得为难和难堪。

05

直到第三天晚上，安梦抢着去前台续费，回来之后缘哥才发现换了一间大床房。

虽然缘哥做梦都想，但是他没想过安梦会主动。

“反正你也不会吃亏。”安梦笑着说。

“你愿意做我女朋友吗？”缘哥顺水推舟。

安梦却愣住了。

“你是认真的吗？”

“我从来不骗任何人。”

然后那晚他们正式确定了关系，缘哥终于美梦成真。

06

缘哥就这样跟安梦开始了异地恋。刚开始每个月缘哥都攒钱买机票去找她，偶尔安梦也会来看自己。

安梦学医很忙很辛苦，但是从来不会向缘哥诉苦。有时被缘哥无意地忽视掉，她也会自己去找事做，从来不发脾气，甚至从不闹情绪。

缘哥知道安梦都是在独自消化着那些情绪，自己又何尝不是。

但是渐渐的，像所有的异地恋一样，他们也开始争吵，开始疏离，开始有了隔阂，开始觉得累，开始质疑对这段感情的付出。

缘哥身边不乏异性（我们也想知道为什么），在第六个月的时候他终于坚持不住，开始变得冷淡。

安梦是个聪明姑娘，她知道缘哥或许是出于厌烦，或许是无法忍受异地，所以打算退出。

所以缘哥突然提出要分手的时候，安梦并没有太大的反应。她没有闹，也没有纠缠，更没有挽留。

她只是在电话那头轻轻地啜泣，听得缘哥心都疼。

07

“那你为什么还要坚持分手呢？”

“我不想耽误她了。”

“你是不想耽误你自己吧！”

“那……你这么说也对，但也不全对。我那时候确实有新目标了，但更多是我不想这样牵扯着，因为都知道没有结局。她成绩那么好，她以后应该去更大的地方好好发展。”

我一向认为男生说的“为你好”都是借口。

你这样闯进我生命又突然地抽离，怎么会好呢。

安梦一直到最后都没有放下自己高贵的自尊。她再也没有来找过他。

尽管她伪装得很好，缘哥还是能感受到她的伤心。

虽然最后没有在一起，但是安梦带来的那些快乐和美好都清晰地印在缘哥的心里。

“她是那么好的一个姑娘，最后没有落在我手里是我的损失。”

如果不能在一起，那么让他永远怀恋你，也算是赢了。

## 1.4 “可爱到爆炸的小仙女”Linda

### 1.4.1 男生口中的“作”真的是女生的错吗?

Linda老师大概是公司最单纯的姑娘了，感情经历是个位数儿，还屡次碰到渣男。

也许是这为数不多的经历带给Linda很多感悟，用她自己的话说，她的人生简直就是一部“傻白甜变形记”。

01

遥想当年，Linda带着一身未脱的稚气满心欢喜地走进了大学校园，当时也憧憬着美丽的校园爱情啊，于是满怀着期待撞见了二圆。

Linda也不知道为什么二圆叫二圆，她认识他的时候人们都这样叫他。Linda猜想可能是因为这人又二又圆吧。

二圆也加入了Linda的社团，一直对Linda穷追不舍。

导致Linda常常冥思苦想：我到底是哪里做错了，会让你觉得我可爱又单纯?

毕竟当时太年轻，Linda还是没有抵挡住二圆的强烈攻势，率先败下阵来。

傻点儿就傻点儿吧，胖就胖点儿吧，对我好就行了。

02

二圆确实对Linda特别好，这是谁都不能否认的从前。

虽然不会搞什么鲜花巧克力的小浪漫，但二圆曾十分诚恳地告诉了Linda自己支付宝的密码，并且把自己的QQ账户绑定到Linda的QQ上，让Linda随时能查看到他的消息。

也正是因为这样，两个人在一起的第三个月，也是除夕夜里，Linda发现二圆还跟一个除自己以外的女生聊得热火朝天，便去质问二圆。

“你在跟谁聊天？”

“你啊。”

“还有呢？”

“没了啊。”

“我都看见了！”

“那就是你看见的吧，没有啥啊，就是一个小学妹。”

“小学妹？！还敢不敢叫得更亲密一点儿？”

“不是……你怎么了，没事吧你。”

“你还问我怎么了，大除夕的给我搞这个？放假了不在一起了你就不是你了是吧？”

“你别胡搅蛮缠行不行？”

“现在有了别的女生，我就成了胡搅蛮缠了是吧？”

“怎么跟你说不清楚……”

Linda清晰地记得，那个除夕一夜没睡，可以说是吵了一个跨越一年的架，真是永生难忘啊。

03

Linda恋爱经历本来就少，她对于“爱”的理解都是从无数个跟头里摔出来的。

刚在一起第一个月里，有次Linda按约定去二圆的校区找他却发现他还没起床，Linda一生气把电话关机然后掉头就走了。

二圆可能是真的有点二，他还真以为Linda会一直在楼下等自己，所以当他套好衣服下楼发现Linda不在，打电话也关机的时候，直接在QQ上发了一条消息：“你什么脾气啊？能不能成熟点别这么作？”

那是他们在一起后二圆第一次用这样的词形容她。

Linda现在回想，当时生气关机确实是有点作，但这不还是被你给逼的吗？！

在一起的第二个月，二圆带着 Linda 参加了舍友的聚会，介绍了“大哥二哥三哥四哥”和“大嫂二嫂三嫂四嫂”给她认识。Linda 当时还是挺开心的，毕竟能把好友都介绍给自己，那相当于在内心承认了自己的存在。

酒醉人散后，二圆又蹦出一句让 Linda 永生难忘的金句：“我去宾馆给你开个房吧，我回宿舍了。”

What?! 就算是为了证明你真的没想跟我发生点什么也不能把我自己扔到一个陌生的地方吧？你是没看过新闻里有多少孤身女子在宾馆被害的惨案吗?!

Linda 冷笑一声，“我自己去，你回去吧。”

两个人周旋了几圈后，Linda 还是顺从了他的意思，然后自己在学校旁边的小破旅馆里待了一宿都没敢睡着。

想来二圆也不是二，大概是傻吧。

04

Linda 等到了大年初四，二圆都没有一句解释，甚至没有再主动联系过她。Linda 忍无可忍，拨通了二圆的电话。

“你到底什么意思啊?”

“我哪有什么意思？我就想知道你怎么想的啊？你到底想干吗?”

“……我想分手。”Linda 顿了顿，还是说出了那句话。

等来的却是无尽漫长的沉默。

Linda 甚至以为电话那头的主人应该是突然暴毙了。

女生大概有天生的观察力，如果她想知道什么，就一定能知道的。

Linda 保持着三秒钟一次的频率不停地刷二圆的空间，刷着刷着突然发现不能进了。

Linda 这个暴脾气一下子上来了，找了最好的闺蜜去调查之前那个女生。结果发现那个小学妹明明有男友，而且一直都在拒绝二圆。

虽然二圆别的没什么好的，但是 Linda 不禁对他这种锲而不舍地挖墙脚精神油然生出一种钦佩。

真是好样的呀。

05

就这样一直断联了一个寒假，三月份开学的时候社团做活动，两个人不可避免地碰头见了面。

本以为这大概是改善关系的一个契机，没想到 Linda 去找他的时候，他竟然一脸疑惑地说，我们不是分手了吗？

我们不是分手了吗？！

Linda 一直没想明白这个分手是被自己分的还是被二圆分的。

但是想来这个狗东西凭什么跟我提分手？一定是我提出的。

然后跑回宿舍不吃不喝大哭了一宿。

对门宿舍有个崇尚佛学的妹子跑过来安慰 Linda，“说不定是你上辈子欠了他的，他就是过来找你讨债的，过去了就是过去了。如果你一直还沉浸在他的感情里，可能还会错过以后更好的感情。”

Linda 豁然开朗，抱住妹子的手一个劲儿点头，“谢谢你！我明白了。”

Linda 站起来的时候回头问那妹子，“你谈过恋爱吗？”

妹子面若桃花，一脸茫然，“没有啊。”

Linda 差点晕过去。

但她依然坚信，可能神佛能救我一命。

从那天起的一个月 Linda 一直泡在世界名著里，《红与黑》《基督山伯爵》《傲慢与偏见》什么的，看完之后 Linda 真的觉得，这个二圆果然很渣，世界名著里都没有这么狗血的剧情！

06

女生可能都有这毛病吧，虽然先说喜欢的人不是自己，虽然付出最多的也不是自己，但是最后放不下的却是自己。

后来 Linda 每次到学校附近的那家面馆吃面都会流眼泪，她总是不由自主地想起来那个“矮肥圆”当时把自己的支付宝密码告诉自己，但是 Linda 现在却一位数儿都想不起来啊！

“那……你们分手以后他跟那个学妹在一起了吗？”

“一起个毛线啊！人家一直都有男朋友，哪会看上他！也就我眼瞎！”Linda 气呼呼地说。

“那……你们后来见过吗？”

“碰到过一次啊，我跟我朋友一起。我还很开心地打了招呼，结果我朋友跟我说‘这是你前任吗？居然这么丑！’啊哈哈哈哈……”

“那后来就再也没有联系过？”

“上个月他突然来找我，我一直以为他已经死了，吓我一跳。他说‘你过得好吗？’我说‘非常好。’他说‘我还是想跟你在一起。’我说‘我跟我男朋友也非常好。’哈哈哈哈哈……”Linda 一直在爆笑着给我讲这个故事，却一直想表现出很悲伤的样子。

大概她为当年那个“傻白甜”的自己感到羞耻，毕竟这也是 Linda 人生中为数不多的一个败笔了。

男生真的很擅长利用“冷暴力”来逼迫女生提出分手，最后还得把“被迫分开”的这个屎盆子扣在女生头上，并且常常拿“女生太作”做借口。

到底是你错了还是我作了？其实并不重要，最重要的是早日看清他的真面目，才能奔向幸福人生。

### 1.4.2 杀了诚实吧，或者杀了爱情吧

01

晚上 18 点 45 分，Linda 准点回到了家。

路上看到了烤面筋和烤红薯，吸了吸鼻子忍住没买。

小区门口依旧挤满了各种小商贩，如果不是熟悉了这条路，大概都快要找不到小区门口在哪。

楼道里停着两辆电瓶车，大概也是刚刚下班或者刚刚接到孩子的邻居，但是 Linda 不认识他们。

现代的生活就是这样，别说是你住了一年，可能住了三五年，还是认不清那些脸。

果然，这趟电梯赶不上了，狭窄的电梯间只能容下一辆电瓶车，最多再挤进去两三个人。那个背着孩子的母亲根本不去理会儿子的吵嚷，Linda头都大了。

不选择这么早结婚生子是正确的选择。

Linda总是能一下子从杂乱的背包里摸索出钥匙来，就像有一种超能力，无论包里有多少东西。

踏进门的一瞬间，隔绝了屋外零下温度的同时，也把这一天的伪装卸掉了。

换鞋的时候Linda蹙了蹙眉，鞋柜外面摆满了鞋，需要花三秒钟以上才能准确找到同一双。

灯下是昨晚没有洗的饭碗，还有长时间没有擦拭过的桌面，上面凝结着菜汁或者是其他什么污渍。Linda知道已经很久没有好好收拾过家里了，但脱掉外套后的第一件事，还是坐在地毯上抽了支烟。

02

她跟邹卫在一起多久了？记不清楚了，但是她清楚地记得是去年十月份搬进来的。

邹卫说了会娶自己，那反正都是要住在一起。

Linda又想起那时候他整天嬉皮笑脸地开着玩笑，就连那句“我爱你”都说得像真的一样。

晚上19点15分，Linda刷了一遍手机上的社交软件后，起身准备洗碗做饭。

Linda也不知道为什么总是要等到第二天才刷前一天的碗。可是世界上有很多事，无论你拖到什么时候还是要做，Linda清楚这个道理，但是每天工作八个小时再做饭一个小时之后真的没有力气再去收拾。

吃什么呢，冰箱里只有为数不多的菜了，邹卫喜欢吃肉，要炒一个荤的。但是Linda不喜欢吃肉，准备再炒一个青菜就好了。

跟邹卫在一起之前，Linda是不会做饭的，甚至连番茄炒蛋都不知道是先放番茄还是先放蛋。但是没办法啊，我们都是被生活逼着长大的。

肉扔进锅里的那一刻，溅起来的油烫到了右手手臂。Linda看了看刚刚切到的左手食指，忍不住哭了起来。

03

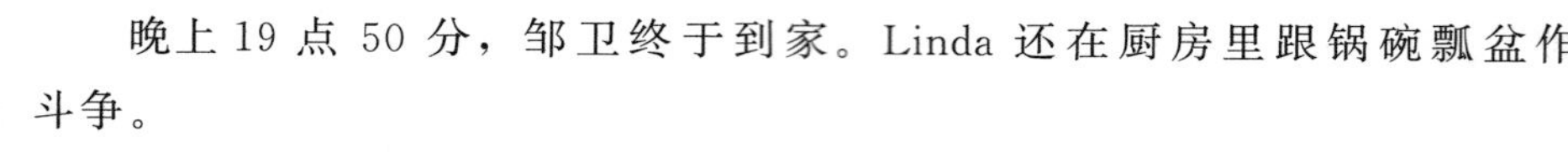

晚上19点50分，邹卫终于到家。Linda还在厨房里跟锅碗瓢盆作斗争。

邹卫进来转了一圈以后就出去了，躺在客厅的沙发上看直播。

“你能不能看看饭熟了没?”

“还没呢。”

他永远是这样，你不提出来，他从来不会主动做家务。你不说，他就不知道你有多辛苦。

但也不是永远，至少以前不是。Linda想起来以前每到周末的时候，邹卫都会很早起床，把一周的脏衣服扔到洗衣机里，煮好粥叫Linda起床。

虽然那时候他经常把深色和浅色的衣服扔到一起洗，但是Linda也不会怪罪他。

Linda从厨房端出菜来，又盛好饭，邹卫还在那躺着。

Linda有点生气，但是她不想说。她走到地毯上坐下来，跟他一起抽烟。

“怎么？好了？你不叫我。”邹卫一个激灵坐起来，揽着Linda的脖子亲了一口。

Linda想推开他，但是没有。

04

晚上20点30分，他们习惯边看综艺边吃饭，好像这样可以缓解不用说

话的尴尬。

是啊，哪里有那么多话可以说呢。就算偶尔聊天也都是吐槽，吐槽公司，吐槽老板，吐槽同事，吐槽路上看过的每一个人，好像都不怎么顺眼。

Linda 从来都不知道，邹卫这个人身上的自信，是从哪里来的。

Linda 从来不介意他出身农村家庭，毕竟家庭是无法选择的，何况他父母勤勤恳恳养育了他二十几年，也没有让他吃的穿的比别人差。Linda 甚至于对这样的家庭有些钦佩。

专科毕业，回来后邹卫一直没有找到满意的工作，不是嫌累就嫌钱少。

Linda 也没有多说什么，毕竟刚刚毕业，毕竟年轻，是该折腾。

Linda 想起来六月份毕业之后，去了一趟青海，花光了为数不多的存款。当时两个人都没有工作，唯一的乐趣就是做饭吃饭看电影，还有吵架。

对于吵架这件事，Linda 从来都不知道为什么，明明可以避免的，非得一定要吵出来。

这是 Linda 第一次觉得邹卫不是个东西。

05

晚上 20 点 45 分，吃完饭又随便把碗一堆，开始坐到地毯上找一个电影看。

他们的品位还是很相像的，不然也不会走到一起。

Linda 记得自己最迷罗志祥的时候，恰好邹卫也喜欢，Linda 一直以为只有女生才追星，原来男生也会有自己的男神。

那时候 Linda 除了听流行还听民谣，听摇滚，邹卫也听宋胖子，听 James Blunt，听 Fall Out Boy，听五月天、周杰伦、陈奕迅。那时候 Linda 以为，邹卫就是一个男版的自己。

最近他们喜欢看 20 世纪 90 年代的老电影，把王家卫的电影几乎刷了一遍，又开始刷周星驰的电影。

邹卫总是喜欢剧透，或者是能一下子猜出来后面的剧情，让 Linda 哭笑不得。

他们总是会因为一部电影里的一个细节争论，因为一部电影的主题和中心争辩。虽然 Linda 知道每个人看一部电影的感受都不会一样，也不想在这场辩论中占了上风，但是这种循环的争辩根本不是自己所能控制的。

有时候，Linda 真的觉得好累啊。爱情的本质就是两个人柴米油盐嬉笑怒骂吗？

那还不如自己一个人呢。

06

晚上 23 点 20 分，洗完澡敷完面膜后，Linda 爬上了床，准备刷一会微博就睡觉。

邹卫总是喜欢突然钻进来，冷冰冰的手往自己睡衣里面放，Linda 没有真正生气过。真正让 Linda 生气的是，他看着 Linda 惊慌失措的样子笑得前仰后合。

Linda 不知道这有什么好笑的，以前可能会跟着傻笑。

现在不会了。

“关灯了？”

“嗯。”

“睡觉不？”

“睡。”

Linda 定好第二天早上 8 点的闹钟，放好手机，找了一个最舒服的姿势，准备睡觉。

“不啪了？”

“都行，看你吧。”

“你说吧。”

“都行。我有点累。”

邹卫凑过来亲吻她，Linda没有任何反应。

他突然坐起身来，掀开被子，瞬间暴跳如雷。

“每次都这样，你不想就不想，不能直接说啊？非得说了‘都行’，结果就不。”

“我说了我有点累。”

“那你直接说不想不行吗？”

“嗯，不想。”

邹卫气呼呼地站起来，狠狠地关上门，到客厅里了。

Linda闭着眼睛，始终没有睁开。

好像只要睁开眼睛，只要再多说一句话，今天又要睡不成了。

07

但抽完烟的邹卫还是跑了进来，他硬生生地把Linda从床上拽起来，认真且严肃地问，“你怎么了？”

“没事啊。”

“那你不高兴。”

“我没有。”

“哼。”邹卫鼻子里发出一种嘲讽的声音，“我都看出来了，你有什么不能说出来啊？”

Linda不理他，起身想到客厅喝杯水。

邹卫死死拽住她的手腕，“你干吗去？”

“没事，喝水。”Linda看向别处。

“你看着我。”

“我不想跟你吵……也不想跟你说话……”

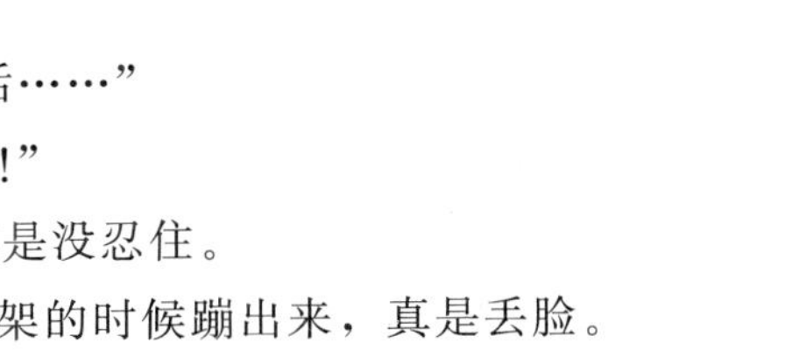

“你就知道这样！你是想气死我啊？!”

“就你生气，我不生气？!”Linda还是没忍住。

忍了这么久的眼泪，每次都要在吵架的时候蹦出来，真是丢脸。

"你生什么气？跟我说说。"

Linda不说话，用力挣开，跑到客厅里抽烟。

不知道从什么时候开始，吵架成了他们生活中的必备品。似乎生活需要吵架这回事来调和，不然太枯燥了。

但是Linda并不是一个喜欢吵架的人，她总是吵着吵着就不争气地掉眼泪。

总是会突然想起以前，想着为什么现在变成了这样子。

总是会觉得，生活可真不美好啊。



08

邹卫终于冷静下来。Linda知道他总是要这样发火，发完之后又道歉，否则不会罢休的。

"你到底怎么想的？你有什么话就直接说吧……"

"什么话都能直接说吗？"Linda突然转过头，直勾勾地看着他的眼睛。

"想说就说啊。"邹卫明显愣了一下。

"行，我就想说……我根本就没想跟你结婚，我也没有你想象中那么喜欢你，也没有你看起来那么开心。我跟你在不在一起无所谓，你别老这样逼我……你知道我最爱的人只有自己，我不会在乎你的，我随时都能走。"

"你总这么说，每次都这么说，那你走啊!"邹卫又发出那种嘲讽的笑声。

Linda看着他，笑出了声。

已经快凌晨1点钟，Linda明明已经困得头都疼，却还要在这吵架。

想了想更想笑。

"哎……我知道是我不好，我养不了你……对不起。我发火是因为我在乎你的心情啊，我怕你不高兴……"

"怕我不高兴，所以要骂我一顿才痛快？"Linda冷笑着打断他。

"不是……不知道怎么说，我太在乎你了，怕你不高兴，怕你不想跟我在一起……"

"我已经不想了。"

"……哦，那你要走的时候，记得跟我说一声。"

"好。"

09

所以，我们在爱情面前是什么呢？我们小心翼翼，我们机关算尽，我们同仇敌忾，我们用尽了一切的方法和气力，只想留住眼前的这个人。

最终，我们都沦为了爱情的奴隶。

爱的初衷本是甜蜜和美好，却总要以伤害和冷漠结尾。

或许，世界上根本就没有爱情这回事，荷尔蒙可能是真实存在的，但爱情可能不是。

我们早已在整日的操劳和忙碌里忽略了当初最重要的东西，我们不再去计较他是不是还在乎我，不再去计较他对我关心多不多，甚至不再去关心他的通讯录里躺着几个异性，除了我。

不，爱情当然是存在的，否则你怎么解释那些甜蜜和欣喜，那种开心得想昭告全世界的感觉，又是什么呢？

我们总是说，爱情里面需要真诚，可是，如果你真诚了，你坦白了，结果呢？

你说，我没那么爱你，我也不是特别需要你。他听完一定会走。

你说，我其实很烦你的一些习惯，你能不能改改。他听完说老子改不了，抬腿就走。

你说，我其实心里一直有别人，你不是我最爱的人。他听完可能会抱着你哭完就走。

你说，我不相信爱情，我也不相信你。他可能会冷笑一声，你以为我真的爱你吗？

所以你坦白也不是，隐瞒也不是，只能在心里堆积起一个又一个的秘密。

到那些秘密被发现，被放大的一天，也是你失去爱情的那一天吧。

又或许，你根本没有秘密。

# 1.5 “集美貌与才华于一身的女子”夏诺

## 1.5.1 远离渣男，幸福一生

“咱们情感咨询师这个工作呢，主要是帮助妹子们做挽回啊，情感分析啊，最好是能掌握一些恋爱技巧……你觉得自己情感经历怎么样？”

“经历？只经历过被一个烂渣男分手了算不算？”

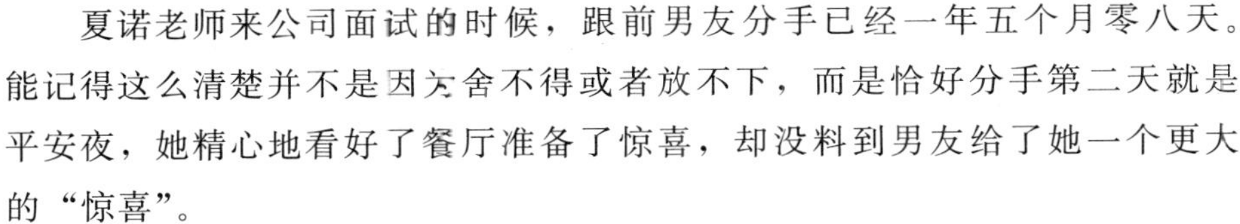

夏诺老师来公司面试的时候，跟前男友分手已经一年五个月零八天。能记得这么清楚并不是因为舍不得或者放不下，而是恰好分手第二天就是平安夜，她精心地看好了餐厅准备了惊喜，却没料到男友给了她一个更大的“惊喜”。

“我们分手吧，真的不合适。”

夏诺听到这句话的时候第一反应并不是质问或者争辩，竟然还有一丝的窃喜。

01

大学开学第一个月里，夏诺就被十几个男生告白或者暗示，其中印象最为深刻的就是南楼的612宿舍。一宿舍六个人，个个都对她说过“我想照顾你”。莫不是商量好了来组队撩妹的？我需要你照顾??

夏诺冷笑一声。她不是十六岁的傻白甜了，她分得清假意和真心。

那就陪你们玩玩啊。

612里用情最深的大概只有阿旭一个，他没有过分瞩目的外表，只有一颗过分真挚的心。他从来不要求夏诺什么，也不奢求她的回应，只会每天按时带早饭给她。阿旭就像没有脾气似的，就算她扔掉不吃，他仍然风雨无阻地用自己的方式给她温柔。

而大飞则不同，他是612里唯一能让夏诺多看几眼的人。长相也不算出挑，但是幽默风趣，会讨女孩子欢心，最重要的是他舍得花心思捯饬自己，衣品满分。对，就因为他会穿衣服，而已。

夏诺并没有任何开始恋情的念头，若不是大飞在教室里扔掉阿旭带来的奶茶，揪着他的衣领说，你一天不消失在她身边我就一直整你！

夏诺还并不知道原来自己的胜负欲远远大于对爱情的憧憬。

与其说是同意了大飞的追求，不如说是赌气才跟他在一起。

反正夏诺从来不相信大学里的爱情能跟“爱”或者“情”沾上半毛钱关系。不过是找一个让旁人羡煞的看起来还不错的对象结个伴儿，以此来满足自己的虚荣心。

02

像所有的大学情侣一样，一起去教室上课，一起去食堂吃饭，一起逃课去看电影逛街，临熄灯前在宿舍楼下腻歪一会儿。没有消息就刷剧，他来聊天就回复，带她去玩就跟着，送她礼物就收着。

对于没有掏过心的感情，我们处理起来总是怡然自得。

至少在他提出分手前，夏诺一直是这样认为的。她以为自己对他没有爱，甚至于是没有感情的。

因为始终处于感情里的上风，她甚至从来没有想过分手会是他提出来的。

“你也知道，最近家里生意不太好了，我真的怕以后给不了你幸福，我不想让你吃苦，我会觉得对不起你，我还是爱你的，但是现在的我没有资格跟你在一起，希望你能明白我……你说句话好吗？”

夏诺盯着屏幕上突如其来的分手愣了一分钟，想起来每次出去吃饭坐车都是自己掏钱，连吃顿麻辣烫他都没有主动付过钱，送过最贵的礼物就

是一副棉手套，他为自己投资过多少钱？养不了我，不合适，呵呵，可真是一个无懈可击的理由啊。

“我能理解你啊，我也没有要求你什么。”她一个字一个字码上去。

“你不懂，我真的不希望你跟着我受苦，我们就先分开一段时间好不好？”

“为什么啊。”夏诺发送完这四个字，没有等他回复就拉黑了所有的联系方式。

在宿舍闷了一天一夜，想尝试一下失恋的滋味，却发现自己哭不出来。

可能，大概我就没爱过他吧。

03

亮起的手机屏幕上是阿旭发来的QQ消息，“你OK吗？用不用我陪你？”

“没事。”

“有件事我觉得你需要知道……但是我不知道说出来会不会伤害到你……你相信我吗？”

“有事就说。”

“其实……大飞跟别的姑娘睡了，那姑娘想做他女朋友……我们宿舍的都知道……你也别太伤心了，还有我，你就忘了他吧，不值得的。”

夏诺反复看了十几遍，确认自己脑海里闪现的“他出轨”的结论是无误的，终于忍不住笑了出来。

难怪啊。

狗跟婊子才是标配。

哈哈。

04

“在一起”就三个字而已，却需要不知多少的投资和经营。

“分手”就两个字而已，却需要不知多长的时间来消化。

夏诺不知道那年圣诞是怎么过的，也不知道那年的元旦是怎么过的，甚至不记得拒绝了多少男生送来的礼物。

只是每次看到一个相似的背影，就会忍不住冲上去。

若不是认错了人，那巴掌一定打得结结实实的。

不知道大飞是心虚还是什么，分手后就如人间蒸发了一般，本来就喜欢翘课的他连个头都没露过，在学校里也没过碰面。直到两周后的一个晚自习。

别人都是在宿舍楼下摆了一圈鲜花蜡烛去告白，那个混蛋竟然涕泗横流地跪在地上来道歉。

扑通的那一声，夏诺甚至想发笑。

“清清我错了……我们和好吧，你别听阿旭说的……我错了你原谅我行不行，我还是爱你的……”夏诺想直接转身回宿舍，却不想引来了看热闹的人群，把两个人团团围住。

她被这尴尬的气氛压抑得只想逃出去，大飞去拽她的手被甩开，又去拉她的衣服，她只觉得身上被扯得生疼。

“你起来说，别这样行不行。”

“你不原谅我我就一直跪着，不起来！”

“好啊，那你跪着吧。”夏诺用力挣开，扒开人群，仓皇而逃。

她讨厌这样的方式，她恶心这样的人，甚至觉得羞耻。

他除了会用这种下三滥的方式博取同情外还会别的什么？

05

对于轻易得到的东西男人从来不懂得去珍惜，只有失去才能让他们有最深刻的悔过。

他也不是没有好好对过夏诺，他知道她爱干净，甚至不分场合蹲下用袖子给她擦鞋。知道她喝不了凉水，每次把矿泉水放在怀里焐热了才给她。

但是这些，都不足以成为原谅他那混蛋行迹的理由。

因为肯为她做这些事的不止他一个，从他追她的时候他就应该知道。

毕业前夕，禁不住他的死缠烂打，夏诺加回了他的联系方式。

因为夏诺对自己的坚定有足够的信心，所以从来不惧怕他的嘘寒问暖和主动示好。唯一令夏诺头疼的是他隔三岔五地在朋友圈发一些关于两个人的回忆，或者给自己评论多喝热水什么的。多喝热水？你又不是我妈用得着你说？我当初是眼睛了吗看上你这样的直男癌？

夏诺并不想再跟这样的渣男纠缠不清重蹈覆辙，而不删掉他的理由就是，让他眼睁睁看着自己变得更美更好更优秀，生活滋润多彩又幸福，而他就是得不到我。

这是他的罪有应得。

06

“你知道我之前最生气的点是什么吗？他出轨的那个女的完全是一个土得掉渣儿的黑胖矮，他为了那样一个女的抛弃我？我甚至开始怀疑他的眼光哈哈哈……”夏诺说这句话的时候完全不带任何感情色彩，像在讲述别人的故事，甚至带着厌恶和嘲讽。

果然，女人只有在不爱你的时候才是最迷人的。

让他爱而不得，就是报复渣男的最好方式。

“我成为感情导师后要做的第一件事，就是让万丈光芒的好姑娘们远离危害苍生的渣男！”

我能感觉到，经历过渣男的姑娘们，都有同样倔强的坚持。

不轻易开始，但不拒绝优秀。只有拥有一双能筛选出优劣的慧眼，才能找到最完美的爱情。

### 1.5.2　喜欢并不匹配的感情还要继续吗？

你们现在认识的夏诺老师大概就是传说中的“佛系青年”了。上次聚会我提到认识一个算命特别准的大仙儿，夏诺老师兴奋地叫我介绍给她。

“难道你也要去算姻缘？找找自己的真命天子?！我告诉你大仙儿算得可准了……”

“我才不算姻缘呢，我没兴趣。我现在只想求财！”夏诺老师眨巴着大眼睛，很认真地看着我说。

真的是被她打败了。

夏诺说自己感情经历不多，我是跪求着才套出了她的另一个故事。

01

那个时候啊，夏诺老师刚刚毕业，准备找工作。

夏诺大学里读的是设计，找到的第一份工作是一家装修公司的设计师。听起来体面高大上，实则需要登梯子爬墙去测量去统计，整天灰头土脸的。

就是那个时候，她认识了大梁。

大梁的奶奶家跟夏诺的奶奶家住得很近，按说他们该是从小就认识了，但是，大概因为夏诺一直那副高冷得“不食人间烟火”的样子吧，他们一直没有机会说话。

第一次见面是在奶奶家的时候，大梁来借针线包，说他的奶奶要用。

夏诺瞟了他一眼，身材还不错，高高壮壮的，模样也还可以，但是怎么看着傻乎乎的。

“嗨!”大梁笑起来的时候露出两排白得耀眼的牙齿。

看着更傻了。

夏诺只想假装没看到。

02

夏诺真不知道他是从哪要来自己的微信号的，奶奶又不玩微信（摊手）。

但是聊起来之后感觉，这小孩也挺有意思的。

大梁比夏诺小两岁，是体育特长生，国家一级游泳运动员，那时候还在上大学。

怪不得一身腱子肉。

大梁身上自带着耀眼的阳光和乐观，很快也吸引了夏诺。

但是那突如其来的告白，是夏诺从来没有想过的。

准确地说，夏诺从来没有把他当作一个男人来看，纯粹就是一个小孩儿。

夏诺没有回应，但也没有拒绝，只是默默地接受了大梁给的好。

03

大梁真的是由内而外散发出的那种单纯，想法简单又纯粹，跟他在一起很轻松很快乐。他总是有办法让夏诺开心起来。

只要学校没课就跑来找夏诺玩，只要夏诺有情绪就陪她聊天逗她开心，只要夏诺说想见他就立马赶过来。

可惜好景不长，没多久，大梁要去考运动员的什么资质，所以就向夏诺提出先分开一段时间。

“我们好像也没有在一起啊。”

“你别这样，我真的是最近有点忙，我不想让你觉得我忽略你。等我忙完这一阵再找你，乖。”

“好啊，那你走吧。”夏诺打完那几个字才发现，自己不单单是对这个男孩有好感。

可能是真的喜欢上了。

04

大梁就真的从夏诺的生活里消失了，就像从来没有来过一样。

夏诺依旧整天到处跑，到处去把自己弄得灰头土脸。

当人们的情感得不到宣泄和排解的时候，只好更加努力地去工作。

也许短暂的忙碌能让我们暂时忘记生活带来的伤痛。

夏诺记不清失联了几个月了，大概是从初夏到了深冬，大梁突然出现了。

他就这样突然又冒出来了，穿着厚重的羽绒服，戴着一顶傻到不行的帽子，咧着嘴露出大白牙傻笑着。

夏诺看到就想笑。

但是不知道怎么她还是哭了。

冬天像是能把冷却的眼泪冻住似的，夏诺只觉得脸上被眼泪划过的地方，生疼。

05

大梁好像不是单纯而是有点傻。他可能从来不懂得爱情，只知道“我想跟你在一起”。他大概永远不会知道他提出的分手对夏诺造成了什么样的伤害和影响。

就算是回来了又怎么样，怎么走回从前呢。

大梁就像没事一样，依旧拉着夏诺去看比赛，兴奋地告诉夏诺自己被选入了什么队，以后要变成第二个宁泽涛。

他的眼睛里从来就只有游泳。

夏诺像以前那样继续接受着他的一切，却变得更加小心翼翼。她真的开始害怕，什么时候会再次失去他。

而另一方面自己又太清楚，他们是没有未来的。

并不只是因为大梁年龄小，而是他心智还不够成熟。他喜欢带夏诺去广场看自己玩轮滑，他喜欢在逛街的时候摆弄店里的小玩具，但是玩得开心并不代表能一起过日子。

06

夏诺选择在一个风和日丽的下午提出了分手。

没有理由。

大概是因为之前被大梁甩过一次不甘心。

大概是真的厌倦了这种又当妈又当姐的相处模式。

大概是开始发现等不到大梁长大了。

所以夏诺主动选择抽离。

“为什么啊，我们不是好好的吗，我们昨天刚见面的，你不是很开心吗……为什么啊……”她听得出来大梁是带着哭腔的。

“没有为什么，我不想耽误你，我可能没那么喜欢你了吧。”夏诺比以往更加平静。

“……可是我真的喜欢你。”

“我知道啊……”夏诺真的害怕继续纠缠下去自己会心软，索性直接挂断了电话。

大概这是给自己的一种惩罚。你没有善待一段感情的时候，它自然不会以完美的方式回应你。

当两个人的感情只剩下“因为需要联系而去联系”的时候，就说明已经没救了。

07

现在夏诺还跟大梁有联系，看着他去新的城市练习了，看着他身边也有了新的人了。偶尔还会互相调侃两句。

“还有心动的感觉吗？”

“没有了吧。”

“后悔吗？”

“……挺后悔的！他现在变得更帅了！”夏诺肯定地点点头，“但是……也没有什么遗憾吧，毕竟知道最后也不会有结局。”

“你怎么知道不会有呢？万一他突然有一天长大了呢？”

“我等不到了。我宁愿自己一个人。”

可能很多逝去的东西都没有办法再以相同的方式重来了。一个人无论是选择单身还是恋爱，都是要以尊重自己为前提的。

我相信，选择单身的夏诺老师，依然会美丽又优秀。

# 1.6 “知性女郎”月光

## 1.6.1 并未在一起亦无从离弃（上）

月光老师最爱陈奕迅。

爱到什么程度？上学的时候省下吃饭的钱都要买正版的专辑，拿着两千多块的工资也要攒钱去买演唱会的前排票，还因此开始学习粤语，甚至会喜欢上唱陈奕迅歌的男孩子。

所以她就这样认识了橙子，然后喜欢上橙子。

### 01/一世庆祝整个地球上 亿个背影但能和你碰上

月光收到验证消息的时候眉头紧蹙，这个昵称、头像甚至资料都是完全陌生的，为什么要加我？

但是看到QQ资料上面的标签贴着“陈奕迅”三个字，还是鬼使神差地点了同意。

“嗨！”对方很热情地打招呼。

月光只发过去一个“？”

“我们应该认识。”

“为什么这么说？”

“因为我就距离你600米，你家应该离我家很近。”

“我不觉得认识你。”月光时刻保持着警惕。

“现在你就认识我了。”

月光进到他的空间，看到了好友的评论留言之类的，发现这个人果然认识。

但是也不能说是认识，只是知道这个人的存在。

他是大学里同系不同班的同学，听说过这个人是因为一个闺蜜的朋友追过他，长得也说不上是特别帅，是个不学无术成天泡吧的花花公子。

要不是这人会唱陈奕迅的粤语歌并且唱得还不错，月光一定会打心眼儿里对他带着排斥。

## 02/得不到的永远在骚动

“你怎么加的我？”

“通过共同好友啊，看到你头像了，觉得我们应该认识。”

“我知道你，但仅仅是知道而已。我有认识一个朋友追过你，但是估计你也不记得了（微笑）。”

“哦？是吗？呵呵。”

呵呵你大爷。

月光起初并没有在意，无非是好友列表里多了一具“死尸”，反正聊不过两句就要躺死了。

那时候月光正在找新工作，每天除了投简历就是去参加面试，却始终找不到合适的工作。

本来就已经够烦的了，这个橙子还从早到晚骚扰自己。

“你在干吗啊？”

“准备面试。”

“很累吧。”

“我看你倒是很清闲啊，不用工作的是吗。”

“差不多吧，我上午一般没事，下午去我爸那里帮忙。”

“但是我很忙，谢谢。”

“好。”

他总是这样，突然地出现又突然地消失。聊天的时候特别亲切，不聊的时候就干晾着。是不是男人都喜欢以诸如此类的方式来显示自己的存在？

但是想到这里的时候，月光才意识到自己不应该这样在乎他。

不应该在意他有没有在，不应该在意他有没有跟自己聊天，不应该在意他的一切。

## 03/还没有开始　才没有终止　难忘未必永志

"好无聊啊，明天下午想去看电影。"

"去啊。"

"能有荣幸邀请美丽的女士一同前去吗？"

"去啊。"

"那你是答应了？！"

"我又不是什么美丽的女士。"

"你是。"

"我才不是什么美女，我一点都不漂亮，好吗？"

"我不信，你给我看下照片。"

"我才不上当。反正我不是你口中的美女。"

"那你去不去嘛，我想看《小时代》。"

"你请我看吗？"

"对啊，我有会员卡。那就这么说定了，一会我去买票了咯咯……"

"我……"

月光没来得及回答，橙子就下线了。

炎热的八月，她躺在床上，被汗渍浸透的皮肤上粘着不好闻的头发，她厌恶极了这样的生活。

反正也就是看个电影，也没什么。去就去嘛。

我又不会损失什么。

## 04/你叫我最快乐也叫我最心痛

橙子真的去买了票，回来抱歉地给月光发 QQ 消息说，"晚上七点半的，只有第一排的位置了，不好意思啊，但是我挑了正中间的位置，应该还

可以。”

“这电影这么火？”

“不知道呢，可能都是冲着郭敬明去的吧。”

“你也是？”

“我不是，我才不喜欢那个郭敬明，我是冲着你。”

“……”

不知道为什么，月光心里竟然产生了一股难以抑制的期待和喜悦。毕竟很久没有谈过恋爱没有约会过的月光，已经快把自己当成一个男人了。

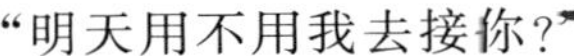

“明天用不用我去接你？”

“不用了。”月光不喜欢麻烦别人，尤其是素未谋面的陌生人。

“真的吗？那你怎么去？”

“骑车啊，反正离我家也不远。你呢？”

“开车吧。”

“什么车啊。”月光带着一些戏谑，心里毕竟还是想一起去的。

“自行车。”

“……用不用姐姐载你啊。”

“不用，我载你吧。”

“我很沉的，你载不动我哈哈哈。”

“怎么会，你还不信怎么着？给我等着。”

“等着就等着。”

月光躺在床上，盯着手机屏幕乐成了傻子。

## 05/想那日　初次约会　心惊手震胆颤

那天中午月光特意洗了澡，找了一圈发现自己除了T恤就是短裤，连一件稍微带点儿女人味的裙子都没有。

管它呢，又不是跟重要的人约会。

月光找出了一件白T恤，一条草绿色的短裤。看着镜子里黑短粗的大腿叹了口气。

月光那时候刚刚毕业，还不会化妆，甚至没有涂过BB霜CC霜之类的，更别说画眉毛描眼线粘假睫毛了。所以只是简单地涂了一层防晒霜，没忘了在镜子前抱怨了一下脸上的痘痘。

月光很想努力地表现出自己的镇定和冷静，告诉自己不在乎，但身体还是忍不住地打颤。

月光早早地下楼，在小区门口找了个阴凉的地方等着，一直张望着街上的行人，不知道自己还能不能凭借着大学的记忆认出橙子来。

酷暑里大街上很少有没事还出来找晒的人，所以月光觉得不难找到一个人。

不知道等了多久，突然一辆宝蓝色的保时捷停到前面的马路沿旁。月光看都没看，仍然抬着头四处张望，不停地看左手红色腕表上的时间，大概已经比约定的时间晚了快十分钟了。

那辆保时捷停了几分钟，开始鸣喇叭。这时候月光才回过神来，弯腰去看了一眼玻璃里面的脸，竟然真的是他！说好的自行车呢！

其实月光是紧张又忐忑的，因为自己真的是第一次坐这么贵的车。

她绕到车后面，犹豫了一会拉开副驾驶的门，慢慢地坐进去。

## 06/若你喜欢怪人　其实我很美

月光坐进去的时候闻到车里一股刺鼻的香水味，车里的靠垫都是那么精致。

而驾驶座上的橙子一直没有开口。

“你……怎么这么晚才出来？”说完月光就后悔了，这样说好像在指责对方迟到了。

但是为什么不能呢。月光也想知道，为什么自己会变得小心翼翼。

“我午休了，睡过了。”橙子的语气里略带着歉意，却听不出一丝开心

的情绪。

果真是对我失望了吧。早就告诉过你，我不是你口中的什么美女，你偏要来见我。

我也知道自己几斤几两，又没打算跟你怎么样。

月光眼睛盯着前面，橙子车开得飞快，转弯都不带减速的，但是却特别地稳。

月光几次想开口，却都被这尴尬的气氛堵了回去。

“你看过书吗？”

“什么？”橙子蹙着眉用眼睛余光瞟了月光一眼。

“小时代啊。”

“看过一点……没看完。上学那会又不听课，净看小说了。”

“嗯……我没看过哈哈。”月光想努力调节一下尴尬的气氛，所以说完捂嘴笑了几声。

她也知道，自己笑得不好听，甚至还有点傻。

橙子没接话，顿了一下转过头，说，“你平时也这样笑吗？”

“……嗯！怎么了？”月光看到了他的眼睛里带着些许嫌弃。

“笑就大大方方的。”橙子没有转过头，所以月光能清晰地看到他侧脸的弧度，以及白嫩到不像男生的皮肤。

“哦……因为我平时笑得很夸张，怕吓到你……”

橙子又没有接话。

车里的香味让月光觉得已经快要窒息了。

而那不远不近的电影院，却怎么也到不了了。

## 07/仍然在傻笑　但你哪知道我想哭

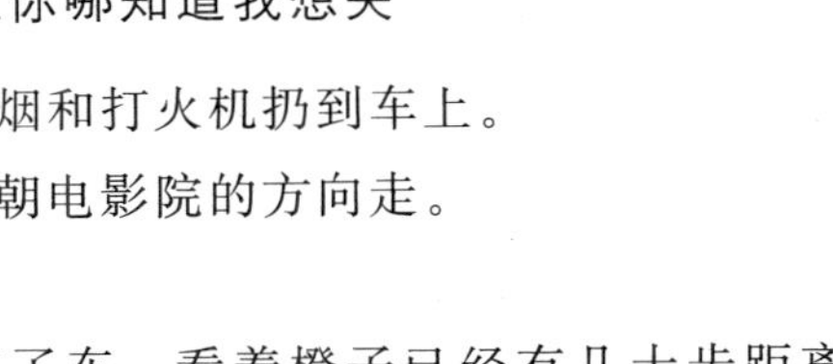

橙子停好车，犹豫了一下把兜里的烟和打火机扔到车上。

他没说一句话，下车后头也不回地朝电影院的方向走。

甚至忘了给月光开车门。

月光生硬地咽了一口口水，自己下了车。看着橙子已经有几十步距离

的背影，停了一下。

我究竟是多招你嫌弃啊。

月光快步赶上去。橙子走进大厅休息区，找到座位坐下来。都是那种长皮凳，可以坐两个人甚至三个人，他却坐在了旁边的另一个凳子上。

“你认识大雨（音）吗？”沉默半晌，橙子开口。

“不认识啊。”

“赵磊呢？”

“不认识。”

橙子没有再说话，突然站起身来往里面走。

月光也不知道他要去哪，只是站起来跟在后面。



橙子走进一个无人看管的空的放映厅，在第一排中间的位置坐下来。

“这位置确实不好，看得脖子都得疼。”

“哎没事了，就一两个小时。”

橙子又起身，把电影票递给月光，转身要往外走，“你等一会，我出去一下。”

月光机械性地点点头。

月光也不知道他出去了多久，去了哪，只是回来的时候，他假装略带抱歉地说，“不好意思啊，我临时有点事，你找个朋友跟你一起看吧。”对，是假装。

“我……找谁啊？”月光一时不知所措。

“你不是有个同学跟你一起住吗……叫她过来吧，我先走了。”

月光盯着橙子的背影好一会，突然起身，跑到电影院门口，想着要不要跟他说句再见，却没有在人群里寻到他的身影。

月光站定了好一会，看到视线里出现了那台亮眼的车，他摇下车窗，似乎是招了招手还是什么的，月光也记不清了。

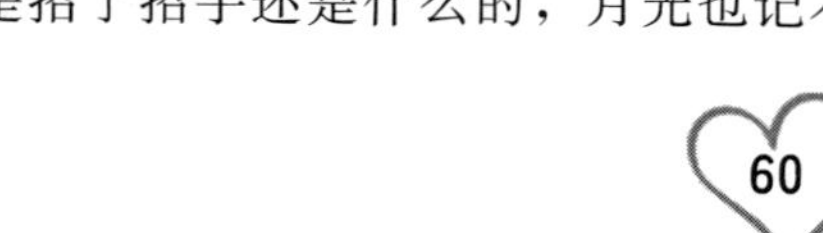

月光只记得，不知道为什么那个时候自己特别想哭，却愣是挤不出眼泪来。特别想说点什么，却又像突然失了声。

就这样被只身扔在了大街上。

真的是永生难忘。

### 1.6.2 并未在一起亦无从离弃（下）

#### 08/为何未能学会起舞便已抱紧你　谁料到资质不配合你

到家的时候已经快十点钟，月光掏出手机来，果真没有一条消息。

强迫着自己洗漱完之后，她发消息给橙子，“一个女生自己这么晚回家，你也不问问她有没有到家?”

没有回复。

“我知道你是瞧不上我，我早就说过了我不是什么美女，你一定是失望了吧哈哈。那你也用不着跑吧。”

“你比之前更好看了，皮肤很好，手表很好看，黑色T恤跟你很搭，你车里的味道也很好闻。”

“但是我想告诉你，无论你再怎么样，把一个女生扔下跑掉也不对吧?”

“你们男生都这样肤浅，皮囊不怎么样的话，灵魂再好也没用，是吧。”

“我为什么要在这里自言自语？你就是不打算回复了是吗？好吧。反正也不认识，就当作没认识过吧。”

然后拉黑。

月光记不得那天晚上自己有没有哭过了。但是她很难过。

她难过的不是自己不够漂亮，而是当遇到了那个一眼就令自己心动的人的时候，自己却是这副鬼样子。

她第一次为自己的外貌感受到深深的耻辱，而这份耻辱是被人强加上的。

真的是有点让人绝望啊。

## 09/当赤道留住雪花，眼泪融掉细沙，你肯珍惜我吗

隔了四个月，月光找到了工作，有了新的同事，有了新的生活，却始终放不下那个把自己扔在电影院的人。

或许是带着那种羞耻。

或许是想要反击。

或许只是想再看他一眼而已。

月光注册了一个小号，忐忑了一整天，才按下了发送键。

通过后对方发来“?”

“我是做微商的，偶尔打打广告，不介意吧?”

“哦……你是怎么加到我的?”

“朋友的朋友啊。”

“好吧。”

于是月光从此开始肆无忌惮地进出他的空间，关注他的动态，看他的新生活。

四个月来，他只发过一条动态。

就是跟自己出去看电影的那天晚上，回来之后他发了一句歌词，“多么痛的领悟”。

月光此时更加确信，对他绝对不是喜欢，而只是不甘心。

不甘心有人这样仅凭一个外表就扼杀了自己的感情。

那个时候 QQ 上流行起了一个匿名的小秘密，可以匿名给好友发送消息。

月光每天给橙子发早晚安，发歌词，发一堆废话，发自己想他。

那个笨蛋一直没有猜出来是谁。

“当赤道留住雪花，眼泪融掉细沙，你肯珍惜我吗”

“其实我知道你是谁。”这是橙子第一次回复。

“你怎么可能会知道哈哈哈。你肯定猜不到。”

但是当他打出自己的名字的时候，月光还是愣了。

他一直都知道，但是他假装不知道。

他是害怕或是歉疚吗？

还是根本就不屑理我。

爱情的确是一件很不公平的事，谁先爱上谁就输了，就必须处于低位，就要承受整个过程里的折磨与苦痛。

谁叫我喜欢你呢，有什么办法。

## 10/被世界遗弃不可怕　喜欢你有时还可怕

橙子叫月光用自己的大号加上自己，倒是也坦荡。

只是月光发送出去的消息依旧常常石沉大海。可是月光不在乎。

“你看窗外的树叶都掉光了，风把它们都带去了不同的地方。”

“林俊杰周杰伦都赶在年末出新专辑了，可真是个幸福的冬天啊。”

“你最近每天都那么早就出门了吗，可真辛苦啊。”

“其实我不恨你了，我知道你不可能喜欢我，我都不喜欢那样的自己，你不用觉得抱歉。”

“对不起。”他终于有了回复。

但是却没了下文。

月光愿意相信，他这句不耐烦的道歉可能是真心的。

也许是不想自己再给他施加压力，也许是真的开始悔悟了。

谁知道呢。

月光真的不知道自己这样卑微的喜欢能换来什么，可是却抑制不住那股冲动。

那股想要通过把爱投射在一个人身上来感动自己的冲动。

平安夜前两天，月光从橙子的空间里加了一个经常跟他互动的好朋友，要来了橙子家的地址。

“本来想给你织条围巾，也不知道你喜不喜欢黑色就直接买了，但是我太笨了，三个人教了我一个星期我都没学会，可是笨死了。所以我只能给你买点好吃的了，巧克力有不同口味的，你可以尝尝你喜欢哪种，然后告诉我。也不知道你会在哪天收到，最后祝你平安夜快乐圣诞快乐还有元旦快乐吧！”

月光从澳洲的同学那里定了一箱薯片和一盒巧克力，把尝过最好吃的都装在一个箱子里，寄给橙子。

她没有想着邀功或者感动他什么的，好像做这些只是纯粹为了满足自己。

满足自己那份空虚的爱。

没想到橙子回应还不错，第二天收到后在空间发了一条带照片的动态，“谢谢你”。

虽然没有艾特月光，但是月光已经开心得要从床上飞起来了。

月光想过无数种结果，想他可能会直接拒收，可能会生气为什么要了他家的地址，可能会不接受然后寄回来，可能会叫自己再也不要联系他。

但是没有想过会是这一种。

也是从那天起，橙子对月光的态度好像突然有了转变，回复的次数逐渐多了，甚至能聊起来。

## 11/在有生的瞬间能遇到你　竟花光了所有运气

月光记得后来聊得最多的那一晚，是元旦后不久，橙子那天很晚才到家。

月光判断橙子是否到家通过看他的状态显示“4G”还是“WiFi”。

月光本来就是想发个晚安，叫他早点睡，顺带说今天回来得有点晚。

但不知道为什么那天橙子话非常多。

他主动开口说起，刚刚去了一个朋友家里，朋友跟女友现在同居了，两个人一起上下班，晚上一起做饭吃饭。

“很羡慕是吧。”

“嗯。”

“那你也找个女朋友啊。”

“想找就能找到吗?”

“对啊，这不一直在这儿呢吗?!”

橙子没有回复。

“好了好了开玩笑。我们都会期待那种两人三餐的生活，其实就是最简单的一种生活常态，但是两个人的生活跟一个人肯定不一样啊。”

“嗯。”橙子虽然经常回复“嗯”，但是月光感觉那天晚上的“嗯”都是带着感情的。

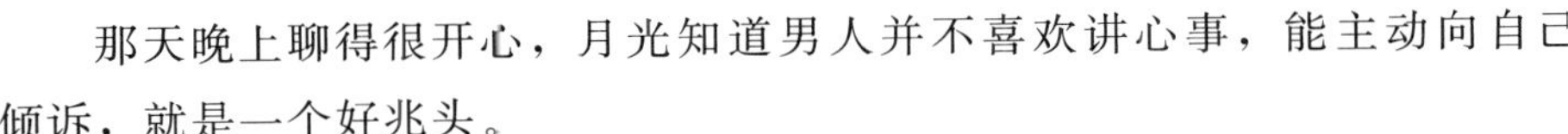

那天晚上聊得很开心，月光知道男人并不喜欢讲心事，能主动向自己倾诉，就是一个好兆头。

那段时间，月光开始拼命减肥，买了一堆护肤品，开始学着去化妆，开始尝试新的穿衣风格，开始尝试发自拍。

她每天都兴冲冲地向橙子分享自己的减肥成果，虽然知道他并不在乎，但是只要他能回复，都能让自己开心一整天。

虽然很多时候不是嘲讽就是酸，甚至是不在乎。

那个时候月光就知道，她并不是为了要橙子喜欢上自己。她只是想摆脱掉曾经那个矮肥圆的丑陋的自己，而让自己产生这种意识的人，正是橙子。

他就是月光心上永远过不去的一道坎儿，也许并不是因为他多帅多有钱多优秀，就是因为曾经被他嫌弃过。

所以就一定要证明给你看，我也可以变漂亮。变成你们男人喜欢的样子。

带着这种绝望的乐观，月光突然有了从未有过的坚定毅力，就连高考时都不曾这样努力过。

## 12/陪伴你　一直到　故事都说完

后来月光真的瘦下来了，两个月瘦了20斤的她接受着身边所有人的惊叹和赞美，很多女生跑过来找她要快速瘦下来的秘诀。

其实哪有什么秘诀，少吃多流汗，不信瘦不下来。

月光记得当时连续一周没有吃任何主食，每天除了喝水就是吃两个苹果。然后每天运动到大汗淋漓。

那个时候，橙子曾经的轻视就是支撑自己坚持下去的动力。

月光瘦下来了，变漂亮了，也不会去在乎橙子是否回复了。

她知道橙子一直在关注着自己的变化，这就够了。

我没有想过去得到你，因为注定会失去。

而你也不会得到我，这样我们就无从谈起分离。

## 13/我找不到那个你曾说的远方　也想不到要怎么问你别来无恙

月光QQ已经不用很久了，突然有一天想起了橙子。

她加上了橙子的微信。

他还像以前那样，发了一个问号“?”

“怎么了，不认识了?”

“认识，怎么了吗?”

“没事啊，看看你还活着没。”

“……”

“最近好吗?”

“挺好的，你呢?”

“我还行吧，挺好的。”

“嗯。”

“中午了，我去吃饭啦。”

月光现在终于可以勇敢且自信地站到橙子面前了，只不过再也没有机会了。

曾经想过要变成最好的样子，然后站在他身边。但是当自己真的改变了的时候，发现已经不想在他身边了。

现在各自都有了另一半，从前的那些从前，月光都不在乎了。

月光只想让从前那个看轻自己的人，现在看清自己："我再也不是那个丑小鸭，而你也不是我要追逐的白天鹅了。"

有些人，虽然从来没有在一起过，但仍旧要感激他给过的那些经历。无论是好的坏的，都可以成为激励自己变得更好的动力。

也要谢谢他的出现，让月光明白了女人美丽的外貌有多重要。

"从没有相恋　才没法依恋　无事值得抱怨
从没有心愿　才没法许愿　无谓望到永远

回头像隔世一笑便算
并未在一起亦无从离弃
不用沦为伴侣　别寻是惹非
随时能欢喜亦随时嫌弃
这样遗憾或者更完美"

——陈奕迅《失忆蝴蝶》

# 1.7 “理性文艺女孩”安安

## 1.7.1 一个人喜欢你就会来找你

年初的时候安安认识了周一，空窗近一年的安安立马跟他陷入了爱河。

我们总是质疑，这样是不是太快了点，你们才认识不到两周就在一起，甚至不知道对方的家庭身世，万一他是哪里的在逃犯你都不知道。

可是安安还是不顾一切地跟周一在一起了。

安安说，一个人喜不喜欢你，有多喜欢你，其实你都能感觉得到。

01

安安和周一是在网上认识的，所以我们才觉得特不靠谱儿。每年都不知道有多少被网友骗钱骗身的新闻，还是谨慎一点为好。

但是安安和周一聊了 12 天就见面了，并且确定了关系。

是周一提出的见面，他说两个人明明在一个城市，总这样在网上聊感觉就像是网友。

第一次见面的时候是在某商场的门口，那时候临近新年，到处张灯结彩，一片火红。安安迟到了 33 分钟。她从出租车上下来的时候，看到周一裹着驼色的呢子大衣，围巾都没戴，冻得缩着脖子吸着鼻子，忍不住笑出声来。

周一比照片中的轮廓更好看，更高大。说话声音比语音里的更有磁性。

颜控安安就这样一头扎了进去。

“等很久了吧?”

“没有……没有。”安安感觉周一笑的时候嘴巴里哈出的气都是心的形状。

“那个……鉴于你表现不错，今天姐姐请你吃大餐吧！你想吃什么?”安安说着就往里面走。

周一在后面笑着摇头。

第一次约会吃饭安安就成功地打翻了汤并且溅了自己一身。周一却很淡定地跟服务员要来湿纸巾，然后叫安安披上自己的衣服。

可能是那个时候，安安就确定，他不是个骗子，起码不会骗一个傻子。

说好的安安请客，也不知道周一什么时候偷偷把单买了。

看到世界上还有比自己更傻的人，安安就放心了。

02

安安是一个情路坎坷的姑娘，之前有过一段长达一年的恋情。只不过是网恋，而且还被小三了。

以前安安并不是一个很会看人的女生，总是遇到各式各样的渣男，渣出了新花样。

那个男人不仅隐瞒了自己的年龄，连照片都是假的，聊了一年没有见过一次面。是最后删除好友的时候男的才承认，自己是有女朋友的。

怪不得当初死活不肯见面。

怪不得当初经常突然消失把安安晾在一边。

怪不得当初除了向安安宣泄负面情绪就是吐槽生活的各种事，大概他只是把安安当作一个情感垃圾桶。

安安只觉得自己从前太傻，不能及时看清楚男人的真面目。

她早就应该清楚，一个人喜欢你，即使隔了千山万水，都是要踏遍来找你的。

03

周一跟那个男人不一样的地方在于，他珍惜并珍视着安安的一切。

安安朋友圈发过的电影和书，周一都会去看。安安喜欢吃甜的，周一就找遍了全市的甜品店，列了清单给安安叫她挑。安安喜欢声音好听的男生，周一就每天语音跟安安说晚安。

直到现在，我们才承认安安这次的眼光很不错。

周一在一家工厂上班，住在东二环，但我们公司在西二环，他只要一休息，就跨越一个城市给安安送饭。他甚至到网上找视频教程，在家里给安安烤曲奇、烤蛋糕，变着花样给安安吃。

于是他们在一起的第三个月，安安就成功地胖了五斤。

可是胖了之后的安安，比以前更可爱了。

04

虽然两个人在同一个城市，却分落在两个角上，虽然只有不到两个小时的车程，但是毕竟都要忙着自己的工作，他们见面的时候并不多。

所以也会有争吵。

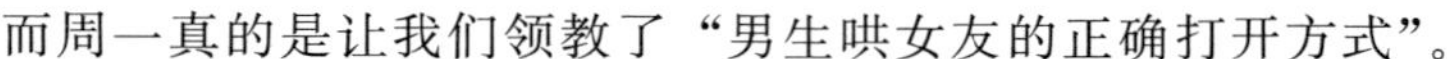

而周一真的是让我们领教了“男生哄女友的正确打开方式”。

上个月安安连续加班两周没有休息，于是两个人一直没有见面。

“你说周一会不会背着我去干别的?”安安其实很没有安全感，常常疑神疑鬼的，我们都习以为常。

“不会啦。你家周一那么老实。”我敷衍道。

“但是最近他回复消息都好慢，我发了消息他最快都要隔好几分钟才回。”

“我……好几分钟？很漫长吗?!”我差点从椅子上摔下来。

“不是啊……以前他都是秒回的啊。”

“……那就不理他!”

“……”安安没有说话，但是好像真的不再发消息了。

直到下午临下班的时候，突然有人敲门。

周一提着一兜子零食水果站在那傻笑着，“安安，我给你打电话没通。”

我们目瞪口呆，五秒钟后反应过来，立马抢着瓜分零食。

安安大概也没有想到周一会在这个时候出现，大概一点气也生不起来了，只张张嘴没说话。

“安安对不起，最近比较忙，有的时候手机不能带在身上，不能及时回复你。我知道你是没有安全感，虽然我们在一个城市，却天天见不到面，只能靠视频和聊天维系，我知道你也很辛苦。是我不好，没有做好男朋友的职责……你放心，我这不是正在努力吗。我买了明天的票，明天跟老板请一天假，带你去看话剧，吃好吃的，怎么样?”

我们停下手上嘴里的动作，不得不怀疑周一一定是提前背好了稿子要么就是带了提词器之类的什么东西。

安安偷偷抹了抹眼泪，“我要吃葡萄!”

我们把最后一串葡萄郑重地放在周一的手上，郑重地拍了拍他的肩膀。

不知道这小子是什么时候从我们这里偷学到了“冷读话术”，不得不说这招儿还真棒。

05

怎么确定这个男人是不是爱你呢?怎么确定他爱你多少呢?女生总是喜欢钻研这种问题，试图通过各种“服从性测试”来测试伴侣对自己爱的程度。

但不是每个人都像安安那样有一个靠谱儿的男朋友，有很多都是被我们直接作跑了。

其实他是不是喜欢你，有多在乎你，都在平时的相处中能体现出来。一个男人足够爱你，就会为你付出和投资，不管是愿意花时间陪你，还是愿意为你砸钱，都是对你爱的表现。

或许你的他不善言辞，但是一直在做着温暖你的小事，只是你没发现罢了。

安安的故事也告诉我们，总有一天，你也会遇到那个对的人，他愿意穿越汹涌的人海来拥抱你，他愿意踏遍万水千山只为看你一眼，也愿意为你的快乐赌上自己的一生。如果有这个人，你一定要确信，他对你的爱，是百分之百的。

### 1.7.2　父母决定的不是我们的爱情，而是我们的人生

我们可以把爱情归结为生命中的一部分，有的人缺少这一部分，照样可以活得自在多彩，但是对于个别的一些人来说，爱情可能意味着生命。

是可以用生命来与之抗衡的一种坚定。

01

安安之前有个小姨。

为什么说是之前呢，是因为在2013年的夏天，她结束了自己的生命。

姑姥姥43岁的时候冒着生命危险生下了她，似乎自从小姨来到这个世上，就始终在跟姑姥姥对抗。

小姨比安安大三岁，但是按辈分来说还是该叫小姨。她们应该算是从小玩到大的，小姨从来不知道让着自己，她从小就横冲直撞的，蛮横不讲理，似乎全世界都欠了她什么似的。

她从小就死活不认错，永远昂着头，倔强地犯着错。姑姥姥经常把她当男生打，却没有改变她的一丝一毫。

安安一直羡慕小姨，小姨上遍了全市所有的初中，无数次因为打架旷课被退学。在那个非主流年代，简直就是“全民偶像”。

但小姨还是高中都没上完。姑姥姥敲遍了全市所有的中学大门，却没有一个愿意收留小姨。姑姥姥求遍了所有的领导，却没有一个愿意，或者说没有办法帮上任何忙。

姑姥姥从小骂小姨是个“孽障”，肯定是上辈子造了什么孽，就是个来讨债的。

所以在小姨19岁那年，姑姥姥给她安排了一门亲事，要赶紧把这个“孽障”轰出门。

02

这是小姨的生命中第一次没有反抗。不知是她接受了这样的命运，还是真的也想从这个家里逃离，她沉默着，看着所有人张罗着婚事。

对方是个刚毕业的大学生，在家里排行老三，家是农村的，穷得叮当响。姑姥姥就看中人家好歹是个大学生，不嫌弃我小姨胖，也不嫌弃我小姨学历低，就凑合招了当上门女婿。

姑姥姥是个退休干部，早年就开始投资房产，手下有十套房子，但是日子过得精打细算。一件衣服穿 20 年，甚至于小姨和大姨的衣服也都能穿个十年八年。

所以小姨的婚礼也是操办得简单又仓促，在家里办的酒席，没有婚纱和戒指，一共就请了两桌亲戚。新房也是姑姥姥买了一处旧房子简单装修了一下。

但是小姨还是什么都没说。她结婚后，安安很少见她了。

03

结婚当年的腊月，小姨就生了孩子。安安隔了很久见到她，发现小姨比以前更胖了，但还是跟小时候一样，见到自己就傻兮兮地笑。

小姨夫看着是一个很老实的人，戴着眼镜，斯斯文文，结婚后也胖了不少。但据姑姥姥说，这个人脾气比小姨还拧，挣钱不多还特别能花，从来不为家里着想。

但是安安从妈妈口中听说的是，姑姥姥经常支使小姨夫，什么事都叫他做，什么事都必须听她的，自己在这个家根本没有一点话语权，也挺可怜的。

安安抱了抱孩子，小姨冲着自己笑，还是什么都没说。

04

大概是因为姑姥姥一辈子没有过子孙，所以格外想要个外孙，在姑姥姥无数次的软磨硬泡下，大姨和小姨都要了二胎，只差两个月。

小姨果真生了儿子，还是一对龙凤胎，姑姥姥高兴坏了，逢人就炫耀。

那年小姨才 21 岁，她在怀孕之前就说，只管生，不管养。所以自从有了那对龙凤胎，小姨从来没有照顾过一天一宿，甚至会厌烦他们吵到自己睡觉。

可能那个年纪对生命的理解太过浅显，她并不明白那是自己身上掉下来的肉，应该去照顾和爱护他们。

自从有了二胎，小姨夫跟小姨的关系就不好了。不知道是压抑了太久还是什么，两个人经常吵架，甚至于拿菜刀威胁对方。姑姥姥只能把两个人强行分开。

嘴里念叨的还是那句，“我上辈子造了什么孽，日子都过不成！”

05

安安最后一次见到小姨，是在2013年7月初。刚刚放暑假的安安，陪妈妈去附近的公园散步，碰到了小姨。她一个人迎面走过来，先跟我们打的招呼。

当时甚至没说两句话，问她怎么一个人，她只说都在家里看孩子，不出来。

我们也没放在心上。

隔了大概十天左右，安安妈妈接到电话，说小姨喝了药，现在在省医院里抢救。

虽然不知道发生了什么事，但是按照小姨的性格来说，也不是特别意外。

她还是始终没有妥协，没有向婚姻妥协，也没有向生活妥协。

06

安安母亲连夜赶到省医院，见了小姨最后一面。

小姨腿上插着一根粗粗的管子，在做着透析。虽然所有人都知道是无用功，但还是想试一试。

妈妈说小姨靠在床头，见面叫了一声姐姐，还是像以前那样笑着，还是那样开着玩笑，完全看不出来是个病人。那个时候大家都忘了有个词叫“回光返照”。

小姨还是没有挺过那一夜。

在回家的路上，小姨躺在车里，姑姥姥紧紧握着她的手。

她说妈，我热，我想吃雪糕。

姑姥姥转过身抹了下眼泪，说一会到家给你买。

但是在半路上，小姨就没有了呼吸。

07

小姨是自杀的。

她在网上认识了一个十分相爱的网友，她把那个小伙子带回家，跟姑姥姥说要离婚。两个人坚定地握着对方的手。

姑姥姥和大姨只当她是一时糊涂，劝了她好久，没想到她从包里掏出一瓶“敌敌畏”，威胁说他们如果不同意就喝下去。

“你喝啊，你这狗东西早就该死了！你今天要是不喝我就喝！反正我是死都不会同意你跟这个畜生在一起！你就别想了！有本事你就喝！”

姑姥姥断定了小姨是在威胁和激怒自己，她没有胆子做出这种事。



但是小姨二话没说就灌了半瓶。

她们捧着她的头扣了半天，还是没有吐出多少来。

“你吓唬谁啊！你以为你想死就死啊！我的账你还没还呢！”姑姥姥始终不肯做出让步，她也以为，那种东西喝下去不过是洗洗胃就好了，这只不过是小姨设计的一场苦肉计。

但是送到附近医院的时候，医生摇摇头，直接让转到省医院。

姑姥姥这才慌了。

这大概是她第一次后悔，对自己的女儿说过那么多的难听的话。

08

安安作为晚辈，去守灵堂。

那是她第一次披麻戴孝，而逝者，竟然只比自己大三岁。

安安跟哥哥嫂子他们哭成一团，姑姥姥上来用力拽自己的衣服，“别哭！哭什么！为她这种人不值当的！”

安安哭得更厉害了。

她后悔那晚散步见到小姨的时候，没有多说两句话。

我们真的无法预料，那一次的重逢就成了最后一面。

第二天火化的时候，姑姥姥和姑姥爷直接哭到晕厥过去，几个人都没拖住，硬生生滑倒在地上。

他们自然比谁都心痛，就算说着再绝情的话，那也是自己的女儿。

09

安安做了很久的噩梦，梦见自己漂浮着，什么都抓不住。

安安想起来，自己在空间经常写一些关于爱情的句子和文章，小姨总是喜欢点赞评论。在一篇“我才不会喜欢你”的文章下，小姨评论说，我才不会喜欢你，我只想爱自己。

可是到最后她都没有像自己说的那样去爱自己。

安安不知道她有没有遇见过爱情，也不知道她这样做到底值不值得。

安安希望她是被爱过的。她愿意相信那个小伙子是真的爱着小姨的，因为直到最后一刻，他都没有走。

我们听过很多被父母安排的不幸的婚姻，也会为那些不幸的人感到惋惜。但是当身边真的有人在为爱做出反击和控诉时，我们才能多少体会到一些那种跟一个不爱的人在一起生活的痛苦。

也许是我们永远都无法理解的疼痛。

我们也总是希望，家人能理解一下自己那份爱情的沉重，就算不至于以命相护，却也是自己灰暗的人生中唯一的一点光亮。

愿相爱的人都能得到世界的祝福，愿不被爱的人也总会找到自己的归宿。

# 1.8 “最懂男人心的萌新”阿清

## 1.8.1 男人爱上你的N的细节

我们都以为，当代男人只会爱上那些身型苗条的“高鼻梁”，或者是胸部丰满的“锥子脸”。其实不然，美是人天生都会追求的东西，但是女人的美，并不只是体现在你的外貌上。男人也并不会因为你的整容脸，就能决定跟你共度一生。良好的品质反而更会让女性充满魅力。

01

阿清的初恋是在高一那年。

对于军训来说，九月份的天气还不够凉爽，每个人在艳阳下尽量站得笔直，好逃避教官严厉的惩罚。

刚刚开学，阿清只认得清宿舍的人，她扫了一眼班里的男生，基本上还都没有长开。

所以焦点就转移到隔壁班那个高个子的体委身上。虽然说不上帅气，但是他挑起的剑眉和轮廓分明的脸型，就显得格外出众了。

无聊又单调的军训期间，阿清止不住地偷偷瞄向前面那个挺直了背的身影，却不敢去询问他的名字。

直到有天晚上，教官终于不再挂着那张扑克脸，笑着要所有人席地而坐，开始玩游戏。

隔壁班的女教官要求一起加入，阿清终于有机会让他看到自己了。

所以在游戏环节，阿清分外积极地参与进去。游戏输了的人要表演节目，大多数女生都害羞地推脱，到了阿清，她“腾”地一下站起来，走到人群中间，笑着唱了一首《爱笑的眼睛》，引得全场沸腾。

后来阿清跟高个子体委在一起后，他说，“你知道我什么时候喜欢上你的吗?”

阿清摇头。

“就是你自信地站起来，大声唱歌的时候，全身都在发光。”

所以那个时候阿清才知道，勇敢和自信也是一种魅力。

## 02

大一的时候，阿清偶然从同学口中听到班里那个不常来上课的男生也喜欢周杰伦，于是从班级群里加了那个男生好友。

阿清总是觉得，全世界喜欢周杰伦的人都能在音乐上找到共识，因为他们都有着相同的信仰。

开始男生很好奇，因为并不知道阿清是谁。听到阿清说自己喜欢周杰伦的时候，甚至不屑地说，喜欢周杰伦的人多了，为什么是我?

因为你帅啊。阿清发了一个笑嘻嘻的表情。

嗯，没毛病。对方回了一个笑嘻嘻的表情。

其实，阿清慢慢地喜欢上了他，似乎总觉得他们之间有一种隐秘的联系。但是她又清楚地知道，男生对自己并没有那个意思。

但是阿清没有放弃，她也去打游戏，也去看世界杯，只为了跟他有更多的共同话题。

好像，确实十分奏效，男生虽然常常骂她笨，说她不懂装懂，但他的确比以前话更多了。

虽然阿清最后自己放弃了，没有跟他在一起，但是男生的确是已经有了好感。

阿清说要删掉他的时候，男生说，谢谢你为我做的付出，你是唯一一个愿意去懂我的人。

阿清知道，他喜欢的，不过是自己给的理解和温柔。

03

阿清跟现男友是在工作后认识的。是在去丽江的飞机上，他们并排坐着，半途中男生睡着了，头微微歪了一些，阿清就挺直了背，把他头轻轻放在自己肩上。

当然，这样做是因为阿清喜欢他密长的睫毛。

男生醒来之后十分不好意思，连连道歉，阿清抬起刚刚补过妆的脸，笑着说没关系。

索性两个人就结伴完成了这次旅行。阿清常常抢着付钱，虽然每次都被男生拦下。

阿清知道这个时候的自己已经会搭配衣服，有着精致的妆容，有了一定的阅历和涵养，这些都是可以吸引到他的地方。

但是他说，第一次心动是因为，阿清笑着给他整理了下衬衣的领子。

他闻到阿清身上淡淡的香味，身体上有着阿清指尖清晰的温度，就是那一瞬间。

阿清笑着说，要是我长得又丑又邋遢，你还会心动吗？

男友不语。

其实，是在这个时候阿清才明白，外貌的精致是女人必须要拥有的一部分，也是最容易引起异性好感的那部分。但修养和情商才是让你整个人有所提升的必备品质。

所以我们常常教学员去做改变，去提升自己，不是说单纯地让你做个头发，让你换个妆容而已，这是皮毛功夫，更重要的时候，你是否拥有自己独立的人格，你是否能够勇敢且自信地承担自己的生活，你是否有着吸引他人的兴趣和特长，你是否都有着男人需要的支持和温柔，你是否真的对爱情充满着希望，对自己充满了信心：“我已经足够优秀，优秀到可以让男人来跪舔我，而不是摇尾乞怜地寻求爱情。”

这样的你，应该很难不让人爱上吧。

## 1.8.2 爱情不是冲动，而是我懂

阿清刚刚毕业那一阵迷茫踌躇了很久。也许所有人都有过这样的阶段，对于陌生的挑战充满了抵触。她宁愿窝在家里打游戏，也不愿意去接受社会带来的压力。

那一阵阿清跟当时的男友一直争吵。

男友大自己五岁，现在阿清的艰难他都已经经历过，他已经在社会上混得顺风顺水，成为了一个普通的成年社会人。

但是阿清不喜欢这样的生活。



01

我们可以逃避感情，可以逃避压力，但是不能逃避现实。阿清还是需要去工作，她不能忍受男友略带讥讽的承诺。她需要钱，需要自己去挣钱。

可是能做些什么呢？对于没有踏入过社会的我们来说，一切看似都是机会，一切又都充满着挑战。

阿清只知道做销售可以挣到钱，只要努力就可以。

虽然她知道公司每天给你灌一些鸡汤洗脑，却要你忍受整日脚下不停的奔波，但是她还是想坚持。因为当获得成绩和夸赞的时候，阿清能找到一种对自我价值的全新定义。

她喜欢这里的同事，每个人每天都有着饱满的热情和旺盛的精力。虽然大家都知道工作很辛苦，但是他们仍然乐此不疲。

尤其是她的上司木子。

木子比阿清还小一岁，但是已经做到了公司的副经理。阿清来的第一周就交给木子带。

阿清早上刚刚赶到公司会议室，他就急匆匆地走过来，“你就是阿清？”

“嗯。”

“你过来，今天我带你。”

那天他穿着短袖衬衫和西裤皮鞋，但阿清还是能看出来他眉眼间都透露着年轻的气息。

他说话很快很急，一直在聊工作上的事。

阿清只觉得他像一个故意装作成熟的小孩，突然想笑出来。

02

那一周他们并没有说过太多的话。或者说没有说过太多关于工作以外的话题。

他们每天要出去拜访客户，阿清本身就不喜欢逛街，第一天穿着凉鞋的脚就磨破了。

木子说，明天换双鞋，穿得好看没用，舒服才行。

我穿这样好看吗？

木子没搭话，继续讲着工作上的注意事项。

中午一起吃饭的时候，木子就一直低头玩手机，头都不抬一下。阿清觉得尴尬，却又懒得找话题。

难道不应该照顾一下新同事吗？

03

第二周阿清被通知要去出差。木子也去出差，不过是去另一个城市。

“你跟其他人也能学到东西，一定要好好学。”

木子的关注点永远都在工作上。

但是，公司没有任何其他一个同事会关心阿清走路多了脚会不会疼，不会问阿清渴不渴，不会问阿清今天进展怎么样。

在陌生的城市里，阿清第一次觉得很孤独。

她发了一条朋友圈，大概是鼓励自己，给自己加油打气。

木子只评论了两个字，“加油。”

阿清不知道该回复什么。

她很想告诉木子说，现在根本没有人带着自己，没有人会教自己东西，也没有人会关心自己。但是想了一下还是觉得矫情。

快十一点的时候木子突然发来微信，“这两天怎么样啊？”

“不太好。”

“没关系，调整一下心态，慢慢来。有事都可以找我。”

“嗯。”

阿清上一秒还在想着，下一秒他就发来微信，难道是心有灵犀？

04

后来阿清开始尝试向木子请教。每天下班之后给木子发微信，告诉他今天的情况和进展，让木子给自己提建议。

但是慢慢地越聊越多，越聊越久。他们开始谈论各自，谈论生活，谈论兴趣，谈论更多工作以外的东西。

不知不觉，阿清晚上最后一个聊天说晚安的人不再是男友，而是木子。

而阿清每天开始不自觉地想着，在另一个城市的木子在干什么。

其实木子的孩子气很容易就流露出来，他在工作上都是装出来的。他爱玩，但是强逼着自己去工作。他很懒，但是工作上从来不会偷懒。他说，这个工作就是这样，你不努力就会被淘汰下去，我不敢懈怠。

那天阿清没有完成任务心情低落，打电话给木子。

木子安慰道，没关系，明天加油就好了。我去冲单了。

阿清挂断电话后久久不能平复。她为自己的懒惰感到无力，又为木子的努力而着迷。果然认真的男人是最有魅力的。

05

“其实你并不是一个外向人，虽然你也会说笑，但是明显能看出来你是故意的。你其实不爱讲话。”阿清那个时候还不知道什么是“冷读”，但是她就有这个本事。

木子很久回了一句，你怎么知道的。

能看出来呀，哈哈。

那天他们聊了很多，一直聊到了凌晨。阿清把最近毕业的压力和跟男友的矛盾一股脑地倾诉出来，木子也开始分享自己的感情和经历。就那一天，阿清突然感觉他们走进了彼此心里。

尤其是木子开始主动发自己以前的照片给阿清的时候，开始跟阿清讲自己家里事情的时候，她就知道木子对自己已经有了超出同事之间的感情了。

06

“你到底什么时候回来，不是说好的就出差一周吗？”

“没办法，老总叫我继续带队一周，我总不能自己回去吧。”

“又见不到了呗。”

“你是想我了吗。”

“鬼才想你。”

“我想你了。”

“好吧，那我也想你。”

“不就一周吗，很快的，你乖乖等我，我给你准备了礼物，回去给你。”

“什么东西？”

“告诉你不就没有惊喜了吗。”

“好吧。”

于是阿清开始数着天数过日子，开始猜测礼物是什么，开始毫无顾忌地对木子宣泄自己的感情。

阿清每天会说很多话，虽然她知道木子并不能完全理解，但是木子愿意倾听，并且会给予安慰。

阿清不知道把木子当成什么，只是觉得，在那些孤独的日子里，他的陪伴能支撑自己，支撑自己度过那些灰暗又艰涩的日子。

07

木子回来的那一天，公司正在开小组会。

阿清从一进公司就开始搜寻他的身影，却一直没有看到。

木子是突然从后面拍了一下阿清的肩膀，阿清回过头才看到他。他单独把阿清叫出去，从行李箱里拿出一个女士公文包，直接塞到阿清手里，什么都没说。

阿清惊叹了几句，笑着收起来，也没再说什么。

晚上公司聚餐的时候，他们隔着一个位置，从头到尾有过不知道多少次目光接触，却始终没有说过一句话。

阿清知道大概是觉得尴尬，也不去故意聊天。

她开始怀疑，是不是喜欢上了木子。

“我好像喜欢你。”

“我也喜欢你。但是我们都是有家室的人了。”隔了很久，木子才回。

“我也没有想怎么样啊，我就是想告诉你，你很好。”

“你也是。”

08

第二天全公司要去郑州参加总公司的一个会议，所以七点钟就在门口集合，一起坐大巴过去。

阿清最后一个赶到，上车之后转了一圈发现前面没位置，走到后面的时候突然看到木子，他主动站起身来，让阿清坐到自己里面的位置。

阿清习惯在车上听着歌睡觉，掏出耳机后递给木子一个。

木子说，你听的歌都好悲伤啊。

阿清笑笑，头靠着车窗眯起眼睛。

阿清故意把头靠到他身上的，是故意的。她明显感觉到木子的身体僵硬住，一动不敢动。

他们坐了很久的车，听了很久的歌，阿清睡了很久，醒来以后发现木子的头也在靠着自己。

“吃点东西吧。”

“不想吃。”

“给你买的，吃吧。”

阿清勉强地拿到手里，心里却有止不住的欣喜。

“我亲你你有感觉吗？”

阿清盯着屏幕上的字反复读了好几遍，瞪大眼睛转过头盯着木子。

木子却只是一直傻笑。

“你亲我了？”

“你有感觉吗？”

“没有。”阿清发过去，白了他一眼。

“没有啦，车上人太多。”

“谅你也不敢。”

“你等着。”

09

那天参加完会议和晚宴已经晚上八九点钟了。阿清突然接到母亲的电话，要她辞职回家工作。阿清解释了好久都无济于事，她始终不明白为什么家里总是要给自己安排好一切，都不过问自己是不是喜欢。

阿清一上车就开始哭。木子在一旁看到盖着外套抽泣的阿清，一时慌了。

他不停递纸巾给阿清，然后在微信上发消息，一直到阿清平复下来。

木子突然一把揽过阿清的头，放在自己肩上。

阿清抬头看他，木子突然吻了上来。

阿清不知道等了多久，那个绵长的、带着绝望的吻。

在黑暗的车里，阿清看不清楚他的眼睛，只是握着自己右手的那只手，苍劲有力。

阿清转过头看向窗外，突然又有眼泪蹦出来。

阿清第一次体会到爱无力是什么感觉。

是啊，我们都是有男女朋友的人，我们不能在一起。我们什么都做不了，我们只能这样偷偷摸摸地彼此慰藉着，就像带着无望一起逃离。

真令人绝望啊。

10

阿清还是辞职了，就在回去的第二天。母亲从老家赶过来，找到公司，直接去找了总经理，她说我女儿吃不了这个苦，也没必要吃苦。

回去路上阿清哭了好久，母亲骂她没出息，这样的公司没什么可留恋的。

只有阿清自己才知道，她哭是因为木子。

木子送给自己的包还没有用过，说过有机会一起去唱 K 还没有去过，那些心里话和小秘密只说给了对方听，却突然就要分离。

11

而男友也发现了木子的存在。他没有吵，也没有闹。

阿清说，我们分手吧，我不爱你。

男友说，你不爱他，你只是冲动了。

但是阿清不信。她怎么能相信，付出了那么多时间，倾诉过那么多秘密，怎么会只是一时冲动呢。

阿清还是偷偷摸摸地回复木子的微信，甚至晚上等男友睡着后再聊到凌晨。

男友也不傻，他只是在包容，他迟早还是爆发了。

那天他们吵得很厉害，男友摔门而出，阿清蹲在床边一直哭。

“你不是喜欢我吗，你带我走吧。我去找你。”

但是木子没有回复。

男友回来之后说，你知道吗，他那种人根本就没有爱情。他不会为了你放弃现有的生活，但是我会。

果然，第二天阿清也没等到他的回复。阿清甚至不敢打电话过去问他为什么。

12

木子说最喜欢听阿清唱歌，所以阿清去 KTV 偷偷录了歌给木子，但木子还是没有回。

阿清大哭了一场，最后还是把他删除了，连带着那一整个月的回忆。

木子还是会给自己的微博点赞，还是会在唱吧给自己送花，但就是不去质问也不解释。

可能男友说得对，冲动并不是爱情。

我们都喜欢寻求新鲜感带来的刺激，我们都在长久的相处中丧失了对爱的热情，所以我们会去寻找感情上的依靠。但是那不是爱情。

因为他不懂你。他没有走过你走过的那些路，他没有尝过你吃过的那些苦，他甚至不知道你说出来的这句话是哪个意思，他根本就不曾试图去懂你，他跟你一样，只是贪恋着短暂的陪伴和慰藉而已。

而最懂你的人，也不会因为你在最无助时犯下的错而放弃你。

每个人，总会遇到对的那个人，只是早晚的问题。

第二章

# 团队的成长

## 2.1 “红包”风波

自浪哥决定建立“经营爱”团队起，就打算树立起一个情感行业的标杆，要做到“最优质的服务、最热情的态度和最无私的付出”。

前两项都很容易理解，我们问浪哥无私是什么，浪哥说就是字面意思。

老师们认为应该就是贡献出私人时间来工作，拿着一百块钱办着两百块钱的事儿。

这谁能做到?!

当然是我们浪哥情商团的老师了……

01

遥想当年，虽然本就不怎么帅气的依明老师起码看起来还很精神啊，但是经过长期的熬夜现在头发都竖不起来了，估计浪哥可能快需要给他配备假发了……

我们的安安老师之前是多么水灵的一个软妹子，现在恨不得五天洗一次头，每天趿拉着拖鞋去楼下拿快递拿外卖……幸好我们的学员不跟老师开视频。

阿缘老师就厉害了，自从来了公司之后每天晚上十一点钟都要准时吃宵夜，然后第二天早上溜“科二”的时候再顺便来个晨跑……但是我们也不明白为什么每天忙成狗的他还能以每月两公斤的速度保持体重的增长……也是很厉害了。

当然这些都算不上什么大事，浪哥都看在眼里，但是不会疼在心里呀。

为了打下“全国优质情感品牌”，浪哥都已经把自己当牲口使了，就别提员工了（摊手）。

但是，为什么我们还是这样孜孜不倦地埋头苦干呢，大概因为我们热爱这个行业，希望通过自己的能力来帮助更多可爱的浪花，当听到浪花们说“我们复合了”和“谢谢”的时候，老师们大概比你男友还要开心……

当然不是了！可能是因为老师们都缺钱吧。

其实情感咨询师的收入还是很可观的，基本大概估摸着是现在正在码字的小编的三到五倍了我会说嘛呜呜呜……

02

经常有很可爱的浪花们在挽回过程中觉得老师帮到了自己，非要发红包寄礼物送锦旗以表感谢，一般这种三两百的小红包浪哥也就睁一只眼闭一只眼过去了，毕竟这是凭借个人能力和个人魅力得来的，之前浪哥也没有规定过不允许私收学员红包。

有时候老师们也很不好意思收下学员们的好意，但是直接拒绝就更不好意思了！

而浪哥这个人呢，就是对员工太仁慈了，所以才导致了之前有一次影响恶劣的“红包风波”。

这说来话就长了，是之前大概去年夏天的时候，L 老师作为公司资质最好的老师，手下的学员数量最多，但是浪哥没想到，将近两万的月薪都没能填满 L 的欲望，他还是偷偷私收着学员的红包，而这个“红包”却已经不是单纯性质上的红包了。

03

“浪哥浪哥，小草莓说我们收了钱不回复她，她不是上个月就到期了吗?!”小助理一路小跑着找到浪哥。

浪哥也是一脸懵啊。

因为之前小草莓这个学员自己也指导过，后来交给 L 老师了，浪哥很清楚地记得小草莓只交了一个月的咨询费，上个月中旬就该续费了的。

“L，小草莓怎么回事?”

“她到期了啊。”

“可是她说自己交钱了，上个月17号，给我发来转账凭证了已经。”

“哦……”

“哦！是什么意思?！你别告诉我是你自己私自收了钱没上报!”

L踌躇了很久，张了张嘴，还是没说出一句话。

我们都看得出来浪哥有多难过。

公司从来没有发生过这样的事，因为浪哥百分之百信任每个员工，我们也自然不会有那个心思。

浪哥知道L缺钱，每个月多给他奖金，他还不上信用卡的时候提前给他透支工资。

浪哥总以为做人就要将心比心，但是却有人这样回报了他的真心。

后来经过依明和小助理的协查，发现L这样私收的学员咨询费竟然高达几万元，我们瞠目结舌的同时，不得不佩服起L的勇气。

怎么说呢，L的确是一个经验丰富，成熟老到的老师，在这个行业也有年头了，他在学员里面也比较受欢迎，但是他这样徇私舞弊的行为，是真的令人寒心啊。

虽然最后L被辞退了，浪哥却不得不重新制定起公司制度，现在不允许老师收学员大面额的红包，甚至使用某软件时刻盯着每位老师的聊天记录，要时刻观察着他们对学员的回复态度。

一个公司必须要有完善的制度，没有规矩真的不成方圆，这是在“红包风波”之后浪哥才悟出的道理。

05

“浪哥，我跟我学员说不能收红包，她非要送我一锦旗，我……”依明老师的脸上有着莫名复杂的情绪。

“我没有说不能收啊，是太多的不能收，不能私自收咨询费，锦旗嘛……也挺好的，回头给你挂墙上哈哈哈哈哈哈……”

“……早知道我就收了那两百了。”依明老师低头叹气，可能觉得相比于红包来说，锦旗跟自己的气质还是不够搭啊……

“浪哥浪哥，VV说要给我寄东西，我说不能收，她说我已经给你寄过来了……”夏诺老师越说声音越低。

“那就收了吧，没关系！也是学员的一份心意嘛！……寄的什么东西?!”

“蛋糕……她说挺大的你们公司可以一起吃……”

“这个可以哈哈哈哈……值得鼓励!”

浪哥听到学员们这样追着感谢老师，脸上不禁浮现起了慈祥的笑容。

其实对于私收红包的现象，可能存在于各个行业的各个公司，正面点来说，是说明我们的服务到位，也是员工个人能力的一种体现，但是如果你把公司的收益私自收入囊中，这个就已经变质了，对于学员来说也不公平。所以，为了保障公司和客户的利益，这个规则必须严格执行。



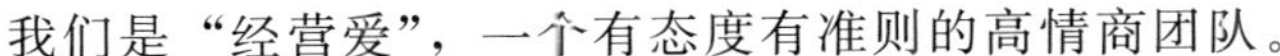

我们是“经营爱”，一个有态度有准则的高情商团队。

## 2.2 退款风波

一大清早还没到上班时间，浪哥的电话就炸了。

老刘愣是把浪哥给震醒了。

“浪哥，可爱的丸子非要退款啊，我说不听她了，她说不退就去告我们啊……”

“为啥啊？她进度不是挺好的吗？”

“是啊，我哪知道，她说她后悔了，不想挽回了，反正就是要拿回钱……”

“那……怎么行，我们有合同的，让她去告。”

“……”

但是浪哥越想越不对。这个学员是上个月底刚刚升级成了浪哥的入室弟子，课也给她听了，方案也制定了，浪哥也辛辛苦苦地指导了半个月了，怎么会突然要退款呢？

浪哥亲自给丸子打了语音电话过去，对方却死活不接。

第二天丸子又给老刘打过来，但是她并不知道老刘外放了。

“我跟你们说哦，你们这个就是欺诈，哪有收了钱不退的道理，那我现在不需要服务了，为什么不能退给我？我法院那边可是有亲戚的，我叫他去查封你们哦……”

“不是，小可爱啊，我们之前是签过合同的。在有效期内指导无效的话我们才会退款的，你说你刚开始的时候被拉黑我们也帮你复联了，后来你说他不理你我们也让你们聊上天了，这个复合确实没有那么快见效的，都是这样一步步来的，你不能心这么急……”

“我不是心急，我是现在不需要了啊。我实话跟你说吧，我现在家里出了事，急需要用钱的，我是签了一年的合同，但是现在后续的服务我不需要了，我也不想闹得很僵，你们真的……如果不退给我的话就太不人道了。”

我们所有人面面相觑，道德绑架都搬出来了，这不是往死里逼人吗？

“好吧，丸子，我是浪哥，你的情况我也大概了解，你现在进展还不错，是有希望复合的……”

“你别跟我说了，我现在真的不需要了，浪哥我是真的需要用钱啊，你不能见死不救吧……”

“呃……”心软的浪哥一时卡了壳。

其实最初的时候，阿缘已经指导了丸子一个多月，她自己喜欢听浪哥讲课，想升级入室弟子，所以才又重新签订的合同。丸子的前男友当时都已经有了新欢，浪哥硬是教她去挖的墙脚，好不容易才有了一点转机。有合同的制约，不能说因为个人原因，想退款就退款啊。

“而且你刚开始是跟我承诺的一个月见效吧，你说一个月左右就会让他主动找我，态度变好什么的，现在就还是我在主动啊，我觉得已经很累了，我也不想再继续了。”

“确实，我是这样承诺过，但是我也说了，这个是一般的一个预设，每个人情况不一样。你现在的状况跟之前相比也已经好太多了吧。所以如果你说要去告我们怎么样，我们真的也不怕，我们都是正规公司，也签订了法律合同，是没有……”

“浪哥我求求你了，我是真的……家里人需要做手术要用钱的……我只能出此下策了。我知道你们是帮过我的，可是我现在真的没有办法，真的是燃眉之急……谁家里都会有个急事吧，我觉得你应该能体谅的。”

“好，那如果你这样说，我愿意帮你，但是你不能以质疑我们的服务为由提出退款。不想挽回也是你自身的原因，不能说我们的指导无效。”

“哎……我知道浪哥，你们也帮了我很多，我也是没有办法……我知道自己理亏，我不应该这样，但是我是真的需要这笔钱的……我很抱歉开始用了那种强硬的态度，因为我真的怕这钱要不回来，我实在是走投无路了啊。”

开会商议后，浪哥还是决定退大部分款给丸子。不是因为理亏，也不是怕她闹事，只是觉得她有一句话说得对，“不能见死不救”。浪哥一向这样心软。

后期开会的时候浪哥也认真强调了这件事，以后下不为例。

“退款的情况我们遵循两个原则，一是必须按照合同来，学员自身原因退款的都不予受理。二是也考虑实际情况，如果说是因为我们的工作没有做好，比如说指导后期老师有懈怠，不回复或者回复慢，甚至不指导，这样的情况确实是我们的失职，该补偿人家的就要补偿。所以再次强调我们工作时的态度问题……”

我们都知道在这件事情上有失准则，浪哥其实是抛开了规定和法律等问题，而只是考虑了一个人为人时的基本道德，虽然知道此时不该心软，但是，浪哥就是这样一个人呀！

后续可爱的丸子又来重新报名了，并且赠送了浪哥一面锦旗。她说，你们跟别的机构不一样，征服我的可能不是你们的指导有比其他机构高深多少，而是你们专业素养里所带着的人性的光辉。

## 2.3 同行竞争风波

其实不了解这个行业的人，都会以为这是骗钱圈钱的机构，包括我的父母开始都这样认为。但那又怎么样？我们不在乎别人怎么说，因为有句话叫“身正不怕影子斜”。



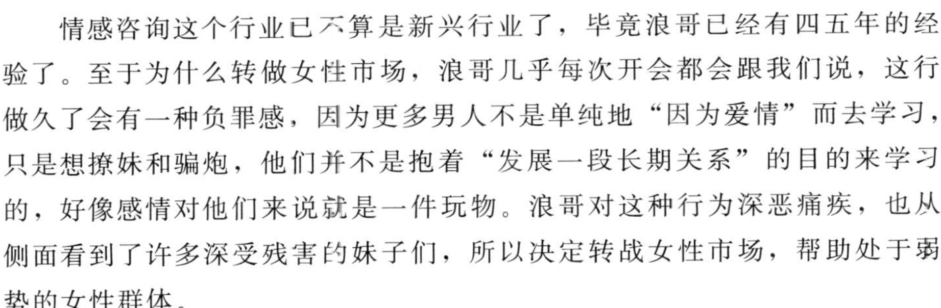

情感咨询这个行业已不算是新兴行业了，毕竟浪哥已经有四五年的经验了。至于为什么转做女性市场，浪哥几乎每次开会都会跟我们说，这行做久了会有一种负罪感，因为更多男人不是单纯地“因为爱情”而去学习，只是想撩妹和骗炮，他们并不是抱着“发展一段长期关系”的目的来学习的，好像感情对他们来说就是一件玩物。浪哥对这种行为深恶痛疾，也从侧面看到了许多深受残害的妹子们，所以决定转战女性市场，帮助处于弱势的女性群体。

其实男性和女性对于爱情的态度真的是大相径庭。男性起初在追求的过程中都会表现得极其认真与投入，但是得到后却不想负责，不想付出，不想经营。但是女性不一样，女生的好感和感情都是一点一点建立起来的，可能起初你是因为这个男孩子对你好，但是慢慢地你会产生依赖，以至于到最后无论他变得多渣都离不开。

也是因为这样的思维差异，浪哥想让更多女性去了解自身的魅力，去掌握男性的心理，去学习感情的经营，做到最起码的保护自己。这是浪哥创立公司的初衷，且从未改变。

但是，我们毕竟不是第一个吃螃蟹的人，在同行看来，我们是来“抢螃蟹”的人，所以自然会引来同行的排挤和污蔑。这也是我们都能料到的事，只是我们没有想到，会有这样低劣的手段。

我们毕竟是后来者，前期肯定需要推广和运营，但是某老牌情感机构却一直在评论区污蔑我们，“不指导”“没有效”“不负责”“骗钱的”，对于这些，浪哥甚至懒得去解释和辩白。如果是不了解这个行业的人，的确会觉得是来圈钱的骗子；有过被骗经历的人，也会觉得我们跟别的都一个样儿，无非收了钱之后就漫不经心地做着无效的指导。

浪哥没有去回应，而是用实际行动为自己正名。

曾经有一个最过分的同行，在自己的公众号接连推送黑我们团队的文章，言辞激烈，却根本无凭无据，要不是我们的学员找过来，我们根本不知道这回事。

“浪哥，这个说的是你们吗？怎么感觉很像在说你们呀？”

浪哥看完文章，通篇对 L 哥刻意的抹黑。但是他没有做过多解释，只是问了一句话，“你觉得我在指导你的过程中是这样的人吗？”

学员认真地回复了一句，“不是啊，我相信你们。”

“对，所以清者自清，我们不需要去反击。我们也从不需要用攻击同行的低劣方式来竞争。”

那之后我们也在自己的文章中做出了呈清，虽然一时之间引起了一些波澜，但更多的时候学员会主动为我们正名。真正体验过我们服务的人，真的能够了解到我们提供着怎样的服务，以及浪哥是一个什么样的人。

创业有多苦，只要经历过的人才知道。很多人只能看到他们功成名就后的辉煌，却不知道他们踏过怎样的泥泞和荆棘。但是浪哥，从来不会抱怨和诉苦。

为了打破之前人们对于这个行业的误解和歧视，浪哥从开始就坚定了服务宗旨。就不提前期浪哥搭进去了多少钱，也不提开始收费有多便宜了，不管收了多少钱，只要是我们的学员，就会全心全意地指导和帮助他们。

没有几个机构的课程是免费的，但我们直到现在，几乎每周有一半多的时间都会推出公开课程，让大家免费了解和学习一些恋爱技巧。

一般意向客户找到某些机构后，他们会做什么呢？可能会给你灌一碗鸡汤，然后催你交钱；可能会拍着胸脯给你承诺，然后催你交钱；可能你只是咨询一下情况，后期就隔三岔五地给你打电话，催你报名。

这种情况我们见得太多，站在消费者的角度看，也觉得格外寒心。我们是一个服务行业，慢慢地却被变相地扭曲了这个行业的标准。

所以一般客户找到我们的售前老师时，不管有多少问题，老师必须要耐心解答，不管在她交费前要咨询多长时间，都不能有懈怠和松懈。有个学员说过一句话，让我们印象特别深刻，她说，我报名不止是因为看到了你们的专业性，更是看到了你们的真诚。以前去别的机构咨询几句后就催着交钱，但是安安老师跟我聊了两周多，从来没有跟我提过交费的事。

这就是浪哥想要的结果，我们的真心，付出和努力，一定会被所有人看到的。所以我们不惧怕诋毁。

人与人之间都会存在比较，同行之间自然缺少不了竞争，我们也想做得更大更好，也会想去成为行业的标杆，但是，浪哥心太软，他不会使用卑鄙的手段，只会脚踏实地地为客户服务。同样也在教公司里每一个人这样做着。

遇到良性竞争，我们愿意去挑战，也愿意去改变和拼命。遇到恶性竞争，我们仍然无所畏惧，我们的行动和学员的反馈，就是最好的证明。

## 2.4 新员工风波

要说起公司经历最传奇的一个员工，莫过于之前的小张。具体小张是做什么的三言两语也说不清，中专毕业后辗转在各个行业，最后不知道从哪听来我们这里招人，死活要跟着浪哥，并且还不走正规的面试程序。

那是一个太阳最毒辣的八月份，公司刚刚做了近半年，期间一直都在不停地吸纳新的人才，但是小张是唯一一个没有预约就上门面试的人。

那天小张穿着一身碎花连衣裙，可以看得出来是特意化了妆。开门后她笑嘻嘻地走进来，整个环视了一周。

"你……干吗的？"

"我来面试呀。浪哥呢？"

"浪哥不在……你有约吗？没有听说今天有面试呀。"

"哎真不巧，浪哥去哪了？能给我个电话吗？"

"姑娘你到底是干吗的呀？怎么找到我们这的？"

"反正我能查到你们的地址。浪哥电话多少？我自己跟他说。"

"……好吧……"看着这个自来熟的姑娘，我们面面相觑。

"喂？浪哥我那个……你在哪啊？我过来面试的，您看我是过去找您呢，还是您什么时候回公司，我在这等一下？……哦我是您的一个粉丝，特别想来咱们这上班，我每天听您的课，特别有兴趣……没事儿，等回来我们聊聊，您看我适合干什么，什么都行，只要我能留下就行！……好嘞，那我明天十点再过来啊！"

我们看得目瞪口呆，更让我们惊诧的是，浪哥竟然同意面试她。

果真，第二天一大早，我们一进门就看到那个姑娘在门口站着，跟我们每个人热情地打着招呼。

“早上好！以后就是同事了！”

我的天，谁说要你留下了?!

浪哥不得不把她拉到会议室单独面谈。

“你介绍一下自己吧，是我的……粉丝？你怎么找到这里的?”

“在网上一查就查到了呀。哎别提了，我真的是每天准时听你的公开课！每一节都不落！我觉得你讲得特别好，我特别崇拜你！……”

“打……打住。你说一下自己的情况吧。”

“我啊，我就是中专毕业，之前什么都做过，然后现在想找一个比较有前景的工作，就看中浪哥你了！我该叫浪总吗?”

“呃……别别……你今年多大啊?”

“19 啊，马上就要满 19 周岁了。”

“这么小?！那不行啊，我们这第一个要求的丰富的恋爱经验你就不达标啊……”

“别看我小，我谈过很多恋爱的！不能因为我年纪小就歧视我吧！”

“不是……因为我们这个客户有各个年龄层的，你去给人家做指导，总不能比人家懂得还少吧。不是歧视你小，是因为年轻，毕竟是生活历练少，经历也……”

“你就让我试试吧！端茶倒水做什么都行，我就是想跟你学点东西！这样，你让我先试试，等什么时候决定要留我了再给我算工资，前面我都白干，行不?”

“你何必呢姑娘……”

“浪哥求求你了！我真的想跟你学东西。”

“那……你让我考虑一下。”

“嗯嗯，我电话你有啊，我回去等你！”

浪哥看着她一蹦一跳的背影，默默叹了口气。

其实浪哥说的考虑真的只是一种委婉的拒绝，但谁想到这姑娘死活听

不明白，第二天一大早又猫在公司门口。

“早上好！这是早餐！”

我们所有人都被她强行塞了一个大煎饼果子和一杯粥，堵得根本说不出话来。

浪哥把她拉到一边，“你怎么这么执着啊？”

“浪哥你给我个机会不行吗？难道你真的觉得我不合适吗？”

“对，不合适。”

“那……那我给你们整理资料，给你们做点杂活总行吧，什么脏活累活儿别人不想干的都给我，我什么都会的！”

“不是……姑娘你怎么这么……哎好吧，今天先留在这吧，我先观察一下你适合做什么。”

“耶！谢谢浪哥！！”

所有人默默对视一眼，感觉公司仿佛迎来了一个灾难。

小张果然很勤快，一天天的不肯闲着，一直给自己找事做，虽然不让她做指导，但是她还是一闲下来就跟浪哥聊天取经，没事的时候就打印东西，找找资料，帮我们整理了所有学员的资料。

其实开始浪哥一直对她是持有怀疑态度的，因为不知道她是谁，抱着什么目的，又不知道她到底想做什么。所以也从来不让她接触太多关于公司内部的东西。但是小张真的是一个很热情，学习又认真的人，每天缠着浪哥问问题。

终于，在小张来了一个月左右时间的时候，一次公司团建吃饭，她才娓娓道来了自己的真实目的。

“其实我是为了我姐姐。我姐姐之前跟男朋友好好的，两家人也好好的，不知道为什么姐夫就不要她了。我姐姐就整天不吃饭，把自己关在屋子里，门都不出，我们都怕她出什么事儿。我们从来都不敢跟她提我姐夫名字，因为她反应特别激烈，我妈说怕我姐精神出问题，也不让她上班了。

但是我每天都能看到我姐拿着他俩的情侣戒指戴在手上转，我知道她不是疯了，她就是打击太大，受不了。她其实很努力地想表现出来自己没事，但是我真的看不下去她那个样子了，人不像人鬼不像鬼的……”

“那你为什么不让你姐报名？为什么还要自己过来学？”

“我姐那个样子，你们觉得她可以接受指导吗？她都时而清醒时而糊涂的，有时候我妈说话她都不听，但是她唯独不对我发脾气，所以只有我，才能救我姐。我必须要学会，去说服那个男的救救我姐。”

“虽然感觉你像编了一个故事……”

“是真的！为什么你们不信呢！我身边认识好多因为感情问题出事的人，他们不知道怎么解决，不知道向谁求助，所以只能自己闷着，自己承受，慢慢地自己就不正常了。这种人太多了。所以我才崇拜你们，你们真的就是在拯救一个人，医生们是在拯救人的肉体，你们拯救的是一个人的灵魂！”

“我靠，冲你这句话，我们一起喝一个！”

最终，小张在那次聚会没多久后就走了，突然间就走了，就在我们都适应了她每天给我们带早餐买零食的日子后。

据浪哥说，他向小张要账户给她结工资，但是她死活不要。她说很感谢我们对她的帮助，也真的学到了很多东西。她说如果有缘，江湖再见。

小张对我们后来的同事来说都是一个传奇般的存在，且不论她的故事是否真实，就她工作时那股拼命的劲儿，真的是在社会上很少见到的。虽然不知道她现在在哪里，有没有成功解救姐姐，但是我们永远记得她。

她让我们发现了自身的伟大价值，更明白了自身肩上的重任。我们从来都不是为了赚钱才做这个行业，而是真的是为了拯救灵魂。

嗯，假装很认真。

## 2.5 员工竞争风波

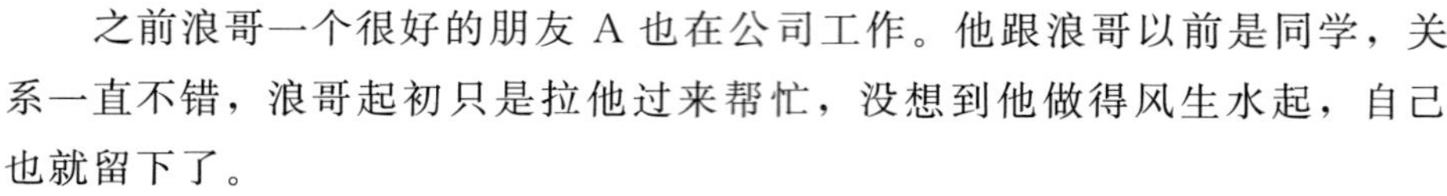

之前浪哥一个很好的朋友 A 也在公司工作。他跟浪哥以前是同学，关系一直不错，浪哥起初只是拉他过来帮忙，没想到他做得风生水起，自己也就留下了。

我们这个行业，说实在的，其实特别累，没有个人休息时间不说，每天需要大量地补充和学习，对待学员客户的时候又不能表现出自己的疲惫，整天生活在困顿之中。

但是另一方面来说，情感咨询师拿到的报酬也是成正比的，可能公司刚刚起步之初因为收费低，所以老师挣的钱也不多，但是后期的话学员逐渐增多，老师们拿到的提成也不在少数。不能说算是高薪职业，但在石家庄来说也算是中上游了。

所以说，情感咨询师的主要收入来源是提成，而提成的计算，来源于你指导学员的多少。也正是因为这个原因，导致了公司内部员工的一个明争暗斗。

刚刚说起的员工 A，仗着跟浪哥的“裙带关系”，为了拿更多的提成几乎是不择手段。

那时候阿缘老师刚刚进公司，因为以前嘴也比较笨，说话有点吐字不清，经常被学员吐槽。另一方面由于专业知识也不够，所以有时候会被学员投诉。在浪哥的主张里，老员工应该是去带新员工入手的，包括新员工有问题，是需要老员工来帮忙解决的。但是 A 这个人有些膨胀，狂妄自大，不仅不对阿缘加以帮助，反而冷嘲热讽。更甚的是，自己还偷偷把阿缘老师手下的流量要过来，变成自己的学员。

是，学员推给哪个老师指导没有太大差别（除了浪哥），但是明摆着，你抢了别人的一个流量，别人就少拿一份提成啊。每天都一样辛辛苦苦地工作着，凭什么你要抢了别人手里的业绩？

一开始，浪哥也是有些偏向A员工的，以阿缘“经验不足，需要学习”为由，把他的一部分流量分给A。但是后期慢慢发现，阿缘老师人比较聪明，上手很快，也喜欢接纳新的东西，所以进步飞速。而A在接手过多学员后，产生了一种懈怠感，不是不回复，就是态度不好，甚至有时候干晾着不管。这样鲜明的对比，让浪哥甚是痛心。

但是提到这个，公司里的其他员工又开始七嘴八舌地说起来了。“A还抢过我的学员，本来是我休息了一天，不能回复，我让他加上A老师，没想到后来他让学员删了我，直接自己跟学员聊上了。”“A这个人不行啊，他有点太把自己当回事儿了，虽然我们都知道他跟浪哥关系好，但是也不能这样啊，整天在一块工作，平时也一块玩，这让别人怎么跟他相处啊。”……

听多了风言风语，浪哥也开始动摇。难道真的是A有问题？

因为前期对于提成的计算并不明确，所以才会出现上述的各种争端。浪哥又不好意思直接去质问A，只好完善一下公司制度。

“导师接手后的学员，不能私自以任何理由转接给其他导师，需要向我阐明理由，由我批准。”

“流量按顺序平均分，不准有争抢流量、交换学员的行为。”

“流量分下去后提成已固定，若恶意争抢他人的流量，也拿不到任何提成。”

“员工之间的关系应该是平和与谦让，如果在业绩上产生分歧，一定要向我汇报，我一定会公正地裁决。”

制度定下以后，A老实了好一阵。但是也因为不能再拿到比别人额外多的提成，没过多久就提出了辞职申请。

“这种人待着也没什么前途，思想不纯正，总想干损人利己的事儿。”

浪哥也知道，这个人就算跟自己关系再好，他的思想和行为也无法融入这个集体，所以不留也罢。

达达跟 A 是完全相反的两种人。他从来到走也就一个月的时间。最初是阿缘老师介绍来的，跟浪哥简单聊过之后也是兴致勃勃地答应要来，不仅很快在公司附近找好了房子，很快也过来办理了入职。

前期培训的时候，浪哥就感觉他有一些迟钝。也不能说迟钝，他是一个很聪明的人，但是在接受这些恋爱技巧的时候，接受得有些慢。大概跟个人性格也有关系，达达本身不怎么爱说话，又是一个不懂温柔的钢铁直男，跟学员聊天语音时几乎是用“怼天怼地”的语气。他前期又接手比较慢，有什么不懂也不会主动问，总要别人问他才会说。

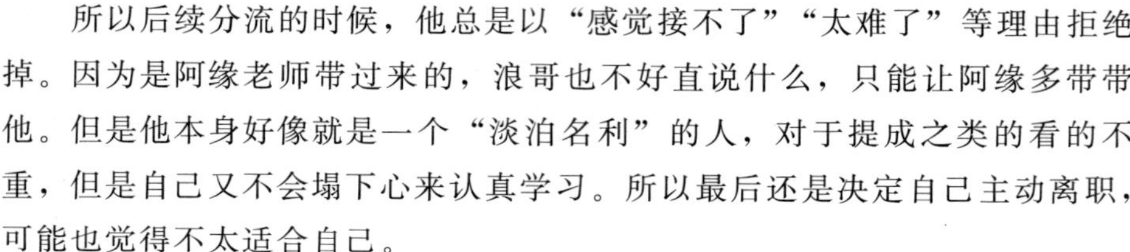

所以后续分流的时候，他总是以“感觉接不了”“太难了”等理由拒绝掉。因为是阿缘老师带过来的，浪哥也不好直说什么，只能让阿缘多带带他。但是他本身好像就是一个“淡泊名利”的人，对于提成之类的看的不重，但是自己又不会塌下心来认真学习。所以最后还是决定自己主动离职，可能也觉得不太适合自己。

其实一个公司里的结构非常重要，我们需要高端的人才，也需要任劳任怨的员工，需要有人踏踏实实干活儿，也需要有人提出创新性的建议，所以我们需要各种角色担当。

一个公司的发展一方面取决于老板的领导，更多的还是整个公司员工要有齐头并进的心，只有筛选出利于公司发展的人才，我们才能日益壮大起来。

## 2.6 跳槽风波

遥想当年，浪哥还被称作“吸引艺术家”或者“撩妹达人”的时候，主要教授男性怎样去撩妹，所以那时候的老师们都是比较浪荡和花心的性格，这种性格也导致了公司职员内心特别浮躁，他们想的是一边工作一边撩妹，而不是怎样更好地为客户解决问题，重心仿佛已由工作开始向玩乐偏移。

也正是这个原因，在浪哥的创业初期，公司形成了一种极其不好的风气，浪哥经常把那个时期的不正之风称为“黑旋风”，也就是这股“黑旋风”，把公司搞得乌烟瘴气。

恰逢当时浪哥要转型做女性市场，想慢慢地扭转这种局面，组建一个有专业素养、有人格魅力、有丰富情感、有激昂斗志的、真正为客户服务的团队。

当时团队有一个浪哥三年前带过的老学员老X，老X加入公司后热情十分高涨，自身也已经掌握了不少关于恋爱经验、婚姻经营和实战挽回的各种技巧，加上他本身勤奋好学，自从来到公司后业绩直线上升，进步极快，包括每次讲公开课的时候，学员对他的评价都很高，浪哥心里暗自佩服他的能力，老X也自然成为了浪哥的得意门生。

其实老X半年前加入公司的时候身上还背着巨额的贷款，每个月要还五万多。每天坐在工位前一根接一根地抽烟，几乎一天两盒的量。浪哥考虑到他生活压力大，不仅多给他推学员，甚至常常预支工资给他。老X这人也有拼劲儿，成单率越来越高，今天能有一万的单子，第二天一定就是一万五。所以即使偶尔看到老X在工位上跟学员聊天时有说有笑，偶尔收个红包，浪哥也是睁一只眼闭一只眼，当作看不见了。

由于恋爱技巧应变能力强，可操作性极高，效果非常好，包括浪哥自身也因此改变了自身的性格，甚至捕获了价值更高的异性成为伴侣。所以掌握技巧的人与异性聊天、制造暧昧等能力非常强，以至于对方无法察觉到自己使用了技巧。所以后期做女性市场时，浪哥也是以此为基础来传授和解惑的。但是浪哥没想到的是，前期的学习导致了员工的懒散和投机取巧，其中表现得最为明显的，还是老X。

后期慢慢地老X开始不爱上班，迟到早退不说，甚至经常不回复学员，只有在收了学员的红包后才会认真地回复。有天浪哥偶然间发现，他不仅私收学员红包，甚至变相地向学员索要，张口就是三百五百的，最过分的是还有偷私单的行为，根本不会考虑公司的利益。浪哥痛心疾首，培养出了这样一个不知感恩的白眼狼不说，这个人基本的职业道德已经逐渐沦丧了，甚至是没有底线。浪哥怎么会容下这样的人呢？

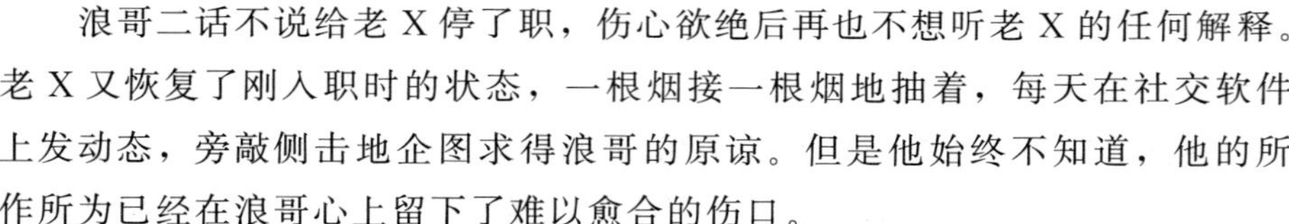

浪哥二话不说给老X停了职，伤心欲绝后再也不想听老X的任何解释。老X又恢复了刚入职时的状态，一根烟接一根烟地抽着，每天在社交软件上发动态，旁敲侧击地企图求得浪哥的原谅。但是他始终不知道，他的所作所为已经在浪哥心上留下了难以愈合的伤口。

这件事也让浪哥学习到了一个新的心理学技巧——“言行一致”，本来在恋爱技巧里，它是用来测试男人是否言行一致、是对你真心实意还是虚情假意的，这下也给浪哥上了一课，对待员工，有时候也需要这样的测试。

后续因为老X盗走了公司的机密文件和重要财务，浪哥坚决地把他告到了法庭上，有了进一步的索赔。私下老X找过浪哥无数次，都被浪哥拒之门外。这种人，已经不值得别人再跟他打任何交道。

过了两个月，浪哥听说老X拉着自己的一个朋友也创办了自己的直播间和团队，拿着从浪哥这里学到的九牛一毛试图打进情感服务行业。殊不知，老X这个人的本质已经发生了改变，他已经丧失了基本的人性和道德，所以他的服务并不是纯粹的，而是充满了欲望并缺乏正义的。所以后来我们听说他生意惨淡几近破产，完全在我们的意料之中。

也是通过这件事，浪哥更加坚定了做女性市场的决心，从此也对教男人技巧深恶痛疾，开创了属于自己的一套理论，用一颗诚挚的心，用最强的职业素养，用最高涨的热情去为女性做情感服务。这是浪哥成立“经营爱”的初衷，浪哥也始终在带领整个团队往这个方向发展。不忘初心，是浪哥，也是我们公司最坚定的一句口号。

## 2.7　裁员风波

2017 年有段时间为了快速提升业绩，浪哥决定把公司扩充到五十人，并且迅速在两个月内完成了由十几人到五十人的扩充。那时候公司所有工位都被挤得满满当当，我们一直分不清坐在一起的是小张还是小李。



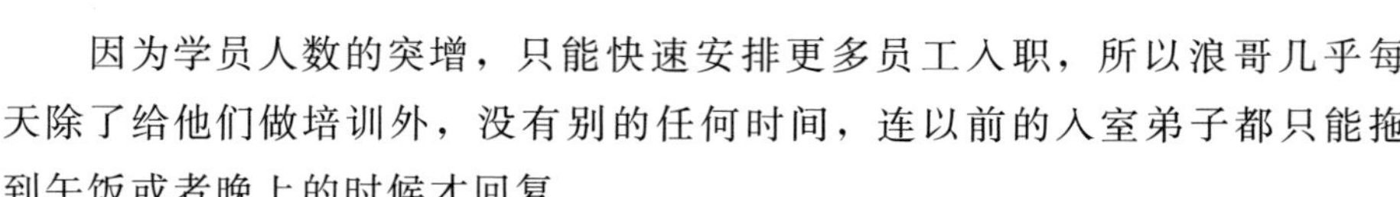

因为学员人数的突增，只能快速安排更多员工入职，所以浪哥几乎每天除了给他们做培训外，没有别的任何时间，连以前的入室弟子都只能拖到午饭或者晚上的时候才回复。

“浪哥你还行不行啊？其实我们也可以培训的，不用你一个人讲。”老刘忧心忡忡地说。

“没事儿，我终于有一天把公司做到这么多人了，有这么多人想要来学习，来做这行，我特别欣慰，我浑身是干劲儿！”

“但是你看这几十个人里，可不都是精英啊，我觉得有些人看着不太合适的话就别让他们做了，我们又不是说一定要多少人才能做好，主要还是服务的质量啊。”

“这个……后期我会再观察，目前就先这样。现在客户这么多，你们几个人忙得过来吗？”

“是忙不过来……我意思是不需要一下子扩充到这么多人，留下几个能干的就行……”

“你是老板我是老板？我现在就想按照自己的想法来，这是我原来的一个梦想，好不容易实现了，我现在就是需要这样一群人帮我做到全省最大甚至是全国最大！”

“好吧……反正你自己考虑吧。”

就这样进行了一周紧锣密鼓的高强度培训后，这群紧张又兴奋的小张

小李们终于开始上岗了。那时候学员也多，五个售前基本上每天都有十来个流量，再分下来给售后咨询师，基本上加上老学员，每个人手里多的也是有二三十个了。其实按照平时来说一人二三十个真不算多，但是对这些刚刚上手的新员工来说，一个学员就足以让他们手忙脚乱。

“浪哥，这个人男朋友都把她拉黑了，还怎么挽回?”

“不是讲过吗！不是培训的时候说过复联的方法吗?!”

“浪哥浪哥，她想跟前男友去见面要注意什么啊？现在可以去见面吗?”

“你翻翻你笔记啊！我都不知道她什么情况，你自己判断吧!”

“浪哥，这个人说之前报过别的机构，说都是骗子什么的，现在也不相信我们，想闹退款，怎么办?”

“不是，你跟人聊了点什么啊，刚交钱怎么会闹退款……”

……

那一阵子，包括浪哥在内的所有老员工都被搞到头大了，每天无数的问题，自己都没办法好好回复学员。想语个音连个安静的地方都找不到，恨不得跑到楼道或者公司楼下去。

这跟浪哥起初想象的完全不一样。公司并没有因为人数的激增而受益更多，反而影响了正常的运转。

“浪哥，这真的不行，每天开会都是个事儿，有的按时到不了，有些人永远在下面开小差。中午的午休时间都没有了，每天都有人聊天打闹。还有你看后来这些有的都是什么人啊，自己的垃圾也不清，话都不会好好说，整天没个正形儿，这能不乱吗?”

“哎……”浪哥深深叹了口气，不知道说什么好。好不容易实现了自己的“五十人”计划，真不想就这样放弃了。

“还有浪哥，最近最过分最严重的一件事儿你知道是什么吗?”

“你是说指导吗?”

“最近太多投诉的了，我相信你也知道吧。有的闹退款的直接找你，但更多的学员闹情绪都是来找我的啊。什么不回复，什么指导无效，什么态度不好，什么干晾着学员，这问题也太多了吧，我们以前强调过的那些问题全都暴露出来了，而且全发生在这些新人身上。真不是我歧视他们，他们就是觉得公司人多顾不过来，就开始打马虎眼了，随随便便就敷衍过去了。但我们做的是服务行业，浪哥你自己说，我们能这样马马虎虎的吗？”

“不能。哎……我真……哎……”连续叹气几次，浪哥还是不知说什么才好。

那段时间真的是公司最乱的日子，浪哥又不是一个对员工很严厉的人，虽然公司规定上写着上班时间不允许做其他事情。但是在回复学员之余，有些人在聊天，有人刷个微博，有人逛个淘宝，更有甚者打游戏，浪哥不是不知道，只是睁一只眼闭一只眼。虽然强调过不能私收学员红包，但只要不是超过几百的，浪哥也当作没看见了。

唯一让浪哥最痛心的是，他教了他们那么多东西，他们仍旧不会用，仍旧做不好指导。不是说他们不会做，而是他们根本就不用心。

最后是浪哥的一个做生意的入室弟子说服了浪哥：“我就觉得你们最近公司不对劲，一定是风气不好。你说以前的公开课是多少收听量，现在呢？以前有多少提问题的，现在听着听着就没人了。你得想想是哪方面的原因啊。我知道你帮过我很多，所以我也想给你提个建议，做生意真的不是一蹴而就的事儿，你不能一口吃成个胖子，你这样强拖着，公司早晚会垮的。”

浪哥觉得甚是有理，跟我们开会商量后，还是决定精简我们的团队。因为毕竟，这种服务并不是说人多就能做好的，我们要的也是服务的内容和质量，而并不是服务人员的数量。

最终我们又精简到二十多人的团队了，除去必要环节的专员，咨询师大概也就十二三个。但既然能够留下来，必定都是精英。后面一个月的收益也证明了，虽然我们人少，但我们仍然可以做到五十人时候的业绩，少了很多浑水摸鱼的人，更多的都是专业又敬业的精英。

也是在这次历时三四个月的风波里浪哥才明白一个道理，要想把公司做大，首先要把公司做强，只有有效率、有能力的团队才能让公司朝着好的方向发展。裁员并不可惜，可怕的是在员工资源充沛的条件下，我们却仍做不好这项服务。

## 2.8 多疑风波

经历了上次的“跳槽风波”和“裁员风波”后，浪哥决定公司的内部成员结构一定要好好整改，这种发展型的公司，绝不能留有任何一个蛀虫般的存在。浪哥作为自主创业者，在用人方面又不得不小心翼翼。包括之后同市里有越来越多的大小同行，浪哥必定要打造出一支最精英的团队。

说到“精英”二字，就不得不重新考量一下公司的各个职员了。咨询师的话都是浪哥手把手带出来的，他们的水平浪哥了解得一清二楚，谁整天浑水摸鱼浪哥也不是不知道。

那个时候公司有一个叫梁子的咨询师，昵称就不说了。他年纪也不小了，好像比浪哥还大一岁，但整天就是吊儿郎当的。浪哥给他培训，给他讲课，他也会听，但是指导的时候就是不用术语。平时指导的时候喜欢跟学员嘻嘻哈哈地开玩笑，一点为人师表的样子都没有。虽然浪哥主张“亲切热情服务”，但是也不能一直跟学员扯闲篇吧？人家也是交了钱的，信任我们的，不是随便找个人来聊骚的。所以很多咨询师包括浪哥，一直看不惯梁子这种作风。

后期梁子的问题愈加凸显。因为经常调戏女学员，在指导的时候不使用任何的专业技巧，常常遭到学员的投诉。包括讲课的时候，规定至少一个小时的课程，他最多就讲三四十分钟，每隔一分钟发一条，真的是过分偷懒了。

但这样的人，为什么浪哥一直没有辞退呢？因为梁子身上有一个有点很好，就是他很会安抚学员，每次有哭闹的学员，只要交给他，他总能快速安抚下来。我们也不知道他是用了什么技巧，或许也是个人性格使然。

但浪哥最后还是把他辞退了，源于一件很奇怪的事情。

虽然平时浪哥也经常说梁子懒散爱玩，但只要他马马虎虎过得去也就懒得再理他了。但是有一阵子，浪哥突然发现他常常迟到早退。公司十点上班，迟到半小时以内的浪哥一般都不说什么，可以说是很宽容了。但梁子基本上每天都踩着十点四十的点儿才来，来了抽根烟喝杯水收拾一会儿就十一点了，十二点下班吃饭跑得还挺快。一直持续了快一周的时候，浪哥实在忍不住，开会说了这件事，但梁子却丝毫没有悔改。

更过分的一件事是，浪哥偶然发现每次走近他身边的时候，他就慌慌张张地把电脑上的什么东西关掉了。浪哥一直没有看清楚是什么，越发地好奇了。

浪哥甚至开始想到之前的“跳槽风波”，难道他是别的公司的“卧底”？还是说他也想偷点资料拉出去单干？还是有什么不可告人的秘密？浪哥突然觉得，每一个人都不像看起来那么简单，但又说不出来哪里不对。

终于有一天，浪哥忍不住，趁梁子不备的时候悄悄地走到他身后，发现他竟然在打游戏。并且还玩得十分忘我。而手机里面的消息早已经炸了，他一直都没有回复。浪哥二话没说就叫梁子收拾东西滚蛋了，没有给他任何解释的机会。

这就是公司的蛀虫，不仅给公司创造不了任何效益，并且在享受着公司的优厚待遇做一己私用。浪哥绝对容不得这样的人。

那一阵子浪哥好像特别不信任员工，有时候拉过去某个人单独谈话，有时候又要从别人口中听听同事对某一个人的评价，甚至为了预防再次发生被卷跑资料和学员的情况，要了我们每个人的身份证复印件和填写的家庭地址。

其实当时所有人都火大，不是说有什么怕你知道，主要是觉得都是个人隐私，就算你是老板，也不能随意侵犯。但是浪哥自己解释的是“不作任何他用，只是为了防止发生不好的事，维护自己的权益”。

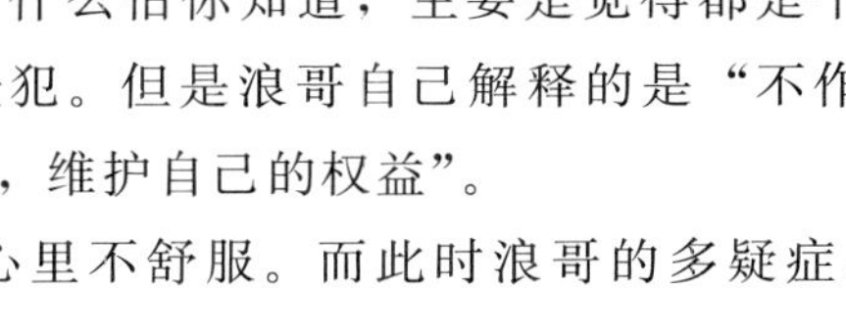

这样说也是没错，但总让人觉得心里不舒服。而此时浪哥的多疑症，也越发地严重了。

有天公司做 PS 的小张突然在一个公用电脑里发现了我们所有人的电子版身份证信息，一时火大，找到浪哥理论，边说边哭。

“你之前说的不会外传，你不是说已经设密码了吗？怎么这台电脑上也有？这个谁都能看，随便新来个员工都能看，我们的隐私还有什么保障啊？你这样太欺负人了……”

浪哥一时手足无措，一个劲儿地道歉，却又不知道怎么说才好。他紧急开会跟我们公开道歉了，坦白因为之前发生的事情，确实心里不安。

“我们也都明白，但是信任是相互的吧，你这样对我们，我们心里也不舒服啊。”

“对对，是浪哥不好，这次是我错了。你们原谅我这次，以后不会了。”

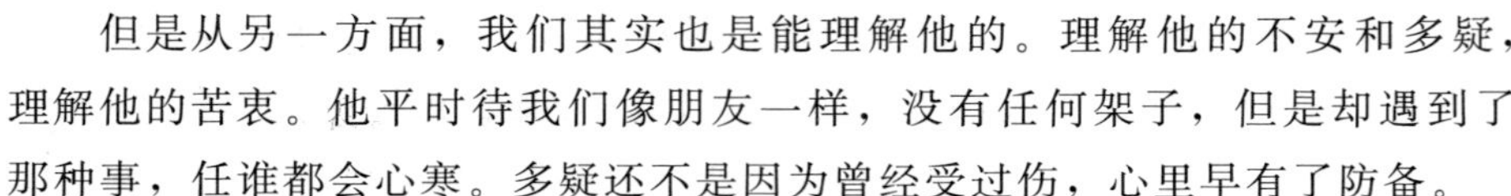

但是从另一方面，我们其实也是能理解他的。理解他的不安和多疑，理解他的苦衷。他平时待我们像朋友一样，没有任何架子，但是却遇到了那种事，任谁都会心寒。多疑还不是因为曾经受过伤，心里早有了防备。

那个时期，公司确实走了好多人，但是公司内部换血也很正常。就像浪哥说的，“团队不是说一定越大越好，而是需要少而精的精英。能留下来的都是精英”。是一起扛过困难，一起拥抱过成功的最好的合作者。

## 2.9　投资风波

其实浪哥起初做这个行业的时候身边所有的亲友都不看好，被质疑，被嘲笑，被讥讽，但最后他还是坚持下来了。半年内从几万块的投资做到了身家百万，这个时候他们才发觉，眼光和远见是多么重要。

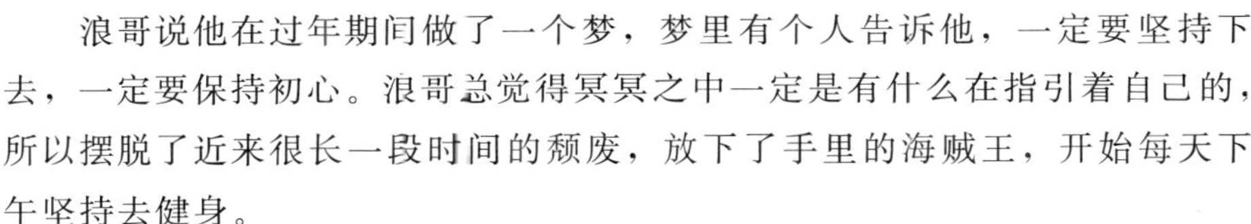

浪哥说他在过年期间做了一个梦，梦里有个人告诉他，一定要坚持下去，一定要保持初心。浪哥总觉得冥冥之中一定是有什么在指引着自己的，所以摆脱了近来很长一段时间的颓废，放下了手里的海贼王，开始每天下午坚持去健身。

开会的时候浪哥说，人一定要有自己想坚持下去的东西，永远不能丢弃斗志和热情。

也是在一个春意盎然的下午，浪哥按时到了健身房，因为跟教练闲聊了几句，引起了后面提前来的学员不满。

“怎么回事啊，你们还不开始，不要耽误我们后面的好不好？”

当时场面一度尴尬到了极点，教练红着脸、前台红着脸、旁边的小哥也红着脸，浪哥看了对方一眼，转身对教练说，“磕个头吧，就原谅你了。”

对方是个约莫三四十岁的女性，听到以后扑哧一声笑了出来，“哎哟我就说说，那倒不必。”

旁边的教练见气氛缓和，也嘿嘿地赔笑了两声。

但是没想到这一幕，被旁边另一位年轻女性看到了。也是同一个教练，应该是刚刚换好衣服准备走。

“哎，你是做什么的啊？”

“怎么了美女，觉得眼熟吗？”

“不是，我发现你这人挺有意思的啊。”

“哈哈哈……当然了，幽默风趣是男性的基本修养。”

“哈哈……你到底是做什么的啊，我以前怎么没有见过你？”

“我以前不常来，可能没有碰到过。美女能先告诉我你是做什么的吗？”

“我？我现在没事儿，家里边的生意都给别人管了，我平时也没事儿干。你也是做生意的吧？”

“我……自己开公司的。”

“自己开公司？啥公司啊？”

“情感机构，帮女性解决情感问题的。”

“啊？”

“哈哈哈哈……是不是觉得我在瞎扯？”

“哈哈哈……你真的是……不闹，到底是做什么的？”

“我真的是自己开公司的，真的是情感机构。石家庄还没有，我是第一家。”

“啊？不是……就像靳东的那个电视剧？那样？？”

“对，差不多吧，但是电视剧毕竟是拍着玩儿的，我们是认真的，专业的。”

“不是……你今年多大啊？”

“你看我像多大的？”

“你肯定比我小，我三十多了，你肯定没有三十。”

“我……92 年的。”

“92 年的就自己创业了？哇！我就说你不像一般人，看我眼光没错吧！但是你们公司到底是干啥的？我还真没听说过。”

“那这样，你要有时间我就跟你聊聊，看你有没有兴趣。待会留个联系方式，来我们这边看看也可以。”

“可以啊，我没准可以做个投资什么的。”

……

就这样，浪哥很神奇地在健身房遇到了一个“八零后”的富婆儿，愣是要给我们做投资，于是约了第二天来公司视察。

“来，鼓掌欢迎我们罗姐！”

我们把手掌拍得呱呱响，吓了罗姐一跳。果真，罗姐一看就是精明干练的女性，一点都不像快四十岁的人，说话利落干脆，思维清晰。在每个工位巡视了一圈后，立马决定要投资两百万。

“不不……罗姐我们再聊聊细节，具体里边的运作什么的我还没跟你细说。”

“哎没事儿，以后多的是时间，我们要签个合同什么的吗？还是成为你的合伙人？”

“都……都可以，我们进里面聊……”

一个小时之后，浪哥把罗姐送了出来。

“那等你回去我把合同发你，到时候你看一下有没有问题。”

“好的好的，有别的问题再随时联系。”

“好嘞好嘞，合作愉快！”

浪哥用力地握住了罗姐的手，罗姐坚定地看了我们一圈，“都是精英，好好干，我看好你们！”

罗姐走后浪哥才跟我们分享了他们的相识经历和谈话过程。其实整个过程里，浪哥一直在使用某些技巧，通过罗姐的一些肢体动作和语气语调，浪哥就能判断出她其实对我们有着非常浓厚的兴趣，并且对浪哥有着盲目的崇拜之情，所以浪哥才能确定她一定肯做出投资，并且毫不犹豫。

“你们看，自身努力的话处处都能遇到贵人，我随便去了下健身房就捞到了一个‘金主’，简直是上天在眷顾我……”浪哥一时乐开了花，滔滔不绝地跟我们分享着。

择日浪哥组了个局，公司全体员工和投资人跟罗姐一起吃了个饭，也让罗姐更加深入地了解了我们公司的结构和运作，罗姐特别满意，当即决定投资。“你们知道我最看重的是什么吗，是你们创业的这股热情，这个行业确实比较新颖，我不是很了解，但是我相信有你们这样一个团队，一定能越做越大，越做越好！”

我们当然知道，这并不是一个偶然或是一种幸运，真的是浪哥脚踏实地的学习和努力换取来的。我们很多员工之所以愿意留下来，就是希望跟着这样一个上进又努力的领导者，一起把一个公司做起来，做到最大，做到最好。就像应了某超火的网综里的那句话，“越努力，就越幸运。”

## 2.10　撤资风波

公司早期的时候其实一直比较顺利的，刚刚起步就接手了大量的学员，收获了很多好评。但无论是人生还是事业注定是不会一帆风顺的，我们在接到第一位投资人的投资后事业却意外惨遭滑铁卢，一连两周都没有几个新学员的咨询。

因为这位投资人胖哥跟浪哥也是多年的好友，虽然嘴上没有说什么，但也同样心急如焚："为什么我投资之前顺风顺水的，我刚投资就不行了?"

浪哥对胖哥进行了好一番的安慰和打气，才安抚好了他的情绪。但是眼看着流量一天比一天少，公司的所有人都渐渐丧失了斗志。

"哎。"那个时候的浪哥变得不再热情如火，每天只能从他口中听到叹气的声音。我们联系了多家媒体，着重推广和营销这块，但短期内一直没有见效。

"浪哥你别这么着急，做生意就这样嘛，肯定有顺利的时候有不顺的时候，哪家公司都这样的。"公司最可爱的小琳琳一直在细心安慰着浪哥，浪哥的满面愁容却始终没有因此消散。

终于，我们还是等到了这天。

"这件事我必须要跟你们说清楚，我跟浪哥认识很多年了，那都是从小玩儿到大的好兄弟，所以我愿意全力支持他的事业，所以当时他找到我的时候，我可是二话没说投了钱。但是说实在的，这几乎是我现在的全部家底儿了，我真不是你们想象中的那种土豪大款，我这一百来万全压在这了，但是现在公司的状况……你们也知道……我也不知道是什么原因。咱们公司之前的辉煌我也见证过，我真的是相信浪哥，相信你们，但是现在这种情况，我真的……有点不太能接受。我希望，在短期内，你们能够给我一个比较漂亮的成绩单。”

我们各自低头不语，没有人敢应声。

浪哥率先开口，“这样吧……给我们一个月的时间，三十天，然后……我们以前平均每天最多多少流量?”

“最多的时候好像是二三十个吧。”

“行，六百个流量，至少一半成交，三十天，不管我们用什么方法，我一定能达到这个目标。”

胖哥显然有点吓到了，“不不，我也没有硬逼你们，主要是最近实在是……有点……”

“对，我知道。哎……我最近也很愁，我现在还没有找到原因……可能是运营那边的问题，我会再联系。然后咨询师我也会继续培训。你要是相信我，相信我们团队，就给我们一个机会。”

“好吧……但是我不限定业绩，只要能把咱们的公司像之前那样运转起来，我觉得还是很有希望的。”

“不不不，说好了多少就是多少，如果到时候没有达到这个目标，你想撤资的话，我随时转给你。”

“行，我就喜欢你这种决心跟热血，也让哥们儿看看，你是不是真的比我想象中还牛!”

“当然，我是浪哥，必须牛!”

浪哥放完大话后，我们好像更紧张了。三十天接三百个新学员，在我们看来好像是完全不可能的事情。按照平时的话，之前状态最好的时候一个月也只是有一百多个学员，因为考虑到导师的工作量和服务质量，有个别犹豫不决的流量直接就不接了，从不会催着学员去缴费。但是要按照一天成交十个新学员的话，也就是说售前需要每天至少跟三十到六十个新流量聊天。真的是很难以想象的。

胖哥走了之后，浪哥就开始紧锣密鼓地部署我们联系推广和运营，加大了推广力度，并且通过“推荐八折”活动让老学员帮忙宣传，只要介绍新学员过来，就能享受续费八折优惠。

大概是受到浪哥感染，那一阵所有人都铆足了劲儿，开始主动加班，拼命做宣传，拼命跟意向流量聊天，拼命向老学员宣传活动，更是用全部的热情去指导学员，去学习，去讲课。咨询师们几乎一整天都在抱着手机语音和聊天，经常没有时间吃午饭。售前更是压力大到一天两包烟。所有的人都在拼尽全力，做最后一搏。

在大概进行了半个月的时候，情况果然有所好转，我们至今也没有找到那段低迷时期的原因，大概真的是因为浪哥诚心所致。



最后半个月我们果真创造了奇迹。因为“老带新”的活动反馈不错，越来越多的老学员因为信任帮我们推荐新学员，帮助自己的朋友和闺蜜一起解决情感问题，与此同时我们的目标也快速达成了，顺利度过了这次的“撤资风波”。

但是也通过这件事，我们公司也第一次经历了这样大的坎坷和风波，也正因此，也让我们每个人看到了整个公司的凝聚力。

胖哥又一次对浪哥崇拜得五体投地。“其实我投钱进来真的是看中你们浪哥这个人，我就知道他身上有那股子劲儿，一定能成功。其实我也了解，生意嘛，有赔有赚，不可能一帆风顺，但是有这样的机会，也更能激发出每个人的潜能，未尝不是一件好事。希望接下来的每次困境，我们都能拿出这股勇气来，一起挺过去!”

现在随着公司的日益壮大，已经慢慢步入正轨，虽然时不时也会出现业绩下滑的状态，但是我们已经能够随时调整到最好的状态来迎接每一次的坎坷。同时我们也深知，服务行业要想做出点成绩，最重要还是服务质量和态度，所以浪哥要求我们始终以最饱满的热情来接待每一位客户。

后来第二位、第三位的投资人之所以愿意为我们投资，大概也是看中了我们公司的这股热情。我们希望用自己的这股热情感染到每一位学员，每一个人，希望真的有一天能实现浪哥所说的“以后度假要配备私人游轮!”

## 2.11 伸手党风波

也许我们努力了很久，也改变不了很多人心里“情感机构都是骗子”的想法，但是实际上，我们也遇到过各式各样的“骗子”。没错，各种骗子。有同行来套话的，有人故意来抹黑的，也有那种不交钱就软磨硬泡让我们给指导最后成功了就把我们拉黑了的。浪哥在创业初期就亲身经历过这样一个“伸手党风波”。

那时候公司还不成形，浪哥在几个 PUA 达人的帮助下创办了“经营爱”，大概是那时候赶上了好行情，没有多久就接到了数量庞大的学员的求助。而作为一个刚刚起步的公司，浪哥认为还是要先打出品牌比较重要，所以那时候定的价格低到难以想象不说，还多得是那种没有交费就免费指导了一阵子的学员。一般的问一阵子自己就不好意思了，或者是真的觉得能从这边学到东西，都是后期主动报名的。但是让浪哥今生难忘的，还是那个叫“蔡蔡”的女孩。

其实蔡蔡家境不错的，从浪哥指导她的那半年可以看出，她用的包包化妆品都是清一色的大牌，坐标上海，每天除了吃喝玩乐就是缠着前男友。她跟前男友的故事也是有意思，两个人当初分手是因为双双出轨，觉得跟对方之间没有爱了。但是分手后还是该见面见面，该约会约会，跟在一起时没什么两样。可能唯一不同的地方就是，蔡蔡再也不能在他家留宿了，因为他跟另一个女生住到一起了。

当时蔡蔡在浪哥的公开课上刷了一个多月的屏，最后才终于找到浪哥。

“浪哥，你最近怎么都不解答我的问题了？”

“你问题太多，还是微信说方便。”

“你这不是骗我加你微信吗？”

“这怎么能叫骗呢？你有需求，我提供服务，你需要的话我就为你解答。”

“你说的 3500 终身的是真的吗？”

“是啊，我们现在不求利润，主要是把口碑做起来。你可以去打听一下同行的价格……”

“同行我就不问了，我就喜欢听你讲课。但是我现在不知道你能不能帮我挽回成功啊，我不能最后再交钱吗？”

“这个成功不成功我们也不能保证，只能说浪哥会尽最大的能力去帮你。因为感情的事你自己都没办法保证，我不可能随便夸下海口，还是看最后结果吧。”

“那如果最后没有效果呢？你们是不是就卷钱跑了？”

“人与人之间就不能多一点信任吗？！就我开的这个价，你去别的机构报一个月的都不够。你就说你想达到什么效果，我用我毕生所学帮助你。”

“我想结婚啊，但是他现在有女朋友，这样你还接吗？”

“就分离小三嘛，也不是没接过。你要是信任浪哥，浪哥一定会全力帮你。”

“那你都这样说了，我也是你的老粉丝了，能不能先让我看到点结果再谈钱的事儿？”

“可以啊。”

“我也不是差这点儿钱，我就是有点半信半疑。这样吧，如果半年内你能让我俩成功结婚，我结婚的时候就给你们二十万。既然信任是相互的，也看你信不信我吧。”

“可以呀女神，如果最后没有效果，钱的事我连提都不提。”

“OK，一言为定。”

就这样，浪哥开启了对蔡蔡长达六个多月的指导。从朋友圈的展示到聊天的回复，从分离小三到两个人和好如初，浪哥全程进行了指导。浪哥也看着蔡蔡从一个只知道吃喝玩乐的小女生变成了一个可以掌控男性心理的小女人，看着她跟男朋友越来越好，浪哥也有满满的成就感。但是眼看就要到承诺的期限了，蔡蔡却突然像消失了一般，很长一段时间没有来问过问题。

“蔡蔡你上次有没有按照我说的去见他爸妈，如果你做好了他父母一定会同意的，结婚的事儿也八九不离十了!”

但是没想到浪哥发过去的这条语音被拒收了。蔡蔡已经把浪哥拉黑了。

浪哥也是第一次遇到这种情况，一脸懵。说好的人与人之间的信任呢?!好说歹说，这半年来天天聊天，天天语音，天天一对一地做指导，就算不是好朋友，起码也是有点感情了吧，没想到蔡蔡最后居然闹这样一出，简直颠覆了浪哥的三观。

“我真的还挺喜欢这个小女孩的，不是那种喜欢，就是觉得她挺有可塑性的，也愿意学习和改变，我看着她的感情走向一点儿一点儿变好是真的替她开心。我还真没想说最后跟她要二十万，就算她给我也……可能会要吧……也可能不要……哎重点是，我觉得我们已经成为朋友、战友一样的情谊了，她就这样一声不响地把我拉黑了。我现在才发现，真心有时候也换不来真心呀!”



其实从浪哥的讲述可以看出来，这件事对他打击挺大的，后来不管有学员再怎么软磨硬泡甜言蜜语，浪哥都不会妥协和让步了。当然这种“伸手党”也比较少，我们一直都讲究“将心比心”，浪哥一直在培训导师的时候说，一定要把客户当作朋友、当作家人一样对待，不要跟他们产生距离感，多去关怀和鼓励她们。当然，我们也一直在这样做。

虽然这次“伸手党风波”也让浪哥看到了人性的另一面，但是他依然教导我们要做一个善良和温暖的人。虽然有时候真心换不来真心，但是总要有人去主动信任对方，才能建立起互相的信任呀。我们就愿意做前面的那个人。

## 2.12 女同风波

我们也算是经历过各种风风雨雨了，接手过各种大小 Case，情侣吵架闹分手，夫妻出轨分家产，几乎所有类型都有过成功案例了。但是唯独没有遇到过女同挽回的。

然而说过不久，还真遇上了一个。

女孩在那边哭哭唧唧了一个多小时，阿缘愣是没听明白是怎么回事。

“是个女同啊，什么她跟那女的在一块三年了，那个女的还有个前女友，现在她女朋友要跟她分手去找前女友，然后那个女的前女友又喜欢男的了？我越听越糊涂，搞不清楚人物关系了……”

“你是被她的哭泣扰乱了判断。”

“诺诺我直接推给你吧，你跟她好好聊聊，可能女生才能听懂吧，我真的……好多话不好意思问。”

夏诺老师让女孩写了情感日志，又跟她语音了快一小时，终于弄明白了事情的原委。

现在报名挽回的女孩，我们暂且称她小 A，小 A 要挽回的是 B。B 呢跟 A 是大学同学，但是以前不认识，是后来通过社团活动才认识的，相处了半年后才在一起的，但是马马虎虎算下来也有快三年了。

B 呢之前有一个前女友 C，C 跟 B 是同班同学，又是舍友，所以大一开学没多久那会儿，两个人就打得火热，整天形影不离，可以说是建立了很深厚的感情了。但不料大二的时候，C 突然出轨了一个男生，狠心抛弃了 B，也是那个时候 B 才认识了我们的小 A。

现在 A 要挽回 B，但是 B 心里还想着 C，跟 A 闹了分手要去找 C，虽然 C 现在跟男朋友情感稳定，但还是跟 B 滚了床单……

“老师你是不是也觉得我们这个关系很乱……我也不知道怎么能讲清楚。”

“没有没有，我听明白了，就是你……女朋友现在还想着她前任呗，然后跟你闹分手了。”

“对对对。她其实是一个挺心软的人，每次那个女生找她她都去，我们也吵过好多次架了，但是我总觉得她不够喜欢我。”

也是那个时候我们才明白，原来同性之间的恋爱跟正常的异性恋一样，也存在着吃醋、嫉妒、争吵和在乎。

我从来不歧视也不排斥同性恋，因为身边也遇到过，我明白这是无法选择的，就像我们无法选择自己的性别一样。

所以在指导过程中，我们仍旧用的是同一套挽回技巧，只不过方案上可能有略微的调整。

毕竟女生最能理解女生的心思，夏诺能猜到 A 想做什么，也能猜到 B 现在需要什么。本来前期夏诺老师指导得好好的，突然半路截了胡。

“老师，我要被气死了……”小 A 又在那头抽抽搭搭的，跟第一天来的时候一样可怜。

“怎么了？不是昨天还吃饭了吗？”

“我不是从我们之前那搬出来了嘛，但是我之前在家里装了摄像头没告诉她，然后我昨天晚上看到她跟我的一个好朋友 D 在一起……然后还睡了……我真的不想挽回了，我太失望了。”

“啊??怎么会？你这个朋友……”夏诺竟然一时语塞。

“我怎么会知道，我怎么也想不到她们两个会搞到一起，我现在觉得她们特别恶心，我真的不想再去找她了。”

“你有没有去找她，问她什么情况？”

“还问什么，我在监控里看得一清二楚，我真的再也不想理她了！她就这样对我……朝三暮四的……”

“哎，这个看你吧。只要你需要，我都会帮你的。”

我们私下也讨论过这个案例，真的有些无从下手。女生之间的感情太细腻，你用什么技巧用什么套路都能被一眼识破，她可能会出于什么私心配合你一下，但是如果她真的不是一个长情的人，怎样的多情都打动不了她的。夏诺也劝过A很多次，A却一次次给B伤害自己的机会。

隔了一阵子A没有过来咨询了，突然有一天出现了。

“老师，我前一段时间跟她去日本玩了，算是完成了一个一直以来的心愿吧。我们和平分手了。我知道她不喜欢我了，所以也不想再纠缠了。但是总归来说也是留下了一些美好的回忆吧。你们之前教我的那个邀约技巧很好用，特别感谢你们。”

“啊？分手了吗？”

“嗯。我太难过了，在这段感情里付出太多，但是她一次次伤害我。现在我身边也有对我好的人了，我希望自己能慢慢放下。”

“嗯，好吧，这样的结局也挺好的。我真的挺心疼你的。”

其实夏诺想说，真的很佩服她的勇气，这种明知没有结果还要飞蛾扑火的精神，是多少人都没有的。

虽然有一阵子公司常常拿这个女同案例出来讨论，但是后来却很少提到。因为我们不配对她们的感情品头论足，更没有资格去左右她们的人生。这是一群可以不问世俗不计代价愿意为爱轰轰烈烈牺牲的人，是我们接手这么多案例里面，最令人难忘的一个。

## 2.13 伴侣风波

其实很多人对情感服务行业有偏见，觉得不正经，觉得是欺骗，觉得完全是空穴来风。其实包括我们很多的家人、伴侣，起初一样对我们有深深的误解。



阿缘老师的女友艾米，我们之前也提到过，她凭借自身魅力深深吸引着阿缘，所以在一起这么久，阿缘始终对她言听计从的。

起初阿缘决定做这个行业，艾米也是不同意的。

“什么玩意儿啊你就去？你会干什么？”

“不会可以学啊！”

“不行！整天跟一群妹子聊骚，我接受不了。”

“哎呀，你知道我只喜欢你，最喜欢你了，世界上哪还有比你更漂亮的女生啊！”

“那也不行，你整天跟别的女生聊天，哪还有时间陪我。”

“我保证每天不会用私人时间来工作！所有的私人时间都是你的！”

“那也不行。”

“等我赚了钱给你换个新款的手机。”

“好，成交。”

顶着巨大压力的阿缘老师，从一进公司开始就兢兢业业勤勤恳恳地工作着，所以从上班第一天起，每天晚上回家后除了吃饭洗澡睡觉就都在抱着手机聊天。

艾米气到晚饭都没做，阿缘只能叫了外卖，然后陪她打了两局游戏。

艾米这个人，有时候也会有小女生的作，但是大多数时候还是比较善解人意的，只要不打扰到自己打游戏，谁会管这个胖子在干吗。

但是，因为整天要跟女学员聊天讲课，包括后来浪哥还要求他语音时候声音要温柔体贴，艾米心里总归是有点别扭。

“你跟别的女的说话这么温柔真的好吗?”

“哎呀这也没办法啊，浪哥说我讲话的时候太凶了，我现在正在努力练习。”

“那你怎么不练习一下对我温柔点啊。”

“我对你还不够温柔吗?!”

“你现在这样叫对我温柔?!”

“哎呀……世界上哪会有比你还温柔的人，臣妾做不到啊!”

艾米扑哧一声笑出来。

阿缘老师没有白当老师，撩妹还是一套一套的。

虽然艾米每天都会唠叨几句，但是慢慢地也就习惯了这种生活节奏。阿缘为了弥补自己的“过错”，开始学习做饭，把公司所有会做饭的女生都问烦了……但还是坚持不让艾米进厨房，艾米大概也是被感动了吧，终于能多腾出时间来打两局游戏了，所以沉迷在游戏里的艾米也不再理会阿缘的工作了。

明哥的女朋友也是不同意明哥进入这个行业的。之前明哥跟浪哥做男性市场的时候，女友就觉得他们这个行业不太“正经”，整天学一些套路撩妹骗炮，三番两次认真地劝阻明哥别再做这个。

但是转战做了女性市场后，女友更是变本加厉了。

“为什么老有女生找你语音?”

“这是工作啊。”

“你们公司就必须要晚上回来下班还讲公开课?我就回来这么两天，好不容易晚上下班了，还不能陪陪我……”

“嗯我知道，那我明天请一天假，陪你去逛逛。”

“算了，石家庄也没什么好逛的，我还是在家待着吧。”

明哥跟女友的相处总是这样不温不热，女朋友似乎很少主动提出一些

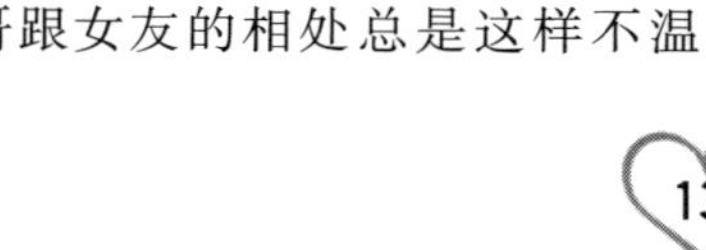

要求或者建议，总是一味懂事地顺从着。

但是明哥也知道，在恋爱里，没有架吵也不是什么好事。因为矛盾会积累，不吵出来，只会变成积怨。

明哥总是尽可能地避开在相处时间里工作，但是这种工作性质，又真的没有办法放任学员不理会。所以有时候会打着打着电话突然进来一个语音提醒，明哥就要挂断。有时候聊着微信突然就很久没有回复，女友知道他又去回复学员。有时候说好了的约定，临时又要变卦，因为晚上要讲课，因为周日要加班，因为没有那么多的私人时间。



女朋友从来不说什么，但是心里的失望已经一点一点积攒起来了。

终于在今年情人节的时候，女友握着明哥寄来的花和一套精致的化妆品，斩钉截铁地说，“我们分手吧。”

明哥心里其实明白，女友一直不希望自己做这个工作。他总是觉得陪她的时间少了，可以用金钱或者物质多少弥补一些。但是女友偏偏不是那种物质的人，她需要的不是一套一千多的化妆品，而是明哥买一张飞到自己城市的机票。

这些情况，浪哥其实最清楚不过，但是这种工作性质，真的没有办法改变什么，只能进行一些薪资福利上的补偿。包括浪哥自己，在进入这个行业初期，也受到了各方面势力的阻挠。女友坚定地分手了，连母亲也不理解自己。所有的朋友、亲戚都在劝说自己，别弄这些虚的东西，好好干点儿实业。但是在浪哥心里，这就是自己喜欢的东西，这就是自己想要的事业，这就是自己的理想。没有任何东西可以阻挡。

这一年多，公司的员工也陪着浪哥经过了风风雨雨，在家人、女友、朋友或者是妻子中，总会出现质疑的声音。但是我们还是走过来了，拿出了真正的东西给他们看，慢慢地改变了他们对自己的看法。这，也是浪哥最有成就感的一件事。

## 2.14 占卜风波

不知道外界是怎样看待我们这个行业的，但是我们自身是认为，无论是挽回感情还是经营婚姻，我们始终是以一种人性化的科学方式来看待的。“心理学”之所以能成为一门学问、一个学科，是因为它是经过了大量的实验和研究所得出来的，是具有专业性的。所以我们坚信，只要你肯用心学习，只要用对了方法，总能收获一个比较好的结局。

但是有一小部分学员，把情感问题的解决方式寄托在占卜、塔罗牌或者和合术等毫无科学依据的东西上，我们不能单纯地用“好”或“坏”来评判这些，如果你问有没有用，那更没办法回答。有些确实很准，但是我们不能盲目迷信。

学员小雪对占卜和塔罗就有疯狂的执迷。老学员都知道，之前我们公司也有一名塔罗占卜师，虽然有时候她也会帮同事看运势，但顶多就是看着玩玩，信不信的，也就一半一半。但小雪不是，她不仅沉迷于占卜，而且坚信。

比如报名之初，她跟男朋友刚刚分手几天，她说分手后她找一个塔罗牌大师算过，这个男人她不能错过，否则以后都不会有好姻缘，大师叫她务必复合。但是刚刚吵架分手，两个人负面情绪都很深，小雪就在这种情况下一再纠缠前男友，导致最后所有联系方式被拉黑。

小雪对占卜痴迷的这件事，男友也比较排斥。比如她看运势说今天要穿红色衣服，就一定要男友穿红色。运势说这两天感情会有不和，小雪就提出分开几天避免吵架。也正是因为这些，男友一次又一次地产生反感情绪，一次次的劝阻无效后，男友只能借口两个人性格不合，三观不同，无法继续在一起。但即使这样，小雪在分手后依旧沉迷于占卜。

在为其指导的过程中也是同样的情况，我们告诉她现在不能去纠缠前任，她说不能让他跑了。我们指导她去建立一个僚机，她说她跟白羊座不和也找不到其他共同朋友。我们指导她发一条高价值朋友圈，她说她今天不宜出行只能在家。总之就总能找到各种理由，拒绝我们的指导。换过几个老师后，小雪自己也开始心急，说还是去找大师做个和合术，我们不靠谱。

我们也是很无语。

其实这种东西真的能影响到你的运势或者未来吗？只能说，它只会影响到你的心态和态度，而你的心态又会决定你的未来运势。

另一个学员CC自己就是做这个的，也专门找大师学过塔罗牌。她也会每天看一下，但是不会说完全偏信。CC是一个很聪明的女生，她知道自己想要什么，也知道自己该做什么。如果运势说将会有矛盾，她只会多注意一下，在矛盾将要爆发的时候反思一下，也压抑一下自己的情绪。比如她之前占卜过，一直都说她和男友八字不太合，还有甚者要为她求一个符化解这段缘，CC一口回绝了。即便相信占卜是准确的，但CC仍然觉得，两个人的爱情，不能依靠一个简单的占卜就一锤定音，她心里始终确定，她跟男友是相爱的，矛盾都会有，她只是暂时找不到解决的适合方式，只要两个人一起努力，总能战胜所谓的命运。CC真的是我见过的非常理性的一个女孩子。

所以我们看那些星座、运势、占卜、塔罗的目的，到底是什么呢？难道真的是想从中得到一些答案吗？而得到的那些答案，你又真的会相信吗？我们不排除有百分之五十以上的可信度，但是，那些不信这些东西的人，那些可能被算出来命中不利的人，也能幸福快乐地在一起。因为爱情啊，它才不懂命运不命运的，它只会相信真心啊。

我们可以去占卜，但是只能当作一个辅助，如果你相信那些即将到来的厄运，那尽量去避开那些不好的东西，也何尝不是一件好事。如果你偏信某些答案，始终觉得是没有希望、没有机会的，那么首先在你自己心里就把这段感情毙了，还谈什么挽回和经营？虽说爱情是女人的全部，但是也不能因为爱情而失去理智。

认识的最厉害的一个大师，只拿生辰八字就能算出来你的厄运是由何而来，你的灾难如何化解，完全不用提供任何其他的信息。但是他总是对每个客人说，无论怎么样都没关系，信与不信都没关系，顺从自己的心，命运早已为你安排好。

## 2.15 道“职业素养”



浪哥成立公司之初，手下带领的一批人，会习惯性地使用撩妹技巧，在前期刚刚转做女性市场时，发生过一些影响极其不好的恶劣事件。

公司小张也是浪哥一手带出来的亲徒弟，能言善道，风趣幽默，身材健硕，一直比较讨女孩子喜欢。接手第一批老学员时，小张内心的“小恶魔”就逐渐显露出来。起初也不过是一些调侃和玩笑，浪哥始终没有放在心上。

毕竟我们的服务针对的是高学历人群，学员中不乏白富美，有不少漂亮妹子整天哭哭啼啼地缠着老师，小张就喜欢上了其中一个学员小欧。

报名之初，小欧跟男友只是吵架闹分手，并没有明确提出分开。两个人是家里介绍的，门当户对，也相处了一段时间，是当作婚姻对象发展的。但是在一起之后两个人感情逐渐产生了分裂，性格差异导致这段关系岌岌可危。

小张起初还是在很认真地做着指导，当时手上学员也不多，两个人有一搭没一搭地就这样聊着。结果万万没想到，聊着聊着就聊出了感情。

“这个妹子人多好啊，漂亮又单纯，我都不想帮她挽回那个渣男！”小张义愤填膺地说。

“你放屁！别瞎说！你收了人钱就办该办的事儿。”浪哥恶狠狠地瞪了他一眼。

“可是她自己也不是特别喜欢那个男的啊。”

“不喜欢人家为什么报名挽回？你怎么知道人家不喜欢。”

“我能感觉出来，那男的根本配不上她。多好的姑娘啊。”

“你别瞎想了，好不好是人自己的事儿，人家愿意在一起你管得着吗？”

“现在在我手上，我就得管。”

浪哥懒得理会，只当他是感慨。

公司平时都是单休，但是小张连续请了三天的假，说是家里亲戚办喜事，需要回老家。但是，从小张回来上班的第一天，浪哥就发现他手机一直在响。中午休息的时候他突然找浪哥说，小欧不挽回了，以后不用指导了。

“什么情况?!”

“我早就说了，他俩不适合在一块儿。她说钱也不退了。”

“为什么好好的突然就不挽回了?”

“我哪知道……”

“你天天在指导，你怎么不知道，她怎么跟你说的?”

“她就说不值得挽回，也不想在一起了啊……”小张声音越来越低。

“你是不是有什么事儿?”

“没有……浪哥。”

浪哥也没有多想，就当这事儿过去了。

大概两三天后，小欧突然打来电话。

“你们这是什么骗子机构，交了钱就拉黑？指导不了就别做了，别把什么乌七八糟的人渣都招进公司来……”小欧气鼓鼓地骂着，浪哥却突然觉得不对劲。

“怎么了女神？谁把你拉黑了?”

“老师啊！你们这是什么机构啊，我一下交了那么多钱，你们真当我傻啊!”

“不是……女神你慢点说，我不太清楚什么状况……”

“什么状况?! 你去问问小张老师，你问问他做的那些破事儿!”

“哎……”小欧都没给浪哥一个喘气的机会就把电话挂了。

浪哥立马把小张从工位上拽起来。

“小欧怎么回事?”

小张涨红了脸，一米八的大个子往那一戳，头都不敢抬。

“说话。”浪哥还算镇定，此时此刻只想弄清真相，为什么就突然被冠上了“骗子机构”的名声。

“浪哥我……我喜欢她。”小欧终于抬起头，磕磕巴巴地说。

“什么叫你喜欢她?”

“我……我想让她做我女朋友，结果她没同意。”

“你想什么呢?!人家是客户，你打人家的主意?你前几天休息是不是也是这事儿。”

“是，我去北京找她了。”小张说完如释重负，浪哥的表情却越来越扭曲。

小张以亲临指导为由，约了小欧见面。小欧只当是服务的一部分，觉得也该见见指导了自己这么久的老师，爽快地答应了见面，并且主动要求为小张接风。

两个人如期见了面，也吃了饭，小张却突然开始说了些喜欢小欧的傻话，小欧一时惊诧，却只当是开玩笑。晚上小欧走到酒店楼下的时候，小张以给她带了礼物为由，一定要带小欧上去房间。小欧拒绝后，没想到在昏暗的街边，小张就开始对自己动手动脚。小欧这才惊觉自己遇到了“色狼”。

“我不是色狼，浪哥，我真喜欢她。”

“你还真有脸说，你学的那点东西都拿来泡妞了?你干的是人事儿吗?”

“但是我没想怎么样……真的。”

“那是人家跑了，不然你还想怎么样?!”

小张泄了气，轻轻摇了摇头。

“而且你还拉黑人家?她是我们公司的客户!不是你的私人客户，谁允许你这么做了!”

“我……我一时不知道怎么办，我怕她来告我状……”

“所以你也知道自己不是东西了?!”

“浪哥我……”

“先跟人道歉吧。”

以前浪哥见多了这种套路女生的渣男，不能说所有的男人都会骗财骗色，但是也确实见过很多这种事情，不新鲜，只不过这种事发生在自己手下员工身上的时候，浪哥一是觉得心寒，二也觉得耻辱。浪哥万万没想到公司会出这样的“人才”，学了点东西全用来套取自身利益了。最重要的是，毕竟人家是客户的身份，员工不应该以任何方式伤害人家。

当然，小张立马被辞退了。浪哥也把缘由和这件事的来龙去脉跟公司所有员工宣布了，以此来告诫所有的男性导师：“别人叫你一声老师，是尊重你。如果你连这点道德底线和职业素养都没有了，就不配当这个老师。不管其他机构有没有过这种情况，也不管小张的初衷是什么，在浪哥情商团，就不允许有这种人出现。”

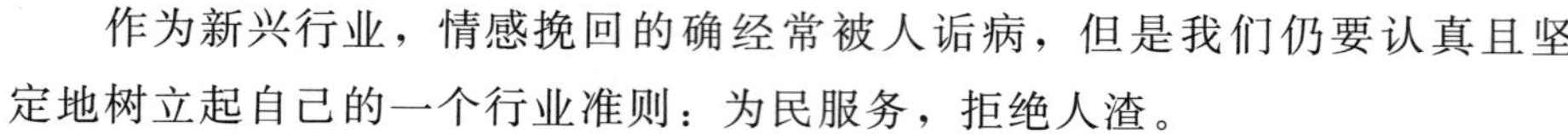

作为新兴行业，情感挽回的确经常被人诟病，但是我们仍要认真且坚定地树立起自己的一个行业准则：为民服务，拒绝人渣。

## 2.16 大客户风波

新年伊始，刚刚开工没两天，浪哥便开始给我们每个人制定详细的周计划和月计划。比如售前老师一定要有多少多少万的业绩。顶着巨大压力的阿缘老师前一天还在骂骂咧咧，第二天就遇到了一个金主。

W 是浙江一带某著名企业的千金，家境优渥不说，自己也是有着白富美的高颜值和高学历，任谁看来，都是那种放进人堆儿里特别扎眼的。2010 年，她跟老公相识相爱，迅速坠入爱河的他们当机立断定下了婚约，幸福地走进了婚姻殿堂。

但是，所有的婚姻里都会经过平淡期，不管热恋时有多少热情，都会逐渐被柴米油盐的琐事消磨掉。老公慢慢开始借口应酬回家很晚，慢慢话少了也不再笑，慢慢两个人相处的时间越来越少。W 是那种独立女性，在她心里，是绝不允许自己低声下气地去挽留他的。

但是没有想到，在 2017 年，这段婚姻还是没有挺过“七年之痒”，W 发现老公跟一个娱乐圈十八线小明星在一起，已经有一段时间了，去质问的时候老公也没有否认。W 冷冷地甩了一句“离婚吧”，老公想了想说“不行。”

老公虽然也有自己的公司，但是跟富甲一方的 W 家来比还是差了一大截，他能开起自己的公司来，W 也是帮了很大的忙。如果 W 撤资或者是想办法撤出资源，他的公司一定会垮。考虑到利益因素，老公暂时不想离婚，只是口头上答应不再去找那个小明星。

我们暂且称这位十八线小明星为 Q，1990 年的，科班出身，长得还行但也不是很惊艳，没有拍过什么好戏，也没有留下让人印象深刻的角色，但是的确，身上的气质跟那些整容脸网红不一样。怪不得 W 会产生危机感。

但是在2017年底，W又发现老公去找Q了，这次她依旧没有哭闹，而是冷静地找律师拟了一份离婚协议，在老公回家的时候扔到他面前。离婚也不是闹了一次两次，两个人都累了。W现在想得更多的不是挽回他，她甚至觉得自己已经不再爱这个男人。但她还是觉得，自己的老公，自己爱过的男人，被别人抢了就不行。所以无论说什么，都要把这个小三跟老公拆散。

“美女，你这个有点难办啊……”

“有什么难的？你们是没有遇到过这种吗？”

“不是不是……劝退小三什么的我们接过不少，但是一般都是为了挽回老公啊，所以我们会安排她们不管是勾引还是吸引老公，让老公主动放弃小三。那您这个……”

“那你们就说能不能接吧。”

“能是能，可能要采取一些特殊手段。”

“比如？”

“比如，线下安排一个专项小组，去你们那里进行跟踪、策划、执行等行动，成本比较高。那第二种就是线上拆散，通过一些黑科技，用电话、短信、声音合成等方法去联系小三。第三种就是安排一个撩妹高手……或者可以称作是恋爱专家，去勾引小三……”

“那怎么收费的？”

“收费的话……一般我们只做指导是按时间的，比如一个月啊，三个月啊，一年啊，这样交费。但是你这个需要额外服务的话，就是……”

“我先给你们二十万，不管用上面哪种方法，必须成功。成功之后我再给你们三十万，一共五十万。”

阿缘老师吓得把手机扔了，赶紧跑去找到浪哥。

“浪哥浪哥不得了！！！”

“干吗啊毛毛躁躁的！”

“有个……就是那个W，她要重金拆散小三和老公！接不接啊？！”

“啥意思？”

“五十万，击退小三，接不接？！”

“我去！接啊！！！”

我们是有点难以理解有钱人的心态啦，可能这点钱对人家来说根本不算什么吧，也就是买件衣服的钱……

“但是 W 的情况确实比较难搞。她已经跟老公分居了，而且平时也很少联系。老公跟小演员正搞得火热，离间的方法也不一定能奏效。实在不行，让我们公司的颜值担当去勾引小三！”

“你想什么呢！怎么说人家也是个演员，肯定会找个高富帅啊，高和帅都不是重点，重点是富啊！”

于是这条就行不通了。

最终经过激烈的讨论，浪哥决定首先动用黑科技了，先是用合成声音和模拟号码联系到小三，跟她说这个男人有家庭，而且不靠谱之类之类的，基本上就是骚扰战略。如果没有效果的话，再委派工作人员去线下骚扰。

跟 W 商议后，W 表示没有小三的联系方式。我……公司全体晕倒。

收了定金以后，浪哥左思右想觉得不对，如果单纯地做挽回的话，我们多得是技巧和方法可以教她，但是如果做那些“私家侦探”才能做得到的事，浪哥又觉得不仅是违法，又不是特别道德。我们做的事是帮女性挽回爱情，但 W 的初衷和目的都不是爱情，所以我们只能教她一些让老公为她投资的技巧，让老公惧怕她的离开。

经过一个多月坎坷的指导，W 的老公终于搬回家住了，虽然 W 知道他有时候还是会偷偷联系小三，但是已经很少发现他出去见面了。并且老公对自己的态度已经缓和了很多，也开始学着顾家。但是 W 突然主动要求终止服务，她说她想要的可能也不是过多感情上的投资，但是现在这个状态她已经很满意了，最终 W 以感谢为由，一定要留下那二十万。

虽然觉得有一丝丝的违心，但是浪哥也颤抖着接受了有钱人这种感谢方式。

大客户风波告一段落了，但是我们也悟出了一个道理：不是所有的钱都能挣啊！

第三章

# 分手复合：挽回技巧

## 3.1 挽回需要树立什么样的正确心态：温水煮青蛙

季子是我们最老的一批学员，当时做活动，以现在一个月的价格报了浪哥一年的入室弟子，算是捡了个大便宜。全公司几乎每个老师都对她印象深刻，因为她的“作”简直到了出神入化的地步。

季子跟前男友是彼此的初恋，分手七八年了，大概是历经沧桑后觉得还是年轻时的感情真挚，所以费了九牛二虎之力找到了前男友的微信。第一次加上之后，季子或许是因为忐忑和紧张，没有开口说话，前男友也很默契地没有说话。季子朋友圈里也没有自拍，全是做微商时候的广告，前男友见状以为就是一个微商，第一天晚上就把她给删了。

第二次重新加前男友的时候，季子终于表明了身份。但是没想到前男友斩钉截铁地说，“我知道你什么意思，但是我已经订婚了，马上就要结婚了，请你不要来打扰我了，谢谢。”然后又把她删了。

所以季子来找到我们的时候，几乎就是个“死局”。多年不联系，既没有社交圈上的联系，也没有任何其他的联系方式，更不知道人家身在何处。所以一般所有的挽回技巧都已经不适用了。

为了给复联做准备，老师指导她第一步先做改变和提升，把朋友圈的无价值动态删一删，她却委屈巴巴地说“我都删了还怎么赚钱?”“那你可以设置对前男友不可见，让他看到这些不太好。”“可是我都没有前男友微信了啊。”“……”

有时候老师布置作业，也会发一些展示高价值的图片，她各种抱怨，“哎呀这图片太假了，我才不会去做这种东西”“这我根本做不来啊，我为什么要发这个，我只想知道怎么能联系上他啊。”

老师直接翻了一个大白眼，“这个也不做那个也不做还想着前男友来找你，真的是想太多。”

为什么常说那种承诺快速挽回的机构都不靠谱？因为挽回本身就是一个“温水煮青蛙”的过程，在无形之中慢慢渗透到对方的生活和感情里，是急不得的。就好比你把青蛙扔进一锅开水里，它肯定会立马蹦出来。再比如小时候学骑车，刚开始的时候肯定是有人帮你在后面扶着，你才敢去骑。但是随着你逐渐熟练了，后面帮你扶着的人突然松了手，你一时间觉察不到，还是在往前骑，其实是你心里建立的那种安全感帮助你成功学会了骑自行车。人与人之间感情的建立更是需要缓慢且坚实的步骤。

所以在挽回中，尤其是女生挽回男生的时候，千万不能暴露需求感，或者说不能需求感太强烈，男人是什么？男人是需要征服欲的，主动送上门的是不会珍惜的。

当时各位老师对季子是各种劝阻，她才塌下心来开始好好做提升，也开始认真学习一些恋爱技巧。

终于在第二个月的时候，浪哥指导季子再次联系前男友，好友验证里写着：“我今天好像看到你了，你去干什么了？”其实在哪看见人家，都不知道现在他在哪个城市，只不过是一个套路罢了。

没想到前男友真的通过了，还很好奇跟季子讨论起你怎么也在南京。只要有了联系方式，其他的就好说了。

因为前期已经有了高价值朋友圈的展示做铺垫，后面安排季子以各种兴趣话题、口水话题或者请对方帮忙的方式来跟前男友进行互动聊天，一切进展得十分顺利。

但是万万没想到，季子突然在没有老师指导的情况下跟男友聊起了各自的感情生活，前男友立马没了回复，季子却突然来了劲，连续发了二十几条的语音消息。

第二天老师们都是崩溃的。

前面做了那么久的铺垫，就是为了建立起舒适感，好不容易对方回应好一点了，又暴露了这么多需求感，一下又把男生吓跑了。

情急之下，只能要求季子暂时不要联系前男友了，冷冻一段时间，保持朋友圈展示。

这种情况下，只能想办法排除季子的“求复合”嫌疑，打消前男友的顾虑。先让他们名义框架为好朋友，以朋友的身份先保持联系。

所以这个时候，老师指导季子开始做一些“假性预选”，比如在朋友圈晒一些礼物，说是某某送的，比如晒一些比较暧昧的异性合照，比如晒一些红包截图等。预选的目的是勾起男人的嫉妒心，但是此时用在季子这里，只是为了打消男友的顾虑。

就这样不温不火地聊了三个月，季子又突然跑到南京找前男友了，而且还成功地滚了床单，老师又一次气到翻白眼。

我们做的挽回，是为了让男人爱上你，从心里接纳你，你都把自己设置成一个“炮友”的形象了，还怎么帮你挽回？

季子自己还振振有词的，“我提出见面的时候他没有拒绝啊，我就去见了。而且两个人都有了感觉，就……但是回来之后他就不理我了。”

哎，这种学员，真的是能让人操碎了心。

虽然最后季子有了新的目标，我们也帮她成功地狙击了到男神，但是后期她自己也多少意识到了一些错误。

男女相处这种东西本身就是很微妙的，多前进一步不是，退后一步也不是，所以有时候才需要使用一些技巧，在不暴露需求感的前提下，用最有效的方式去建立两个人之间的亲密关系。谈恋爱很难，指导别人谈恋爱更难啊！

所以通过这个案例我们可以知道，挽回真的不是一朝一夕、一蹴而就的事，挽回中的心态太重要了，既不能自暴自弃，也不能太过心急，否则前面做的所有的铺垫都会前功尽弃。我们都知道失恋很痛苦，挽回有时候比失恋还要痛苦。如果没有办法建设好自己的心态，那奉劝你还是不要挽回了。

## 3.2 “假性分手”后如何快速挽回：釜底抽薪

我们之前的公开课里讲过，分手分为几大类，其中就包括“假性分手”，假性分手一般指两个人由于一时的口角、误会等发生的争吵，可能因为一时的情绪而提出的分手。像这种分手，一般就采用“釜底抽薪”的技巧，很容易就能挽回。

这里“釜底抽薪”的意思就是抽掉问题的根本，从而快速达到结果。举个例子，我们都知道三角形是最稳固的一个形状，当你把一个三角支架的任何一个点去掉的时候，这个结构都会崩塌。比如你在炒菜的时候因为油太热，锅里突然起火，这时候你要做的第一件事并不是去把锅里糊掉的菜捞起来，而是先要关火，解决问题的根本来源。这就是“釜底抽薪”这个技巧的原理。

学员杨杨跟男友刘一只是同公司不同部门的同事。刘一只刚来公司的第一天，杨杨就盯上了这个身材健硕的美少男。所以每次在公司活动或者全体会议的时候，杨杨都怒刷存在感，加上自己本身还是有几分姿色的，刘一只又是刚入职场的小白，没多久，杨杨就成功地加上了刘一只的微信，并且成功地发展成了自己的小男友。

两个人火速确定了恋爱关系，火速地搬到了一起住，也火速地发生了第一次争吵。

因为性格不合，两个人很容易在一些鸡毛蒜皮的小事上产生争端。刘一只一气之下从家里搬走了，电话不接，短信不回。杨杨性格强势惯了，自然不会主动去认错。两个人就在吵到最激烈的时候，提出了分手。

其实每一对情侣都会在矛盾得不到解决时产生“分手”的念头，以为分了手，换个人，就能万事大吉。但是冷静下来以后，你会发现自己之所以会跟对方吵到不可开交，还是因为在乎，还是因为喜欢啊。

杨杨并没有像其他女生那样开启信息轰炸，拨了几通电话刘一只没接，自己便倒头睡去了。第二天一早，杨杨买好了早餐带到公司，看着头发乱糟糟衣服都没换的刘一只，什么都没说，把早餐放下转身就走。刘一只瞧了一眼也没说话，但是他心里的气早就在那一刻烟消云散了。

那一整天，杨杨一直从刘一只的部门进进出出的，但就是不理他。到下午临下班的时候，刘一只实在忍不住了，给杨杨发了消息“你是故意的吗？闹得我这一整天都没心思工作！”

“对呀。”杨杨发来一个俏皮的表情。

这就是“釜底抽薪”的一种用法，当男朋友生气不理你时，如果能见面“骚扰”他，就不要用短信轰炸，就当面去骚扰他，无时无刻不出现在他身边，让他无心工作，没法生活。因为毕竟很多时候吵架只是一时冲动，这时候多刷存在感不算骚扰。

再举个例子，比如一个人面黄肌瘦，失眠多梦，到医院做了多项检查都看不出什么毛病，但是中医一号脉，就知道他是脾脏不好，身子虚。只有找到问题的根源，才能最好地解决。

一些分手不久报名挽回课程的学员，浪哥都教过她们这个方法。打电话不接？那就去他家堵他，问他为什么不接。如果他不听你解释，就缠着他不让他工作，让他不得不听你说话。只有从根本上扰乱他的生活，他才会真正地注意起你来，逼到他不得不先解决你们的感情问题。

有个学员跟男朋友因为一些观念上的问题出现了分歧，导致男朋友一气之下提出了分手。隔了一夜之后，学员开始给男友打电话，但是一直没有接。她开始编辑信息，发大段大段的文字，一边道歉，一边表露自己对他的不舍，稍微撒个娇。男朋友却淡淡地回复了一句“在忙”。

实在没有办法，学员亲自找到男友的公司里，打包了男友最爱吃的菜，当着所有的同事给他送过去。男朋友一时不知所措，把女生拉到外面谈话。学员按照浪哥教的，理直气壮地说，“谁让你不原谅我啦，你要是不原谅我，我就一直在你公司外面待着，等到你原谅我。你也别想好好工作了，晚上回家我都要跟着你。”

男朋友一下子被逗乐了，“你怎么这么黏人啊？”

“就是要黏着你，这辈子都黏着你了！”

冷战总是需要有一个人主动出来打破，偶尔的示弱不算是低姿态，因为撒娇就是女生的天性。偶尔的“骚扰”他一下也不算是“作”，只要让他明白，你做的所有都是因为放不下，都是因为你爱他。

所以，“假性分手”，最好的解决办法就是“围、堵、截”，怒刷存在感，让他无法工作、无法生活、无法不想你，这个时候的女孩子不会显得作，你的示弱和撒娇只会让他觉得可怜又可爱。

吵架是情侣间都会发生的，女生经常在这个时候提出分手，而你越是拿分手威胁他，男生越会觉得你比较作。最好的解决方法是，晾他一天，让他稳定一下情绪，也好好整理一下自己，第二天再去找他，撒娇卖萌服软示弱都可以，女性的优势要淋漓尽致地展现出来，就算男生有再多的气，看到这样可爱的你，瞬间也会气消了。

## 3.3 如何成为精致女人：提升 DHV

在挽回中，我们经常提到一个词，甚至是所有挽回中都需要接触到的一个步骤，就是提升 DHV。那么究竟什么是 DHV 呢？

DHV，也就是“展示高价值”，定义为“任何传达出较高的生存与繁殖价值之行为”。也就是说，在外貌上看起来“美艳动人”，兴趣看起来“尊贵高雅”，交际上表现出“受人欢迎”，这些，就是我们要达到的一个效果，也就是我们需要去展示的东西。

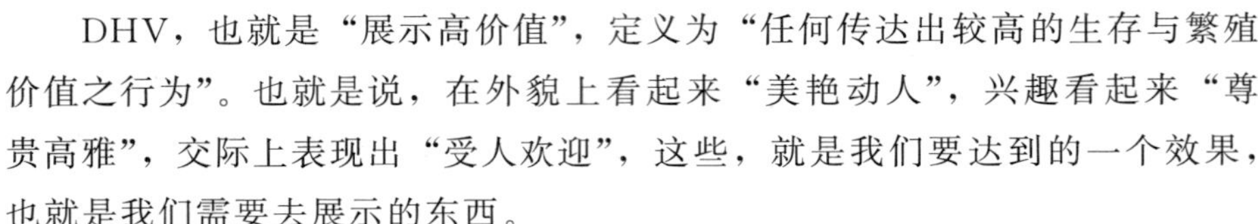

其实我们可以把 DHV 简单概括为一个人的“美貌”。因为这个技巧最早来源于心理学上的“光环效应”，在实验中，那些魅力比较大的人会被人误以为他各方面的价值都很高，他们的漂亮已经掩盖了其他的品质和特征。

我们都知道雄孔雀在求偶的时候会开屏，这个时候，雌孔雀并不了解它的习性、品性或者性格，只是单纯地被它美丽的羽毛所吸引。这也是我们要大费周折地去改变自己外貌的原因，因为现代社会里，你的美貌可以为你赢得一切东西。比如国际影星 F，因为拥有着令全民艳羡的美貌和身材，可以让所有人暂且忽略她的演技，也可以忽略掉她之前的那些情史，在人们的印象里，她就是每个女性都想努力变成的美人。

但是提升 DHV 并不是一朝一夕的事情，而我们要做的展示面，也并不是那些简单的皮毛功夫，因为如果你并没有做出任何改变，当你重新站在前任面前时还是从前那个你，你的朋友圈就成了一个虚假的构建。

那么我们具体可以做些什么呢？

### 1. 尝试新的面貌

说到新的面貌，是不是第一时间想到的是“整容”“微整”之类的？当

然，在这个微整成风的时代，适当地做些调整没什么不妥，毕竟“爱美之心人皆有之”，你可以去做个鼻子，拉个双眼皮儿，打个玻尿酸，这在现代来说也不算什么，但是千万要注意，就算“整”也要保留自己的特点，不要整成千篇一律的网红脸，更别整得连你妈都不认识了。

还有另一个与整容相媲美的技巧——化妆。经常在网上看到那些美妆视频，不得不说中国的化妆技术可以堪称“整容”了。如果从前你不会化妆，懒得化妆，很少化妆，你可以多去学习一下，大胆地尝试一下。如果你从前也经常化妆，可以尝试改变一下风格，小清新和夜店风随意切换，让大家能看到更多不一样的你。

再不济，最简单的，你可以去换个发型吧。可以是成熟妖娆的大波浪，或者是清新甜美的短发，不管是什么，也算是另一种风格的尝试。一定要找一个比较好的理发店找一个比较靠谱的发型师，找到一个最适合自己风格的发型。

### 2. 整理衣服，找到自己的风格

女生应该都有几乎要放不下衣橱的衣服吧，但是那么多，你能够好好地搭配和穿戴吗？你能找到自己的风格吗？或者说，你的衣服有没有鲜明的风格呢？

你要做的第一件事，就是把自己的衣橱整理一下，可以按照色彩，可以按照风格，整理出来之后，多尝试一些搭配，甚至可以大胆地尝试一些新的风格。

如果你不懂搭配，可以去网上或者杂志里找到明星和模特们的搭配作参考，但是千万不要盲目跟风，也不要买那些据说是“今年爆款”的衣服，一是容易撞衫，而是并不一定适合你。

其实服装来来回回地流行，重要的不是你是不是穿着花里胡哨的爆款，而是你身上的衣服适不适合你。比如腿短的人就不适合穿长裙，胸大的人不适合穿衬衫，腰粗的人不适合穿直筒连衣裙，这些小的细节，很容易暴露出你的缺陷，而我们要做的，就是尽量隐藏起这些缺陷，努力找到最适合自己的风格。

### 3. 选择一本书精读，看电影后写观后感

女性要怎样时刻保持着自身的精致呢？当然要着重注意内在的修养和涵养。一个人的气质和魅力是由内在散发出来的。你的举止，你的谈吐，你的眼神，都透露出你是一个什么样的人。

所以，在失恋的这段时间，选择一本好书认真地读一下，选择几部好的电影，认真地观赏一下。可以是任何方面的，每一个作品或多或少总会带给你一些感悟。如果你从前没有这个习惯，可以慢慢培养，也能培养自己独立认知和思考的过程。

### 4. 保持身材，保养皮肤

完美身材应该是每个女性终生都在追求的目标，健身的意义不仅在于保持一个良好的身材，更是培养自己坚持和毅力的一种方式。

坚持每天测量记录自己的腿围、腰围、体重，每天检查自己的身形是不是有所变化。如果没有时间去健身，那么起码要管住自己的嘴，养成良好的饮食习惯是终身受益的一件事。

对于护肤和保养，是女孩子从十六岁以后就应该做的，不要拿“懒”当作借口，当有一天你发现自己眼角的细纹和严重的黑眼圈时，再想补救就很难了。抽时间对自己的皮肤做一个测试，选择适合自己肤质的护肤品，坚持敷面膜，认真对待每一个护肤步骤。这样即使以后男朋友见到你卸妆的样子，也会被你柔嫩的肌肤所折服。

### 5. 学习一种新的技能，培养新的兴趣

如果你是文艺女青，可以去学插花，学茶艺，学摄影，学一门乐器，不止是为了发几条朋友圈炫耀，更是对自己生活态度的一种建设。

如果你是职场女精英，你可以去钻研金融，钻研法律，钻研营销，可以去学习任何一种对职业有所帮助的技能，当有一天你有能力拿到某个领

域的最高职业证书时，你的能力会让你整个人看起来闪闪发光。

如果你没有什么爱好，也懒得去学习和改变，那么至少，你可以去学习布置一个温馨可爱的家，可以去学一道美味可口的菜品，学一个高颜值的甜品，至少，你要发挥出自己的女性魅力。

### 6. 结识新朋友，维护交际圈

扩大交际圈、多结交新朋友是能展现出你自身的交际魅力的，能显示出你这个人是很受欢迎的，就算不能博得所有人的喜爱，起码能展现出自己的社交很丰富。

在现代社会里，认识新朋友的途径很多，甚至于路边搭个讪都能加个微信，但是要注意不要随便把什么人都当朋友。女孩子最重要的自尊自爱，不要整天打扮得花枝招展地去泡夜店，没有男人会想娶一个这样的女孩子。

朋友当然还是旧的好，要学会去维护和经营一段关系，人际关系的经营总是有很多共通之处的，如果你能维护好一段十年以上的友谊，就说明你有维护好一辈子爱情的能力。“人缘好”，也是优秀的标签之一。

这里想告诉各位女神的是，不要把提升 DHV 当成简单的一个朋友圈展示，提升自我是一个长久的、需要努力和坚持的一个过程。当你成为了人群中瞩目的女王，还愁什么找不到男人呢？恐怕他们只会前赴后继。

## 3.4　如何建立他所需要的新鲜感：反撇

靳同学跟冯同学在中学的时候早恋，初中的时候就腻腻歪歪地在一起了。但是在所有人都不看好的情况下，他们居然结婚了。

靳同学是那种极其可爱甜美的小女生，身材不胖但是圆鼓鼓的脸让人看了就想捏，没事就喜欢撒娇卖萌，男女老少通吃。家里是某运动品牌的当地总代理商，就这么一位千金，从小也是娇生惯养。所以贪玩早恋不爱学习，老师也是睁一只眼闭一只眼了。但是我们都不知道她怎么会看上长得只能用“丑”来形容的冯同学。

冯同学是我们隔壁班的，家里不知道是做什么的但总是穿金戴银一身名牌，长得不矮但是肤色黝黑，小眼睛厚嘴唇，基本上是那种看背影还行但是脸不能看的主儿。

最开始他们在一起，两个人的暗恋对象就开始诟病和诅咒，没想到两个人一路走到初中毕业，高中毕业，到大学毕业。

但是在大二那年，两个人分开过很长一段时间，冯同学有了新欢，我们在朋友圈里都有见过，当时甚是唏嘘，“总算是分手了”。好像飘浮了多年的一块石头终于落了地。

当时的靳同学在做什么呢？分手后她连个朋友圈都没有发，开始去世界各地旅行，每逢节假日、寒暑假都会被她刷屏，走遍了七个国家四大洲。起初那张圆鼓鼓的脸也开始变得轮廓分明格外精致，配上各种淡雅或魅惑的妆容，简直像是变了一个人。

收到结婚请柬的我们都是一脸懵，冯同学不是有了新女朋友？他们俩不是分开很长时间了??但是确认过请柬上的名字后，我们的心又一次提了起来。

后续了解到，当初分手是冯同学觉得烦腻了。本身就在一起六七年了，大学又是异地，摇摆不定的男生突然就找了个新欢。靳同学没有哭没有闹，很平静地选择了退出。然后就开始了自己丰富多彩的生活。

一年左右的时间里，她学了骑马，学了瑜伽，学了游泳，学了画画。都说大学是座整容院，那么大学里的失恋就是一把手术刀了，我们一路看着靳同学从一个有些青涩的萌妹子摇身变成了一个淑女名媛。这也是后来冯同学回来求复合的一个原因。

在一段长期的感情里，总会有进入到平淡期的阶段，有些人选择了安定和坚持，但是有些人却选择新鲜和热情，于是就有了所谓的“出轨”。

针对这种喜新厌旧的前男友，最好的解决方法就是给他制造新鲜感，所以心理学上有一个叫“反撇”的名词。如何他看厌了你之前的长发，你可以换个短发，如果他看厌了你的可爱，你可以变得性感，如果他觉得你无趣乏味，你可以去学习新鲜的东西让自己变得有趣幽默。他要的新鲜感，就是一个完全不同于之前的你，有着全新的形象和面貌。

第一部《家有喜事》里，吴君如扮演的妻子因为婚后数年的操劳变成了一个所谓的“黄脸婆”，飞黄腾达后的老公开始嫌弃她，找了一个年轻漂亮的姑娘，把她赶了出去。

但是隔了一段时间，老公再次在 KTV 偶遇妻子时，她梳着利落的发型，化着淡淡的妆容，身上的裙子衬得身材极为曼妙，丈夫突然发现，原来妻子还可以这个样子，原来她可以这么美，于是主动放弃小三，重新乞求妻子的原谅。

学员猪猪跟男友分手的时候，男友只说了一段话，“我现在在你身上找不到谈恋爱的感觉了，你没有变，我也没有变，我不知道为什么会这样，但是我真的感觉自己坚持不下去了。”

猪猪一直到分手都没弄明白这句话，如果男友的话是真心的，那么我们可以解读为“我厌倦了一成不变的你和我，也厌倦了这种一成不变的恋爱关系。”

就好像你喜欢吃泡面，但是如果让你吃一年呢？你会不会以后再也不想吃了？其实每个人或多或少都会寻求一些新鲜感，没有人喜欢乏味单调的生活，更不会有人愿意忍受乏味的恋爱关系。

知道原因了就好说啦，我们指导猪猪开始学穿搭，开始学化妆，也开始学一些两性相处的技巧。想要让恋爱关系保持新鲜感，最重要的还是保持自身的一个学习和改变。

虽然猪猪长相不是很漂亮，但是打扮后的她还是会让人眼前一亮。做了头发化了妆之后也提升了不少女人味，再换上一件以前从来不会穿的红色大衣，简直让男朋友惊掉了下巴。

浪哥说过一句话，如果你能学会各种风格的随意切换，男人就会对你死心塌地，因为娶了一个你，就感觉像是娶了各种女人，那种成就感比你去夸他更能让他得到满足。

其实熬不过平淡期的情侣不在少数，多数人会觉得，是啊，没有意思，那就分开好了。但是真到了分开的时候又会觉得舍不得。其实明明是我们稍微踮起脚就能够到的，明明是我们稍做改变就能挽回的，为什么不尝试一下呢？总是想着换一个伴侣就会好，但是无论跟谁在一起时间久了，其实都一个样儿。所以让爱情保鲜的秘诀，还是掌握在自己手上。

## 3.5 和平分手后该怎么提复合：莫须有

小迪跟大王从高中的时候就在一起，两个人都爱玩，不爱学习，于是一拍即合。以前是同桌，上课一起吃零食，下课一起逛操场。如果不是女生宿舍贴着“男生止步”的禁语，可能两个人从早到晚都要黏在一起了吧。

但是毕业前夕，两个人莫名其妙地分了手。小迪借口说“该好好学习了”做了个了断，但是大王哭得是昏天黑地，恨不得让全校师生都知道自己失恋了。

时间就这样向前推移着，大三的时候突然听说他们两个又在一起了。而重新在一起的契机，就是因为小迪给大王寄了一份生日礼物。虽然听起来很神奇的感觉，但是也恰恰证明，两个人如果没有原则性的矛盾，只是由于外在原因选择的分手，复合几率还是很大的，而且相对来说比较简单。

这里所用到的就是浪哥原创的“莫须有”技巧，可以类比雷锋做好事不留名。前期我们就是“不留痕迹”地给他送礼物，对他好，但是要让他侧面猜到是自己，雷锋之所以能名留青史不也是因为他留下了一本日记吗？如果他没有在日记里记录这些，别人永远也不会知道。我们用这个技巧的目的就是，侧面地让他知道自己对他还有感觉，但是开始就是不承认，让他心情变得复杂，开始重新考虑你们的关系。

学员小尾巴跟男友是异地加军恋。男友 20 岁入伍，这一入就是五年，转眼两个人到了该谈婚论嫁的年龄，男友却说回不去了，要小尾巴再找个好人嫁了。

可能有的姑娘会因为坚持不下去，真的听从了男友的建议，因为看不到希望，选择两个人和平分手，你做你的保家卫国，我谈我的亲密恋爱。

但小尾巴不是这样的女生，她觉得我五年的青春就这么没了，你不能不清不楚地就让我嫁给别人。

我们当时猜测，男友是不是有了其他的对象，但是小尾巴一口咬定，他们部队里连做饭的都是男人，除非他同性恋，不然不可能会转移新的目标。

那这样来看，男友提出分手最主要的原因还是压力。因为喜欢，所以才不想耽误。因为在镇守边疆和回家结婚的选择里左右为难，所以才忍痛放弃一方。所以要是想挽回，不难。

浪哥指导小尾巴给男友送了几次礼物，大概以月为一个单位，每次给男友寄一些他喜欢的零食或者日常用品，男友喜欢做手工，小尾巴就从网上买了很多模型之类的东西寄过去。起初的时候，男友一度怀疑，但是再三质问也没有问出什么来，后期就默默收下了。

小尾巴一直心急地问浪哥，“真的有用吗?”

直到第三个月的时候，小尾巴最后一次寄出了礼物，男友收到后主动打来了电话，他说，“我知道是你，别人不会知道我喜欢这些。”但是小尾巴还是打死没承认，男友马上打开微信，发过来一个“比心”的表情，“其实只要你不怕苦，我完全没有任何理由放弃这段感情，你就是我这辈子最爱的女人。”小尾巴在这头已经哭成了泪人。

“莫须有”技巧主要用在那些一时冲动分手、和平分手、异地恋分手、父母不同意分手等情况下，因为这类情况中，男方对你是没有特别深的负面情绪的，一般都是左右摇摆的犹豫状态，所以很容易一点就破，稍微一对他好，他所有的情绪和感情又会重新涌上来。比如送礼物就是一个很好的技巧，因为男友知道只有你才会最了解他的喜好，所以一定会猜到是你。“打死不承认”的目的就是为了唤起男友对你的愧疚感，他会突然发觉你还是那么好，自己还是对你有感情，之前的分手对你就是一种伤害。所以甚至会主动求复合。

有一个闺蜜跟男朋友也是在一起很多年，男方父亲几年前因为重病去

世了，加上家里人本身就不想让女儿嫁到异地，所以闺蜜一直在偷偷摸摸地谈着恋爱。但是没想到父母对这些情况都知道得一清二楚，在一次五一假期，闺蜜回家的时候，父母严厉地责令她跟这个男友分手，并耐心地向她灌输“应该跟什么样的男人结婚”，总之这个男友就是不行。

男友妈妈也是不大喜欢闺蜜，因为闺蜜虽然是那种学习认真的人，同时也特别爱玩，喜欢旅行，到处吃吃逛逛买买，男友妈妈就觉得闺蜜这样的女孩子不能进家门，这么能花钱，会变成家庭的一个累赘。

总之，两个人的情路相当坎坷。

但是后期因为闺蜜的一再坚持，并且男友也考到了当地的一个政府单位里，闺蜜父母终于不再直接提出异议了。可在这时候，男友却毫无征兆地突然提出了分手，分手原因就是，“我妈觉得我跟你不合适。”

对于这种老掉牙的套路，闺蜜只是置之一笑。

分手初期也断联了几个月，没有删掉联系方式，但一直互相不联系，好像在互相吊着，等着看谁先开口。

过年的时候，闺蜜寄了男友最喜欢吃的牛肉干，还有一些给他母亲买的化妆品、保养品，什么话也没有留。

快递单子上写的是昵称，但男友还是一下子就猜到了是闺蜜。他也很默契地没有说话，而是在隔几天的情人节定了一束鲜花，送到了闺蜜单位。

其实我们明眼人都看得出来，两个人本身是没有什么问题的，一直关系都非常好，曾经为了抵抗父母差点私奔。复合也是早晚的事儿，只是差一个这样的契机。

所以很多时候我们要明白，感情不是一味地索取，也不是一味地付出，付出与回报是需要平衡的。如果你们真的相爱，总有一个人会先败下阵来，为这段感情率先舍弃点什么。

因为爱，所以我们什么都不怕。

## 3.6　被拉黑后如何化作僚机窥探他的生活：僚机窥探

周锦是一个很可爱的女孩子，但认识她这么多年来，从没见过她谈恋爱。她不是那种很爱说话的女生，所以更谈不上主动告白。

直到有一天，她在半夜十一点来找我聊天，说她喜欢上了一个男生，是她多年的好朋友，也算是青梅竹马。男生我知道，两个人中学的时候几乎是形影不离，但是后来有了些闲言碎语，两个人就尽量保持着一定距离。

我一直以为周锦会是个在感情里很愚钝的女孩子，但没想到她很有想法。因为不确定男生的心里有没有自己，她以“学妹”的身份加了男生的QQ，打算试探一下他的口风。

刚开始他们也只是聊一些关于学校的事情，偶尔也会有评论互动，交流一下兴趣爱好。男生却不知道对面这个人是自己再也熟悉不过的周锦。

聊了大概有一个多月，周锦发现他对自己一直不温不热的，没有什么进展，于是试探性地大胆告白了。没想到被男生婉拒了。

“你是不是觉得我太唐突了？”

“不是，我们可以做朋友。我有喜欢的人了，对不起。”

“嗯……那好吧，那她是什么样子的？”

“从小就傻乎乎的，现在也傻乎乎的。认识很多年了。”

周锦的心都快跳出来了。

她几乎能够确定，他说的就是自己，因为他从来不跟别的女生走得很近。所以终于在那年七夕，他们成功在一起了。周锦约他看电影，然后男生带了礼物，向她告白。

其实周锦用的这招在我们挽回里可以称作是“僚机窥探”。以前我们提到过，在男友负面情绪较深时，可以发展自己的朋友成为僚机，帮忙打探目标的情感窗口。那么如果没有共同好友呢？或者男友对你的朋友也比较排斥呢？这时候就可以利用“僚机窥探”，把自己发展成僚机的角色。

简单说就是拿一个小号，以一个新的身份去加前男友，窥探他的生活及情感状态。可以类比一下谍战片里的线人，在毒贩身边安插卧底和线人的目的并不是让他去发起作战，而只是简单地去打探消息和线索，摸清敌人的状态。

但是在挽回中，最重要的一点还是自己的心态，千万不能暴露需求感，否则就得不偿失了。这个技巧使用的前提就是“不能谈论感情话题”。你可以以一个同学的身份加他，可以以一个工作上的合作伙伴身份加他，甚至可以以一个游戏里面的队友的身份加他，最重要的是要真实。什么才能体现出“真实”？就是“我跟你不熟，所以不会谈论个人情感问题”。

浪哥在指导学员小青梅的时候就用过这个技巧。两个人已经没有任何联系方式，没有共同好友，而且还是异地，所以通常的那些挽回方法都不适用了。小青梅又是一个执念很深的妹子，一定要挽回，无论用什么方法，于是浪哥就想到了“僚机窥探”。

小青梅是以某公司总监的身份加上的前男友，借口说以后会有项目合作，先认识一下。男友起先也觉得奇怪，公司是听说过，但是人都没见过，怎么会有我的微信号？小青梅也是费了一番口舌，才成功取得了男友的信任。

用小号去加前男友，主要目的有三个，第一，跟他聊生活，聊日常，同时也分享自己的日常生活动态，这就有了高价值展示的途径。第二，跟他进行互动和评论，增进感情。第三，窥探他的情感窗口，关注他最近身边有没有别的新欢，以及是否对这段感情还有什么想法。但切记不能谈论感情话题。

小青梅的男友是做股票业务的，于是她始终在以这方面的专业性问题来跟男友进行探讨，基本上都以工作话题开场，慢慢地偶尔也会聊几句生活中的事，很简单的几句话，比如“有没有吃饭”“朋友圈晒的图是哪里”，等等，一定不要说得太多，并且保持一定距离，时刻记住“你们不熟”。

一段时间后，男友回应不错，有时候也会给自己评论，有时候也会主动聊天，甚至会称赞自己做的插花很好看，会夸自己有想法，慢慢开始对自己有了好奇心。

然后浪哥指导小青梅去了男友的城市约他见面，到他公司楼下等他。因为此时基本可以确定男友的负面情绪已经降了下来，并且她在坦诚小号是自己后，男友也表示了赞许，没想到她的变化会有这么大，变得贤惠又乐观。于是趁机两人又加回了联系方式，开始正常的聊天交流。

其实在以上案例中我们可以看出，我们自己本身是完全可以乔装成“僚机”的，这些做来都不是问题，最重要的是，一定要控制住自己的需求感，一定不能暴露自己的身份和目的性。时刻记住自己只是一个“卧底”，一个卧底不可能会带着需求感去打探消息的。

电影《前任三》里面，丁点不就用小号试探过余飞吗？只不过是试探他会不会出轨，会不会跟其他女生暧昧聊骚。其实道理都是一样的。现实生活中也有很多人用过这种方式，本身是没有什么难度的，只不过用在挽回过程里，它就变成了一个比较特别的技巧，可以专门用在被删除、拉黑了联系方式的情况中。过程可能比较艰难，但是一定会有意想不到的效果。

## 3.7 怎么把握他的“情感窗口”

之前《致我们单纯的小美好》热播时，甜腻的剧情融化了无数老阿姨的少女心，但是也有很多妖子提出来，“这样对男神死缠烂打，不会让自己掉价吗？”

是啊，中国古代社会里，男女从来都不平等。“窈窕淑女，君子好逑”是自古给我们灌输的正确爱情观。我们女生就只能努力变优秀，变美丽，然后等着男神来追自己。我们不能主动，不然会被男生说“犯贱”。

所以我们就只能这样傻等吗？我们连选择的权利都没有？

当然不是。但在现代社会，主动的女生还是少数，因为女生没有把自己摆在正确的位置上：我们是在追求爱情，这没有什么可丢脸的。

所以最主要的是，我们这个“主动”，要怎样看起来有吸引力又不掉价，男神还恰好吃这一套？

这就需要掌握突破男神的“情感窗口”的方法啦。情感窗口是什么？就是他此时情感上有需求，他需要温柔，他需要安慰，他需要陪伴，他需要倾诉。在这个时候抓住他的情绪，再去拉升他的情绪，他对你的好感当然一路向上啦。

首先我们要知道，该怎么分辨情感窗口？

情感窗口一般有三种表现：“情绪低落”、“朋友圈展示”和“主动找你聊天”，妹子们一定要仔细看，不然在他给你机会的时候，你还傻呵呵地不知道，跟他笑嘻嘻地打哈哈！

### 1. 情绪低落

比如他在聊天时很直接地跟你说了工作中被上司训斥了，比如你打电

话的时候他不耐烦地说他父亲病重没心情，比如他发了一条“心情不好”的朋友圈，比如他主动问你有没有时间聊聊……这都是他的情感窗口啊！如果这个时候错过了，那你就放弃了一次很好的表现机会！

### 2. 朋友圈展示

当然有一些内向或者是不太爱直接表达的男生，不愿意直接向别人倾诉，他们可能只是配了一张雨天的图，发了一句很俗套的鸡汤；或者只是某一部电影里很扎心的台词截图，这都有可能是他在情感或者生活中遇到了瓶颈，他情绪不好，却不知如何倾诉，此时一定要主动出击！因为此时他的情绪是最脆弱的时候，可能在别人那里得不到理解和支持，这时候你的出现就显得尤其重要。

### 3. 主动找你聊天

根据马斯洛需求理论，当人满足了基本的生理需求后，就会产生精神层面的需求。这个其实就很明显了。他平时对你爱搭不理，突然有一天想找你聊聊，也许只是工作完后没人陪他聊天觉得无聊，也许只是在聊着无关痛痒的琐碎日常，但是你要对他的语气和情绪敏感起来，最重要的不是看他说了什么，而是看他没说什么。

比如他说，“最近有个好哥们失恋了”，假如你回个“是吗？”那这天就直接被你自己聊死了！他其实是想说，“我也想起来我们分手的那个时候，我现在不太相信爱情了。”这个时候，你不用直接说出来，你从侧面去冷读他，让他明白你懂就行了！

学员心心就是一个对情绪特别敏锐的女孩子，每次都能准确地把握到男神的情感窗口。当时两个人还没有进入舒适区，偶尔也会聊聊天，但是有一天男神突然找到自己，说想聊会天。当时心心用了“冷读”加“模仿”技巧，很快就突破了男神的情感窗口。

“我今天跟一群朋友吃饭，才知道高中的一个同学因为抑郁症跳楼死了。”

“啊，好可惜啊。我有个同学的妈妈也是抑郁症，吃药自杀了。”

“真的吗？你说他们这些人是怎么想的？”

“不知道啊。但是感觉你好像有点难过。虽然平时你看着嘻嘻哈哈的，没想到还挺重感情。”

“当然了。”

“你不会告诉我你也有抑郁症吧?!”

“怎么会，我这么开朗的一个人。”

“但是你对待感情还是很认真啊，如果你有什么心里话一定要对我说啊，无论什么我都乐意听的，别一个人自己闷着。”

“你想太多了吧哈哈哈哈……我就是感慨一下。”

第二次，男神在朋友圈发了一个“烦”字，心心立马去找他聊天。

“怎么啦?”

“哎，家里人。”

“催婚了吗哈哈哈哈……”

“我像是娶不到媳妇的人吗?!没有了，就是一直想让我参加公务员考试，但是我有自己的想法啊。”

“哎，大人们就是这样嘛，喜欢为你安排好一切，但是如果你真的有特别喜欢，特别想坚持的事情，还是要努力去试一试啊。我支持你。”

这一次，男神对心心的感觉更加亲切了。并不是像平时所说的，女生主动找男生聊天会引起对方反感，只要你找对了时机，男神反而会感激你的出现和陪伴。

浪花们是不是能准确抓住男友的“情感窗口”了?什么是“犯贱”啊，就是人家不需要你的时候，你非要热脸贴冷屁股，这叫“犯贱”;但是在他需要你的时候，你出现了，你起到了一定作用，这样的主动就不会显得掉价，反而会拉伸两个人的情感!

快拿去撩你的男神吧!

## 3.8 如何引导前男友关注你：猫绳理论

Cindy 是浪哥以前的一个个人入室弟子，因为情况太特殊，所有直接找到了浪哥。她跟男友是一起在澳大利亚留学时候认识的，Cindy 比男生大一岁，但因为同是北京人，所以身处异乡的他们似乎能从对方身上找到认同感，很快就确定了关系。

两个人一起回国后准备到深圳打拼，但是男友因为专业关系，始终找不到合适的工作，那段期间开始变得异常暴躁，他本身又是一个极其要强的人，无法接受生活里任何的不平坦。后续男友跟 Cindy 商量回北京工作，但是 Cindy 已经进公司半年，刚刚升职，十分不舍，男友见 Cindy 这样犹豫，赌气自己回了北京，虽然没有提分手，但好像消失在 Cindy 的生活里，只要 Cindy 不找他，他从来不会出现。

Cindy 找到我们的时候已经为了男友回到了北京，但是两个人的关系丝毫没有缓和。Cindy 是一个性格很温和的女生，但是在男友回来之前，也已经低姿态求过复合，男友还是头也不回地走了。后续 Cindy 每天发几十条消息，每次都是石沉大海。

首先，就 Cindy 本身来说，高颜值高学历高智商，算是高价值的女性，所以之前对男友的一再避让和跪求都把自身的姿态放低了。我们指导 Cindy 做的第一件事，就是先停止跟男友发消息，然后重新塑造朋友圈的展示面。

朋友圈的高价值展示浪哥已经很详细地讲过很多次，因为毕竟展示面不是一蹴而就的事，男友的情绪也需要有很长一段时间的一个缓冲期。大概一个多月以后，浪哥开始指导 Cindy 去主动吸引男友。在挽回中逐渐吸引男友主动关注你的最好方式，就是“猫绳理论”技巧。

猫是一种比较高冷的动物，很多猫奴大概深有体会，如果你对它特别好，关怀备至，有时候它甚至会主动挣开你的怀抱，因为猫是不会想要能轻易得到的东西。但是如果你假装在干别的，你突然向它扔过去一个球，或者拿逗猫棒向它伸过去一下，它会立马竖起耳朵，瞪大眼睛看着你，刚开始可能也不会有什么动作，只是好奇。如果你反复几次，它就会主动伸过爪子去抓，去追逐，就会逐渐产生浓厚的兴趣，这时就算你不去逗它，它也会慢慢凑近你，开始往你身上趴。

在挽回中，可以延伸一下，利用目标的一些兴趣和偏好，去投其所好，诱发他对你的好奇和兴趣。Cindy 男友是个运动狂人，尤其喜欢球类的运动。所以我们就从这个点切入，指导 Cindy 在朋友圈发一些体育新闻、一些比赛近况，或者一些观摩比赛的感想。Cindy 是个狂热的乒乓球迷，那一阵子国乒正好在国外参加大赛，一举得冠，Cindy 开始发一些相关的内容。果真，消失很久的男友突然蹦出来评论了，“你也看这个了？”Cindy 甚至喜极而泣，浪哥指导她赶快去小窗私聊。

那天他们聊了很多，虽然都是在围绕乒乓球和运动方面的，但看得出来男友很开心，并且对 Cindy 也开始关注运动表示了诧异和惊喜。

这就是“猫绳理论技巧”的一个强大之处，目标在不知不觉中会被你吸引，情绪会被你拉伸，然后开始主动关注你。

后期 Cindy 跟男友发展到舒适阶段后，“猫绳”技巧也是屡试不爽。因为两个人毕竟很久没有见面，Cindy 又不知道如何邀约，用浪哥的话说，最好的邀约方式就是让他主动约你。

所以 Cindy 又开始发一些“想出去玩”之类的朋友圈，在聊天的时候也旁敲侧击地询问男友，“最近俱乐部有一个山地车骑行的活动诶，你知道吗？”

“不知道啊，去哪？”

“好像是去顺义那边吧。”

“你想去吗？”

“不是你喜欢吗？”

“那好吧，有时间就去吧。”

是的，邀约就是如此简单。只要切入点对了，提起了男生的兴趣，他们自然会主动提出来的。（但只适用于舒适感阶段，如果前男友仍有负面情绪不适合邀约见面。）

举一个其实不太恰当的例子，我们都知道蜜蜂要采蜜，那么为什么它只采这一朵花上的蜜，却不理会其他的花蜜呢？我们可以猜想可能因为这朵花的蜜更香更甜，这朵花一定有一些吸引到蜜蜂的特别之处。所以吸引前男友也是，只有你投其所好地吸引，才能最大程度上引起他的关注和投资。

男人是不会喜欢你低姿态地去跪舔的，所以女人别干热脸贴冷屁股的事儿，前期的展示面做好了，后面的吸引做好了，两个人之间的情感可得性也拉伸到位，男人就会主动来找你的。

## 3.9　如何让前男友主动关心你：推拉技巧

之前有一个老学员欢欢，跟男友互相拉黑又不常见面，几乎成了死局，硬生生地指导了两个月没有效果。妹子说我真的看不到希望了，总是想放弃。浪哥说那怎行，你可是我的第一个入室弟子，我必须要对你的幸福负责！

欢欢的男友也算是奇葩中的精品了，跟欢欢在一起的时候劈腿无数次，每次都理直气壮地求得欢欢的原谅。说实在的欢欢这个女孩没有什么毛病，除了有点小女生的作，别的样貌工作样样不差，我们也不知道为什么，她偏偏就要挽回这个渣男友。

“他到底为什么对你积怨这么深？明明是他的错啊！”

“因为当时他苦苦哀求我我没答应，他一气之下就说那就分手吧……”

“……那你到底看上他什么了？值得你为他这样付出？”

“他是我初恋啊，我是打算跟他结婚的啊！”

浪哥摇头，“不知道遇见过多少个像你这样的傻妹妹。”

最后无计可施了，听说欢欢有个同学也在前男友的公司工作，就硬着头皮去联系那个男同学，并且把同学发展成僚机，借机打探前男友的近况。

没想到前男友毫无防备之心，一来二去跟这个朋友越走越近。终于，在男同学提起欢欢的时候发现前男友深深叹了口气，机会才来了。

那时候前男友公司举办了一个 party，欢欢以男同学舞伴的身份也参加了，就这样，距分手五个月后，两个人第一次以前任的身份见了面。

当时欢欢已经完全是另一个人了，完全不是前男友认识的她了。倾国倾城说不上，但瘦下来的欢欢总归是有些温婉可人的，前男友见到她的时候——尤其是看到她挽着男同学手臂的时候，一下子直了眼。

欢欢按照浪哥教的，稍微推脱了一下才答应了让前男友送自己回家，下车前以感谢他送自己为由提出邀约，假装忘记了没有联系方式，“哎呀，但是我好像也没你微信了，到时候怎么联系你?”前男友露出邪魅的笑容，连忙掏出手机，“我加你，你待会儿通过一下。”欢欢假装镇定地上了楼，回家脱下裙子忍不住欢呼。

其实复联是挽回中最难的一个步骤了，只要有了联系方式，其他的都好说。自从加回了联系方式，欢欢之前做的两个月的高价值朋友圈展示终于派上了用场。

那么前男友究竟会因为什么而主动关心你呢？这就用到了浪哥经常提到的情绪推拉技巧。“推拉”很简单，就是一推一拉，先把他推开，再把他拉近，或者先进贬低，再去表扬，这就让对方在情绪上产生了落差感，从而可以勾起他的征服欲和占有欲。

这个技巧的原理是什么呢？举个例子，当你喝一杯甜水的时候，你可能会觉得，嗯，有点甜。但是如果你先喝一杯盐水，再去喝甜水的时候，你一定会觉得“哇好甜啊”。再比如，夏天的时候你在海边玩，太阳很晒很毒，但是慢慢地你已经适应了这个温度，或者说因为贪玩暂时性地忘记了炎热。当你突然走进一间空调屋的时候，你会觉得“怎么这么凉快，外边好热啊”。这就是通过反差和对比带给人心理上的一种满足感。

复联后两个人有一搭没一搭地聊着，谁也不提复合，谁也不提见面，欢欢心急火燎，浪哥却教她去打压男友。

“这能行?”

“肯定行，听我的。”

一日欢欢的车在路上抛锚了，浪哥说，真棒，好机会，晒痛苦！于是欢欢鼓起勇气给前男友打了电话。

“你现在忙不忙？我遇到点麻烦。”

“什么事?”

“我车坏在路上了，也不知道哪的问题，你能过来接我一下吗？”

前男友犹豫又推脱，最后还是来了。欢欢扑上去就是一顿猛夸，“还好有你在，不然我都不知道怎么办。”“你怎么认识这么多人，以前我都不知道。”

夸到前男友心里开始冒泡泡了，恰逢也到了饭点，两个人一起去在附近餐厅就近吃饭。

席间欢欢又想起了打压和推开。于是不经意地提起，“你这件衬衣还挺好看的，不像你以前穿得邋里邋遢，不修边幅。”这是夸我？还是骂我？男友似乎没听懂，尴尬地笑了笑。

“今天真亏了有你，这顿饭我请了。”

“哎不用，怎么能让你请。”

“当然要我请了，你帮了我应该感谢你。”

“下次再说。”

“谁说下次还要跟你吃饭啦。”

男友瞬间怔住了，露出了尴尬又不失礼貌的微笑。



此刻他心里在想什么？哼，我也就是客气一下，你还当真？但是我要请你你凭什么不来？还敢说不，刚才谁还夸我来着？

这就是一个简单的推拉，先让他感受到你对他的肯定，然后又毫无顾虑地打压，心理上巨大的落差感会激起他强烈的征服欲。

后面包括欢欢跟男友聊天时，都经常用到这个技巧。在挽回的过程中，起了至关重要的作用。一直到最后两个人复合的时候，男友才坦白，当初就是因为欢欢刺激到了自己，才想重新在一起试试。

所以，为什么前男友会主动关心你呢？你得会晒痛苦，你还得夸他，夸完以后还得打压。这是一个完整的闭循环的过程，也是他对你日益在乎的一个过程。有时候男人，就缺你给他一个表现的机会。

## 3.10　挽回绝招“回忆杀”：感觉回忆

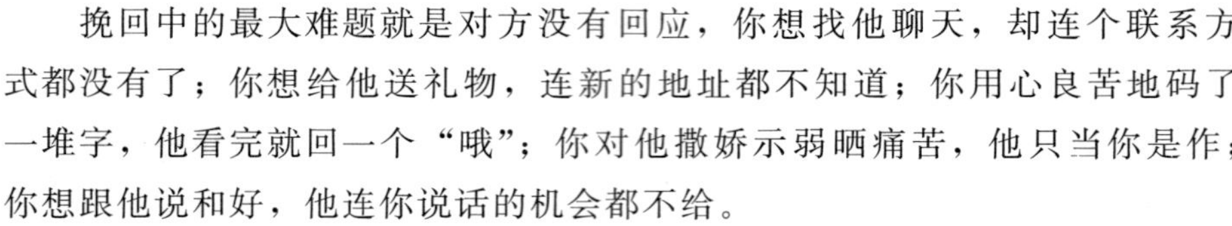



挽回中的最大难题就是对方没有回应，你想找他聊天，却连个联系方式都没有了；你想给他送礼物，连新的地址都不知道；你用心良苦地码了一堆字，他看完就回一个“哦”；你对他撒娇示弱晒痛苦，他只当你是作；你想跟他说和好，他连你说话的机会都不给。

遇到这些情况，我们首要的就是解除与缓和他对你的负面情绪，在能进行正常沟通的前提下，我们才能讨论“挽回”这个问题和步骤。

所以一般对于这种绝情到不给你机会的前男友，我们还有一个大招，就是“感觉回忆”。从字面看好像很简单，就是通过制造你们之前的共同回忆，重新唤醒他对你的感觉，给他心理上一个冲击。

这个技巧利用的是心理学上的“心锚”，比如在生活中，很多东西我们一看见，便会油然而生各种不同的心情。比如在地铁站里看到一个带孩子的母亲，你会想起来自己小时候也是这么调皮；比如每次点咖啡的时候你都不自主地会点美式咖啡，是因为你的前男友也喜欢喝美式咖啡，你已经养成了这个习惯，再喝咖啡的时候就会不自觉想到他；比如每次吃到某一道菜，你会想起自己的奶奶，小时候也经常给自己做这道菜，而且特别好吃；比如你在马路上遇见一群穿着校服骑着单车的少年，你会怀念起自己的青春时代。这就是“心锚”的作用。

所以当我们利用“感觉回忆”，把之前两个人在一起的快乐时光记录下来，再次呈现给他看时，他脑海中里会自然蹦出你们在一起的一幕幕，可能是两个人一起喝的一杯奶茶，可能是攒了好久的钱才完成的一次旅行，可能是那次他冒着雨来接你下班，所有从前的美好回忆都一一涌现上来，这个时候也是人的感情最脆弱的时候，此时再次提出复联或者其他要求，自然要简单得多。

月光老师就是自己挽回的前男友。两个人在某知名交友网站上认识的，见面后一拍即合，直接把对方当作结婚对象来交往的。那时候月光已经28了，在家人看来，已经是大龄剩女了，只想着早点把她嫁出去。而在家人的影响下，月光想要结婚的念头也越来越强。

但是男友从国外留学回来后一心扑在事业上，在北京、杭州先后成立了两家互联网公司，他认为在事业的上升期，自己还没有做好有一个家庭的准备，一口否决了月光的想法，并且表示了强烈的不满。

因为逼婚，月光成功地把男友逼走了。男友在杭州一出差就是三个月。期间回应冷淡，甚至是淡漠，完全不理会，月光整日以泪洗面。

那时候月光报了很多家情感机构，交了大把的钱却没有一点成效。毕竟对方是一个难得的条件般配又三观相合的对象，所以月光并不想轻易放弃。

其实男友也是一个能够给人安全感的人，以前无论去哪里都会随时报备，让月光感到前所未有的心安。若不是自己这样紧紧地逼迫，也不至于闹到这个地步。



月光尝试了很多方法，找他聊天总是回应冷淡。她整天翻着以前的聊天记录，翻着以前的照片，突然萌生出一个想法。

她每天晚上睡前都在朋友圈发一张以前的聊天记录或者合照，讲述当时的情景，设置只对男友可见，风雨无阻地发着。

她总是觉得，男友还是爱着自己的，他只是不想这样早结婚，那就都给对方一个缓冲的时间和机会。

终于，在第二周的时候，男友在下面评论了。月光立马去找他聊天，他却突然感慨起来，讲述自己最近工作上的压力，还有，自己对月光的想念。

那个时候，他们已经冷冻整整两个月了。

其实男人总是刻意表现得很绝情，不想让别人知道自己心软。但是当你用温柔的方式去攻陷的话，很自然地就能突破。

之前浪哥在公开课里经常提到的一个技巧，就是写“情侣日记”，这也是“感觉回忆”的一种。下载某APP，在上面可以写字配图，纪录你们在一起的美好时光，回忆你们从相识到分手的全过程。虽然这个过程是很难熬的，很多学员一度写不下去，或者会质疑这件事的意义。

我们必须承认，它不会对所有的情况都有效果，但是起码，你在这个过程里也会重新捋顺一遍你们之间的感情，到底是自己付出不够多，还是以前太作。再者，前男友看到的时候不可能会没有感觉，他只是刻意不想表现出来，或者还不想重新开始。只要他看完之后态度缓和，松了口，即使他提出要做朋友，也要立马答应。起码，正常的交流才是挽回的重要前提。



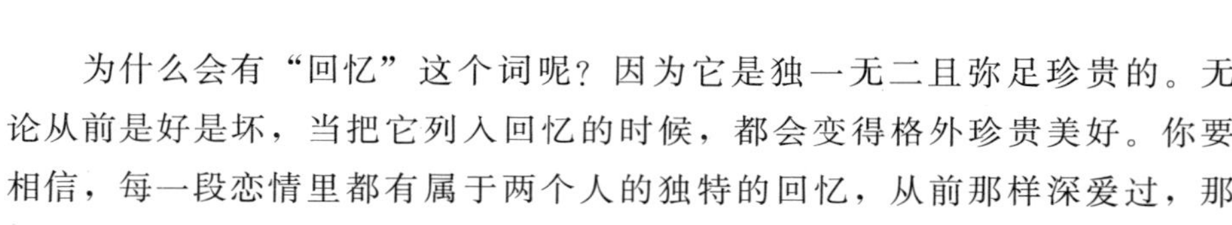

为什么会有“回忆”这个词呢？因为它是独一无二且弥足珍贵的。无论从前是好是坏，当把它列入回忆的时候，都会变得格外珍贵美好。你要相信，每一段恋情里都有属于两个人的独特的回忆，从前那样深爱过，那些回忆一定是会带着一辈子的。

“感觉回忆”的精髓就是打感情牌，如果他连这个都不买账的话，只能说这人冷血得不值得人爱，可能也不值得挽回了。

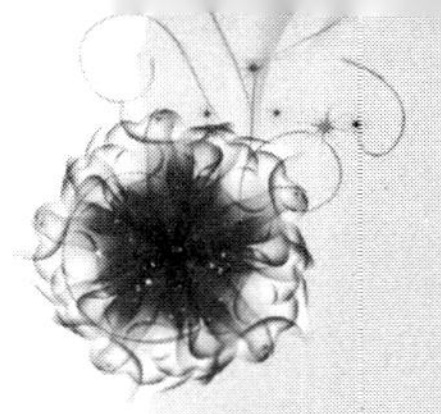

# 第四章

# 狙击男神：恋爱技巧

## 4.1 不再原地踏步，一举狙击男神：假性爱意表达

“暧昧让人受尽委屈/找不到相爱的证据/何时该前进/何时该放弃/连拥抱都没有勇气/”。

遇到喜欢的人，最难熬的就是那一段不清不楚的暧昧阶段，他随便发了一条朋友圈都会揣测是不是跟我有关系，他去打游戏都会想会不会带别的妹子，他晚上回家晚了都会忍不住想是不是又跟别的女生出去玩了……可是这些，却都没有勇气开口去问，或者说是没有这个身份。只能偷偷幻想，偷偷生气，再偷偷伤心。

有时候喜欢上一个人，好不容易从陌生走到了熟悉，却没有勇气前进也舍不得后退。小鱼有一个关系超级暧昧的同事，他总会认真地提醒自己要多喝水，别忘了吃饭，在加班的时候会帮自己叫外卖。却又总是不正经地开一些玩笑，比如“晚安宝贝儿”，比如“我很担心你”，比如一些很腻歪的称谓，挠的小鱼心痒痒。小鱼又是一个缺乏恋爱经验的人，她不知道这是不是好感，只知道自己越来越在乎他。

女生总是羞于开口的，那怎么才既能表达出自己的心意，又不显得低价值呢？

浪哥提到过一个“假性爱意表达”技巧，简单说，就是通过说一些暧昧的话来拉升对方的情绪，侧面表达出自己的爱意和好感。

一日男方在朋友圈晒了自己做的菜，小鱼在下面评论“好吃吗?”男方回复“当然了，改天给你尝尝”。浪哥会心一笑，这就是我们以前讲过的“预期技巧”，一般用来为见面和约会做铺垫的。所以可以确定，男生对小鱼是有好感的，且有进一步发展的意愿。

于是浪哥指导小鱼立马去私聊“我挺喜欢会做饭的男生的。”男生很快回复，“我也想做饭给你吃。”

这表白不要太甜太明显！

另一个学员苏苏是来找我们帮她挖墙脚的。她喜欢上了一个比自己大八岁的男人，事业有成，有女友，但一直对苏苏很暧昧。因为两个人是上下级关系，经常一起出差，期间对苏苏关照有加，不仅帮她完成业绩，还传授她一些职场上的经验，苏苏逐渐被他的成熟和睿智所吸引。两个人也有一搭没一搭地聊着天，偶尔约着吃个饭，但是关系始终没有进展。苏苏本身也不想插足，但又不甘心就这么放弃。

其实挖墙脚最重要的是拴住男人的心，这一点苏苏已经做得非常好了。男人不仅经常对她说一些私密的心里话，也始终认为苏苏是比女友更能理解自己的。两个人的关系已经发展到了舒适感阶段，就差临门一脚，捅破那层纸。

所以对于苏苏的情况，浪哥指导她用了“假性爱意表达”和“后撤”。比如说“虚拟元素植入”：“你要是在我旁边，我就咬你一口”，这种半推半就、半真半假的话，能很快撩拨起男人的心。再比如“我就想找一个你这样会照顾人的男朋友”，虽然不是直接的表达，但对方听完心里一定会有些想法。

一次两个人一起约在健身房健身，苏苏调侃道：“这一身的腱子肉，简直就是我理想中男友的模样啊”。男人微微笑起来，手却突然搭在苏苏腰上，揽过来突然吻了她。苏苏在那一瞬间有点蒙，心里却止不住地开心。于是一时忘了老师的叮嘱，跟他上了床。

老师三番几次强调，不能让男人轻易得逞，要有自己的一个准则和态度，如果对方对你有需求，一定要假装反抗一下，或者趁机让男人为你付出投资，也是我们说过的“防荡妇机制”。不要贬低自己在男人眼里的价值。

发生这件事后浪哥之后悔没有及时教苏苏“后撤”。后撤就是，比如当

你把对方的情绪拉升上来以后，对方对你有了进一步的暧昧动作或言语，这时要及时制止，并且酸他一句，“我们又不是男女朋友”、“你又不是我男朋友”或者“我们什么关系啊，你对我这样。”引导他做出肯定答案。

但“假性爱意表达”也不是所有的情况下都适用。如果对方对你没有意思甚至是有些反感，这些话可能会引起对方的不适，所以这个技巧只适用于舒适感阶段或者暧昧阶段。我们的主要目的是引导男人主动来做出兴趣声明，表达对你的好感和爱意。也是突破暧昧关系、进一步发展的一个简单有效的直接方式。

不管何时女人都不能忘了，一定要有自己的硬框架，就算是再喜欢的人，也不能爱得毫无尊严。捕获“猎物”靠的不是放低自身姿态，而是靠的吸引和引导。

## 4.2 如何在聊天中制造暧昧气氛：性元素植入

北北喜欢一个男生，一个没有机会告白，也不知道怎么吸引男生喜欢自己，拖拖拉拉地聊了两年，一直聊到男神有女朋友了。

所以她来报名的时候，本来简单的狙击男神已经变成了挖墙脚，难度系数又升了一级。



好在男神跟女友是异地，而且两个人刚刚在一起不久。男神对北北的态度一直比较好，但始终是当作好朋友来对待的。虽然也能聊上天，虽然也有一些共同话题，但是几乎没有任何的暧昧迹象，浪哥看了忍不住地着急。

“你这种时候还含蓄什么，就直接撩他啊！”

“怎么撩啊……”

“聊‘性’啊。”

“我……我一个黄花大闺女跟人家聊……不太好吧。”

“这有什么不好的！男人都会对这个话题感兴趣的。”

“可是我……说不出来啊……”

“嗯也对，那就从最简单的暧昧话术开始吧。”

基于北北几乎为零的恋爱经历，浪哥只能先把“性元素植入”、“角色扮演”和“推拉”等技巧先教了她一遍，这些也足够让北北的谈吐变得有趣可爱了。

北北发来了如下聊天截图：

北北：“哎你这是去哪吃的火锅啊，看着好好吃。”

男神：“就我家附近的啊，你过来我请你。”

北北："真的吗？你女朋友不会介意吗？"

男神："呃，可以一起啊。"

北北："那……算了吧。"

男神："没有关系的，我们单独吃也可以。"（天啊男神居然主动邀约了！）

北北："那……我考虑一下吧。（推拉）但是鉴于你吃到好吃的还能想着我，我决定奖励你一朵小红花！"（性元素植入技巧）

男神："啊？有什么好考虑的，那你没有机会了。"

北北："你怎么老是出尔反尔的。哼，你要是在我旁边，我一定咬你一口。"

男神："哈哈哈哈哈……"

……

浪哥甚是欣慰，"你的'推拉'也学得非常好，就是不能答应他，男人就得吊着！"

北北："可是我……我真的要这样吗？真的不能去见他吗？"

"现在还不合适，一定要等到他主动来邀约。"

果真，隔了一阵子，北北兴奋地告诉我们男神好像和女友分开了，不知道是吵架还是真的分手，总之男神以心情不好为由，想找北北见面聊聊。

"虽然不知道你男神是不是居心叵测另有他想……但还是值得恭喜的，希望见面的时候你学的那些调情技巧都能用上哦！"

北北跟男神约在商场楼下的"星巴克"，她精心地准备了一条可爱又有女人味的小短裙，化了桃花妆，涂上了"斩男色"口红。男神进来第一眼看到北北的时候忍不住夸了她两句，"小北北怎么越来越有女人味儿了。"

两个人就这样前言不搭后语地聊着，从女友聊到了家庭，又从游戏聊到了旅行，正聊到兴致勃勃的时候，北北突然来了一句，"你觉得你们的问题是不是因为性生活不太和谐啊……"

男神突然大笑起来，然后皱着眉头认真想了想，"好像是哎。但是男生一般都是很……"

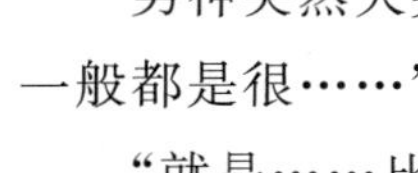

"就是……比较强嘛……我知道。"北北压低声音，轻轻说。

“嘶……你个小姑娘怎么懂这么多!”男神不禁揉了揉北北的头。

北北顺势拉住他的手臂看了一眼，又立马放开，“哇，你小臂上都这么多肌肉啊!”

男神笑得前仰后合。

后面有一次两个人在电影院看电影的时候，男神突然靠过来，搂住北北的肩膀，北北轻轻推开，“你干吗呀。”看着男神脸上的神情似乎怔住了，北北接着说，“我们又不是情侣关系……别对我动手动脚的。”男神嘿嘿干笑两声，拉过北北猛地在脸上亲了一口，“现在是啦。”

然后，当天两个人就发生了一些爱的小动作。

其实北北打电话来告诉我们这个结果的时候所有老师都不意外。因为第一，北北跟男神的关系本身就比较好，只需要稍微有一个推进关系的契机；第二，北北这个女孩子本身就很可爱，自身底子比较好，追到男神不是靠的低位，而是吸引。第三，北北勤奋好学，虚心好问，能把学到的技巧快速运用起来，并且也没有特别大的心理负担。第四就是个人的心态问题。北北在整个过程里虽然有过焦躁，但是从来不会擅自行动，会耐心地按照老师的指导一步一步来，完全信任老师的指导。

所以无论是狙击男神还是挽回男友，每一个步骤、每一个部分都是至关重要。

最后我们总结一下跟目标暧昧调情的几个技巧：

“性元素植入”：设定一个情境，加上一个直接动作。也可以聊性，能快速制造暧昧关系；

“角色扮演”，把自己和目标融入两个角色里，比如老师和学生，比如本宫和小太监等，给他起外号，打情骂俏；

“推拉”：给目标一些希望，但当他主动时又主动后撤，让他的情绪得到拉伸；

“反荡妇防卫机制”：当男人对你动手动脚时，不能让他轻易得逞，避免对方把自己当作“荡妇”或者“炮友”。

## 4.3 解决异地、出轨、冷淡几个杀手的大招：社交圈捆绑

之前公司有个小美女菲菲跟男友一直异地，因为工作关系，两个人半个月或者一个月才能见一次面，大多数时间靠电话和微信联系。虽然也是在谈恋爱，却整天连对方影子都看不着，这样的关系真的是很难维护和经营的。

她平时经常跟我们吐槽男友，我们也都没放在心上，因为毕竟不在一座城市，也没办法整天腻在一起。

但是有一阵子，男朋友突然变得越来越“忙”，微信隔好久才回，打电话也经常不通。女人的第六感总是准得要命，菲菲去查了他的游戏记录，发现他最近一直跟一个叫“酸奶”的姑娘打排位，从晚上八点到凌晨一两点，几乎每个时间段都有这个“酸奶”的影子。

菲菲的第一反应竟然不是生气，而是伤心。

他们在一起快四年了，大学毕业后辛辛苦苦地打拼，说是为了挣更多的钱才放他去了北京，没想到他现在在撩别的妹子?!

“异地恋”逐渐成为现代恋爱关系的主力军了，可能两个人为了彼此的工作和理想不得不分开，可能本就是异地相识相恋，可能两个人都没有办法为了对方放弃自己现有的生活。异地恋本身就有太多的无奈和艰辛，对于坚持异地相恋的恋人们来说，这样的关系也是岌岌可危。

有些人说异地恋是无解的，的确，异地不同于普通的恋情，很多恋爱技巧都没有办法直接使用，但是，针对异地恋的维护，我们还是有一个很好用的技巧——“社交圈捆绑”。

“社交圈捆绑”细说起来就太多了，主要是通过捆绑他的生活、捆绑他的交际和捆绑他的爱好来捆绑住这段关系。我们在挽回课程里也提到过一个术语叫“僚机”，也是利用的一种“社交圈捆绑”。

所谓捆绑他的生活，简单来说就是多在他的生活场所中出现，这个对于异地来说也不是不成立，见不到面可以给他寄礼物啊，如果他用的腰带、水杯、钥匙扣都是你送的，每天他一拿起来就会想到你，这样目的也就达到了啊。

捆绑他的交际圈，就是打入他的交际圈，跟他的好友、同事、家人建立关系，从而形成一种稳固的关系网。男人对自己的交际圈子是很看重的，出于对自己口碑和面子的考虑，当你成功捆绑住他的交际圈后，他不会对你做出太过分的事情。

捆绑他的爱好，这个就需要你特别了解他了，如果你知道他对什么感兴趣，或者有什么特别的爱好，可以尝试在这些方面取得他的关注。比如他喜欢健身，你可以多在朋友圈发自己的健身照；他喜欢打游戏，你可以陪他打游戏；如果他喜欢唱歌，你可以在唱吧之类的 APP 上录歌给他听，让他提提意见。这样你们之间自然就建立起了很多联系。

之前有个学员薇薇，跟男朋友异地了几年，好不容易回到一个城市工作了，却意外地发现他在跟别的妹子聊骚。薇薇和男友之间并没有其他矛盾，男友也并不是一个花心的人，但是薇薇一直想不明白，为什么会出现这种情况。

我们帮其分析，男人出轨聊骚有两种情况，要么是厌倦现在的生活，要么是贪图新鲜感。两个人在一起时间久了必定会进入感情的平淡期，每一段感情和婚姻都会有这个阶段。那么我们该如何度过呢？

在给薇薇制定的方案中，我们就利用了“交际圈捆绑”这一技巧。幸好男友对薇薇态度还比较好，没有明目张胆地出轨，所以我们指导薇薇多在生活和网络中曝光自己，多和男友的交际圈建立联系。

男友父母对薇薇还是比较认可的，所以指导薇薇多去拜访男友父母，多带他们一起吃饭，出去玩，从家庭方面给男友施加一定程度的压力。

另一方面，薇薇在男友同事中找到一个僚机，帮忙打探他平时工作中的状态，以及平时朋友圈的互动情况。

其实后期我们能看出来，男友并没有别的花花心思，只是一时的冲动和新鲜，当他看到一个“脱胎换骨”的薇薇时，似乎又一次重新爱上了她。

开篇我们说的同事菲菲，也是利用了这一技巧成功挽回了前男友。

她安插了一个共同好友去打探男友最近的情况，好友并没有发现男友在生活中有什么奇怪的地方。好友试探性地向男友提起菲菲，男友也没有特别的情绪，只说是老样子。

好，那既然男友喜欢打游戏，菲菲也去学，也去陪他打，甚至撒娇卖萌叫他带自己。占据住男友的时间，他哪还有别的时间去聊骚？

菲菲至始至终都没有提过“酸奶”的事情，就当作不知道。也许男友只是单纯地打游戏，你提出来反而会加深误会，当你悄无声息地渗入到男友的爱好和生活中时，你就已经赢了。

另外，在引导男友投资时这个技巧也很好用，比如他特别有钱，不在乎给你花多少钱，但同时也会给别的女人投资，那你就可以去捆绑他的社交圈。一个有钱有地位的男人，当他不把钱放在心上时，最看重的就是家人和交际圈了。

当然，社交圈捆绑这个技巧也有一定的局限性，只适于用在两个人关系较好的时候，如果两个人吵架冷战甚至闹到情绪分手，就不再适用了。

很多的感情问题不是没有解决方式，是你没有找到正确的解决方式。感情虽然是一道无解的题，但正因为这样，感情问题的答案才可以有无数种可能。

## 4.4 情侣吵架有没有最佳解决方式：上堆

自从桃夭夭跟男友在一起，两个人大吵小闹就没断过。男友 KIMI 是那种特别喜欢吵架的人，无论什么事情一定要争出个所以然来，而桃夭夭又是一个比较固执的人，从来不会动摇自己的态度，所以两个人每次吵架，都是 KIMI 在一边声嘶力竭，桃夭夭在一旁默不作声，像是完全听不到。两个人的性格差异也导致了总有吵不完的架。

桃夭夭刚毕业的时候，KIMI 已经工作一年了，所以两个人一直因为职场或处事的问题发生争端。其实他们吵架大部分都不是因为感情或者自身问题，而是因为无关紧要的“别人”和“别人的事”。比如这个人应不应该对上司说那句话，比如那个桌子是不是应该那样放，比如晚上玩手机要不要开灯，等等。

其实大多数情侣吵架的缘由都是太在乎对方，因为你的一个眼神让我感觉到不舒服，因为你的一个动作让我感觉到你生气了，因为一句话让我的自尊受到了伤害，所以才要吵，一定要吵。这样看来，大多情侣吵架的目的都是为了解决问题，让感情变好，只是因为找不到恰当的沟通方式，所以只能用吵架来解决。

对于情侣间的吵架问题，浪哥讲过一个心理技巧叫做“上堆”。情侣吵架是为了达成共同目的，“我说吃什么就吃什么”“我说这是对的就是对的”“我说要出去玩就不能在家躺着”。所以如何避免争吵起来呢？就是不要去争论问题的细节，在这个问题上找到两个人想法上的一致性。

举个例子，如果我喜欢吃柚子，他喜欢吃橙子，这个问题可以上升到“我们都喜欢吃橘类水果”，如果还是争端不下，可以继续上堆，“我们都喜欢吃水果”，如果再吵呢，继续上堆就是“我们都喜欢吃东西”，总之一定能够找到一个共性，通过达成共识解决这个问题。

桃夭夭跟男友吵架最主要的原因就是桃夭夭从来不听 KIMI 的话。比如两个人之前约定好月底一起去看电影，桃夭夭平时都喜欢看节奏缓慢的故事片，而 KIMI 是不会错过任何一部战争片的，所以在电影院买票的时候都能吵起来。

“我们不是说好了看《三块广告牌》吗？”

“哎呀，《红海行动》我还没看，据说是现实版的吃鸡，一定要看的。”

“那你下次看不行吗？”

“为什么你不下次看？你这个刚上映，我这个都上映好多天了，再不看就没有了。”

“那你到时候可以回家看啊，反正过不久网上就可以看了。”

“那你的也有资源，你为什么不在家看。”

……

其实，两个人明明是有着共同爱好和兴趣的，只是稍微有些差异，但这并不是不可调和的矛盾。毕竟说起来，两个人都是喜欢看电影的。情侣看电影的目的又不是真的为了“看”什么，或者说这次看什么不是什么至关重要的事，两个人在一起吃饭看电影压马路不都是为了“在一起”吗？在一起消磨时光，在一起互相陪伴，在一起做点什么事，留下一点回忆。出发点都是好的，为什么要把结果变坏呢？

很多学员反馈经常被男友说自己“作”，这个“作”是真正意义上的“作”吗？很多时候并不是涉及了原则性问题，而是对于一些有点大男子主义的男人来说，“你不听我的，就是‘作’”。但是姑娘你试想一下，如果你爱这个男人，如果他在严格意义上还算一个好人，如果你愿意跟他一起走进婚姻走过一辈子，那这些鸡毛蒜皮的小事上，完全可以退让一步。我们的让步不是因为自己懦弱，而是一种爱的表现。因为我爱你，所以我愿意成全你。

学员乐乐特别喜欢收藏东西，喜欢收藏明信片，喜欢收藏酒瓶，喜欢收藏白 T 恤。男友一直很不理解，总是把她精心收藏的一堆东西当作“破烂儿”，租下的房子本身就不大，到处放着乐乐的“收藏品”不能动，导致



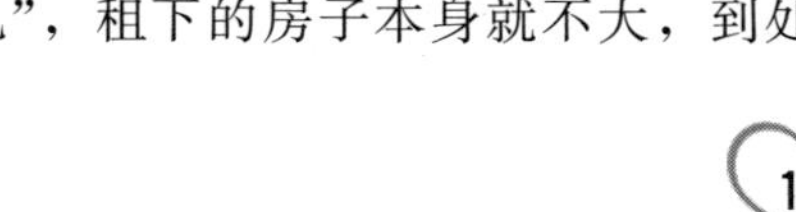

男友平时总是火大。但是乐乐每次都能完美地解决这个问题。

“你看啊，你为什么经常花好多钱买游戏的皮肤，不是因为自己喜欢吗？这是个人的一种兴趣啊，我知道你喜欢，所以我不会去干涉你。收藏这些东西也是我的一个兴趣，跟你是一个性质的，为什么你不能包容我呢？”

如果男友仍旧不理解，她会继续说，“你打游戏是因为能从中找到乐趣，让生活变得生动一点，我收藏东西也是一种乐趣，也是为了每天开开心心的，这样不是很好吗？我们都是在追求生活中一个好的状态，然后以最好的状态相处啊。”

这其实就是一种上堆。很多时候与其跟伴侣争论一些无关紧要的细节，不如坦诚地做一个“无声告白”，无形间道出对这段感情的重视，与努力经营好这段关系的一个希望。他听完之后还吵得起来吗？只会觉得离你好像更近了一点。

几乎所有的情侣都会发生口角和争端的，但争吵的主要原因也是因为太在乎对方。这样想来，所有情侣间的吵架都是一种变相的秀恩爱。

## 4.5 怎样把你画到他的未来蓝图里：未来模拟

在这个感情的快消费时代，我们不再寻求地久天长，不再寻求一生一世，甚至不再奢求真心真意。两个人能在一起就在一起，不能在一起就拉到。能走到最后就走，走不到最后算了。

可还是有那么一小部分人，始终在苦苦追寻着一种叫“真爱”的东西。他们遇见了，就希望是永远。

所以如果你是后者，遇到的男生偏偏是第一种人的时候，就没有走下去的可能了吗？

当然有。

如果他始终对你不冷不热，如果他从来不会主动找你，如果你们在一起多年他就是不提结婚，如果在他的未来蓝图里，从来就没有你——那么，你都可以使用这个技巧——“未来模拟”。

所谓的“未来模拟”，很好理解，就是多去制造一些对未来生活的憧憬，多说一些对未来期待的话，从而唤起他对你的新鲜感。

这样才能拉伸你们之间的情感可得性，才能勾起他的好奇心，勾起他征服你、占有你的欲望。

男性有一个特质，就是喜欢幻想，比如你说你要去洗澡睡觉，他会想象你洗完澡头发湿漉漉的样子，比如你说你要去做饭，他会想象你在厨房里忙前忙后贤惠的样子，都是一个道理。你给他一点期许，他就能幻想出更多东西来。

男性思维还有一个特质，就是理性，当你提出来要约会的时候，他脑

海里首先蹦出的顾虑是，“有没有时间？去干什么？去哪里？”

所以我们去主动邀约的时候，一定要用一些模糊性的词语，比如“改天”“有时间”“下次”之类的，让他觉得是有希望、有可能性的，不会立马回绝。

“未来模拟”这个技巧的意义在于，他能通过你的描述，自己会在脑海中绘制出一幅包含你的蓝图。但重点是勾起他的欲望，但同时要剥离他把你当成炮友的想法。

大学里有一个异性同学，跟女朋友在一起超过五年了，并且五年来一直都是异地。

经常有人问他，两个月见一次，一年到头都见不了十天，图什么啊？男生总是一本正经地说，喜欢呀！

是啊，年轻的时候，喜欢真的能当饭吃。

他们在一起五年期间，女生提出过无数次分手，但每次都被男生苦苦哀求着挽回，我们又想问，你图什么啊？男生垂头丧气地说，我答应过要娶她，我不能说话不算话吧。

想不到当今还有如此痴情的男子。

但是了解之后，我才知道他为什么爱那样一个没身材没脸蛋没家世没学历的女孩那么深。这个女孩仅仅凭借自己超高的双商，就能把一个男人牢牢地拴住。

男孩说，每次见面分开的时候，女生都会主动跟他说下次什么时候见面，去哪里，做什么，甚至要以什么样的方式见面。这让分开的两个月变得不再那么难熬。

而每天两个人惯例视频的时候，女孩也会经常调侃似的说，以后结婚了有你好看的！男生在屏幕这头，只顾着傻呵呵地笑。

在男生心里，他早已经把女孩当成自己未来的另一半了，甚至已经描绘出两个人在一起的各种美好场景。

这，就是我们讲的一种“未来模拟”，上面的例子说明这个技巧对于异地恋也同样适用，起码减缓了很多因为距离带给双方的压力。

但是最后两个人还是没有在一起。毕业后两个人一起到北京奋斗了几个月，女孩心野，总想去更大的地方看看，毅然决然地去了魔都。男同学考虑到家庭问题，没有跟随女孩一起，回到了自己老家。

在女孩走之前，男生似乎就能预料到最后的结果，死乞白赖的各种跪求，但是却没有能力阻挡她。因为他那么爱她，怎么舍得不放她走呢。

最后分手还是女孩提出来的，她还是用了“未来模拟”这一招儿，“你能在上海买房子吗？买不起就别来找我。我不能想象以后跟你住在破房子里的日子。你那点工资连顿龙虾都吃不起，上班时候穿的衣服都要叫同事笑话的，你就别来丢人现眼了，就算你过来也给不了我幸福，我的未来不在你身上了。”

是啊，男生听罢仿佛就能预见到未来那紧巴的生活，两个人挤在破出租房里为了一袋盐吵架，因为住得远却没有车只能早起两个小时挤地铁，就算是结婚连个像样的仪式都办不了，就算是生了孩子连奶粉都喂不起。如果我只能给她这样的生活，还不如放弃她，让她去寻找能给她更好生活的人。

所以，男生终于忍痛放手了。

你看，我们根本没有走过那段路，为什么仿佛能清晰地预见到，并且笃定会发生？因为对方在你脑海中植入的印象已经深刻入骨，你只能想起那些固定画面来，你只能选择相信。

这就是“未来模拟”的作用。

所以，那些撩汉不成、逼婚不得的女士们，可以尝试一下这个技巧，说不定，你能轻巧地把自己钉在他的心上，也钉在他未来的蓝图里。

## 4.6 怎样挑选一个值得托付一生的好男人：一致性测试

遥想 2008 年的时候，某红极一时的香港小生因为被爆出“艳照门”事件遭到了娱乐圈的封杀。曾经唱着最流行的嘻哈，跟天王天后拍着电影，一夜之间就成了众矢之的，无奈之下只能公开宣布“永远退出娱乐圈”。

但他是唯一一个爆出丑闻后还会被路人同情的明星。多年以后，我们看到当年那张年轻帅气的脸上已经添了褶子，我们看到他不仅兑现了诺言，不再做自己最喜欢的电影，反而把生意做得风生水起。我们突然醒悟，这个男人也没什么错啊。

第一，艳照这种事，放在一个普通人身上不叫什么事儿，最多被人诟病两句，但因为他是公众人物，所以就是不行，想想也是有点冤。

第二，照片不是他自己贴出来的，是被某个居心叵测的人放出来的，这不明摆着是有人想整垮他，并且成功达到了目的。

第三，他说我再也不会干涉娱乐圈，这将近十年来真的几乎不接电影不唱歌了，舍弃了自己最心爱的事业，我只能说他做人也很帅。

第四，去年的时候，他突然宣布结婚生子，让所有人大跌眼镜。浪荡惯了的浪子，没想到也有回头的一天。

所以，这样的一个男人，究竟值不值得托付终身呢？

刚知道他女友怀孕的消息，我始终持着怀疑的态度，这种男人，会负责吗？但是后来看到他狂晒妻女，满脸宠溺的样子，瞬间就原谅了他的所有。

不管他之前是登徒浪子还是什么，现在他愿意放弃花花世界，给心爱的女人一个完整的家，并且用心地守护它。这样一个男人，对于他的妻子来说，已经做得足够了。

老爸有一个关系非常要好的初中同学老郑，两个人从初中到现在也打了三十几年交道了，能够成为兄弟这么多年，也是因为觉得对方跟自己一样，都是老实巴交没有功利心的人。

其实老郑长得风度翩翩，就是那种八面玲珑、见风使舵的人，他能在任何场合圆场，虽然工作了这么多年也没有存下什么积蓄，但是跟他打过交道的人对他几乎都是一致的好评：“嗯，这个人不赖，会说话，有心眼儿，但没有歪心眼儿去害你。”

老郑在差一岁就四十的时候跟妻子离了婚，唯一的女儿也被妻子带走，为的就是跟“老相好”结婚。其实这种事儿别人也不好插嘴，因为日子过成什么样，别人真的也不知道。只是多给他掏一次份子钱，这可是谁都记得清楚得很。

没想到老郑二婚第二年，他媳妇儿就跑来找我妈诉苦，“哎呀这日子过不了啊，他这人疑心太重了，我现在都不敢跟他说话，无论说什么他都能挑刺，都能吵起来，我一看到他就浑身哆嗦……”

后来通过他媳妇儿的叙述，我们才知道，作为“丈夫”的老郑，完全就是另外一个人。

老郑经常喝得酩酊大醉，还酒驾，开车还尿在车上，回去给他换了衣服就在客厅里当着继女面撒尿。

因为前一阵继女结婚，媳妇儿跟前夫一起商量婚礼的事儿，老郑又怀疑他们有点什么事儿，开始破口大骂，甚至急了还动手。

老郑天天不停地短信电话查岗，明明就在他身后，还要打电话问她在哪儿。

听到这儿的时候，不由得觉得脊背发凉。

如果不是他媳妇儿亲口说，并且把两个人吵架时的录音放出来，任谁都不会相信老郑会有这样的一面。

结婚不到两年，这个男人的庐山真面目就藏不住了，这样疯狂的控制欲，任谁能受得了？



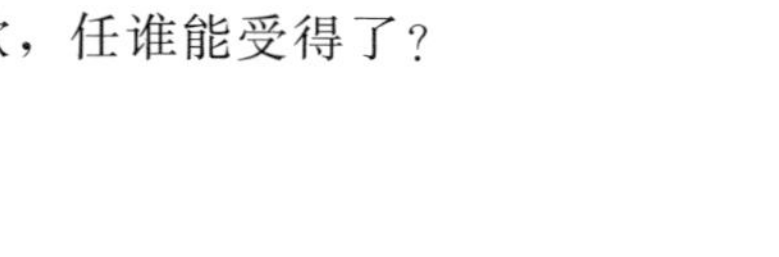

所以父母经常会插手儿女的婚姻，有时候并不全是因为这个人各方面条件好坏，而是父母总能一眼看出来他是一个什么样的人，究竟值不值得把女儿的终生幸福托付给他。但是当然也有那种隐藏得极好、甚至能瞒天过海骗过所有人的人。

那么，我们可以用什么方法来判断一个男人的品格，一个男人的修养，甚至一个男人对你的心意呢？

心理学上有一个专业技巧，叫做“一致性测试”，即通过看这个男人是否言行一致，从而来判断他是否适合一段长期稳定的婚姻关系。毕竟婚姻跟谈恋爱不一样，没有了荷尔蒙的支撑，以后的日子都是鸡毛蒜皮，总会有暴露本性的一天。或许他不再文质彬彬，或许他也有不良怪癖，或许他对你没有了那么多爱与宽容。所以我们可以先用“一致性测试”，来测试他的人性。

有一个女同学跟男友在一起五六年，刚在一起的时候就知道男友家条件不好，穷山沟里出来的，家庭几乎是入不敷出。恰逢毕业那年，两人刚刚在北京找到稳定工作，男友的妈妈就得了重病，需要一大笔钱。女同学二话不说就把自己多年的存款拿出来交给男友，但是却立下一个约定，以后两个人的工资全部由她来管，结婚以后房子要写她的名字。男友感动得痛哭流涕，一口答应。

隔了两年，再次见到女同学的时候，她却已经孑然一身。问她原因，她深深叹了口气，“当初我想都没想就拿钱给他妈治病救命，过后他不仅不感恩，还偷偷藏钱，这种男人不能要。”

“但是一个大男人，总是有需要花钱的地方，自己存点私房钱这种小事也不至于吧……”

“不至于？那你说什么至于？他能做出这种事来，就有养野女人的心。就算只是为了存钱吧，起码也应该跟我说一声，这种说话不算数的男人，以后怎么过日子。”

我心里默默佩服女同学的果断与精明。有多少傻女人，被骗了钱还不知道，还要被男人骗了自己的一辈子。

及时止损，也是对自己人生的一种负责。

像浪哥和明哥这种“老油条”也常说，跟我这种人谈恋爱，我可以让你享受到最高级的甜蜜，但如果是谈婚论嫁，女人还是应该擦亮眼睛，因为世界上多得是道貌岸然的“君子”，也多得是甘愿为你回头的浪子，不是所有的男人都值得你托付一生。

## 4.7 如何栓牢一个男人的心：冷读

年少的时候喜欢上一个男生，会拼了命地去寻找跟他的联系，他考试排名就在我后面一名，他用了跟我一样的笔，他也喜欢周杰伦，他也喜欢画画……甚至于，因为他喜欢打游戏，你会主动去钻研自己并不擅长的游戏通关秘籍；因为他喜欢打篮球，你会在晚上偷偷一个人在球场练习，只为了第二天能让他注意到你；因为他喜欢数学，你会硬着头皮去学自己最讨厌的科目……你做这些的目的，都是为了走近他，走进你喜欢的他的心里。

以前喜欢过一个男生，他总是酷酷地不喜欢说话，告白无果后，每天在班里碰到面都很尴尬。QQ加了两年没敢发过一次消息，只会偷偷看着他上线又下线。年轻的时侯不明白，总觉得，总有一天他会喜欢上自己，所以在保持成绩名列前茅的同时，还会“精心”把自己打扮得花里胡哨的，直到有天被班主任批评不能化妆打耳洞。

其实喜欢总是一件说不清道不明的事情，我不知道自己为什么喜欢他，可能他也不知道。我说我喜欢你在运动会上全力冲刺的样子，我说我喜欢你做数学题手托腮的样子，我说我喜欢你一个人坐在那里不说话的样子。但是他什么都没有回。

后来，隔了几年以后，再一次重新获取联系的时候，得知他一个人在新的学校过得不太好，就一直陪他聊天，他很自然地主动倾诉了很多心里话。

“其实你这个人吧有点别扭，明明不喜欢自己待着，明明喜欢热闹，但是就是不主动跟别人说话，也很难融入新的集体。以前我就知道。”

他像往常一样沉默好久，然后发过来一句，对，这就是我。

那个时候根本不懂什么“冷读”技巧，只是发自内心的最直接的想法，却歪打正着触碰到了他的内心深处。

虽然我们最后没有在一起，但是他看到了一个与往常不同的我，我也看到了一个从未见过的柔软的他。

学员未未跟男友阿坤分手的时候甚至不知道是什么原因，明明在一起好好的，明明前一天两个人还挤在小房子里开心地吃着火锅，明明他说过要娶她要让她过上好日子。第二天就什么都变了。

阿坤说我们在一起没有结果，未未哭了。

阿坤说我是喜欢你，但是我现在觉得跟你在一起好累。未未还在哭。

阿坤说我喜欢上别人了，你不懂我，但是她懂。未未擦了擦眼泪，收拾了东西从房子里搬出去了。

“你不懂我”，是会让另一半很心碎的一句话。在一起这么久了，你突然说我不懂你？但是又不得不承认，自己真的不是特别了解他，不知道为什么他赢一把游戏就那样开心，也不明白为什么因为自己放错一件东西他就大发雷霆，更不知道为什么他从一下班回家就拉着脸。这些未未都不明白，也没有时间去想，未未突然发现两个人常常忙到忘记了说话。不是简单的说话，是沟通。

其实世界上根本没有一个人能够完全理解另一个人，但我们至少还是有一个能读懂他、走进他内心的方法——“冷读”。冷读其实就是对目标说出每个人性格里都会有的特质的分析废话，常用在星座算命和心理分析上。比如，你就去戳破他的痛处，你就说他软弱又坚强，他会觉得，哇，你能明白我内心深处的感受，你懂我。

所以给未未作指导的时候，用的也是这一招。未未跟阿坤断联两周后，打电话约阿坤见面。

“其实，我也知道你压力很大，你也不想把生活过成这样，你心里是很要强的，你希望给我们更好的生活，你在公司里压力也很大，我都知道。但是你不必完全自己承担这些，你都可以跟我说，你想做什么告诉我，我可以陪你，你不开心也可以跟我说，我不会安慰你但是我会帮你一起骂他。

你有什么事都可以跟我说的，我知道你很累，我跟你一样，但是我觉得两个人在一起就是彼此分担，就算觉得再累我也会坚持下去，我们能在一起这么久，不就是因为相互了解吗?”

然后未未从包里把准备好的“情侣日记”掏出来，阿坤瞬间就怔住了。

所有的委屈、抱怨、不满，在被对方说出来的时候，就会感觉如释重负。会有一种“我不是在独自承担这一切”的感觉，从而会对对方产生一种莫名的依赖感。

这就是“冷读”话术的厉害之处，能让对方乖乖交出自己的软肋。

《重庆森林》里233在酒吧里看到带着墨镜的金发女杀手，说了这样一段话：“一个女人这么晚了还戴着墨镜只有三个理由。第一个呢，就说明她是个瞎子，第二个呢，就说明她在耍酷，所以要戴墨镜，第三个呢，就因为她失恋，因为她不想让人家看出来她哭过。”

虽然是明显的撩妹套路，但也算是一种冷读话术，就算是胡乱猜测，也总有一句话能打动对方。

男人到底需要什么样的女人呢？美丽自然是所有人的追求，但是一个能够理解他内心所想、并且能够跟他感同身受的女人对他来说，才是想要相伴一生的人。不然为什么《我的前半生》里陈俊生会放弃精致美丽的罗子君而选择了长相普通的凌玲呢？所以想要拴住一个男人的心，更重要的是成为他的灵魂伴侣。

懂得和理解，有时候比爱更重要。

## 4.8 男人需要怎样的赞美：赋格话术

以前浪哥经常在公开课里讲，男人是需要被赞美的，他们需要的是被肯定、被认可、被需要，这样才能体现出他们的自我价值。所以，我们怎样才能最大化程度地满足男人的“虚荣心”呢？

娱乐圈有一对模范夫妻，老公是出了名的“妻管严”，妻子大大咧咧，乍看就是一个“男人婆”，家里大事小事都要听她的，动不动就会吼他，动不动就说他“很小气”。其实老公在娱乐圈都是以“大哥”著称的，任谁都得让他三分，为什么偏偏在家里会是这种地位？

有一次夫妻俩一起上一档综艺节目，从来不擅长做饭的老公硬着头皮开始煮饭做菜，旁边的妻子看着好气又好笑，但最后还是夸他“老公你做饭好好吃哦。”老公笑得满脸褶子。

这是一个很简单的推拉，就算平时对他挑三拣四的，但是偶尔该夸的时候也要夸。男人很容易满足，他们最大的期望就是得到伴侣的认可和崇拜。

在恋爱关系的经营中，我们可以使用“赋格台词”和“失格台词”给男友制造一种性格上的推拉。

所谓的“赋格”，就是对他的人格或者性格做一个正面的评价，透过表面的形象或者一件小事来夸赞他的人格或者性格。比如平时喜欢穿休闲装的他今天穿了一件整齐干净的衬衫，跟以往的面貌不太一样，你可以说，“哎，你今天这件衣服不错啊，展现出了你成熟男性魅力的一面。”比如他破天荒地主动做了家务，你可以说“哇，没想到你还隐藏了自己勤劳细心的一面，真看不出来你心思还挺细腻。”

所谓的“失格台词”，就是相反的，对他的人格或者性格做一个负面评价。比如他从别处学了一句情话讲给你听，你虽然很开心，但还是要损他两句，“这么油腔滑调的，以前没少哄骗小姑娘吧。”比如你跟他要礼物，或者要他陪你，但是他总是找借口，你可以直接说“由此可以看出，你是一个多么小气的男人，以后跟你结婚过日子了还不知道什么样儿。”

但是“失格台词”不能单独使用，否则容易让男人产生挫败感，“赋格”与“失格”一定要结合使用。

李冬冬是一个性格很内向的男生，不爱说话，没有爱好，每天除了工作就是在家，几乎过着两点一线的生活，是一个极其乏味的男生。但是他的女朋友不这样认为。

女友是性格完全相反的类型，喜欢热闹，爱玩爱笑，偏偏喜欢上了李冬冬这块榆木疙瘩。李冬冬自然不是会哄女孩子的人，约会都是女友主动，更别提什么惊喜浪漫了，跟李冬冬这个人根本不沾边儿。

小女友最喜欢的事情就是逛街，每逢周末必定会强行拽着李冬冬出门，而让他踏出门槛儿，是一件极其艰难的事。所以女友经常说，“哎呀，你怎么跟个老头儿似的，磨磨蹭蹭的。”

女生在逛街的时候最喜欢问的就是“这个好不好看？”“这个适合我吗？”“这个怎么样？”李冬冬的回答永远是“嗯”。虽然知道他是敷衍，但每次女友都会很认真地说，“看不出来平时很闷，还挺有眼光的。”李冬冬总是开心地嘿嘿傻笑两声。

为什么我们要同时使用“赋格”和“失格”话术呢？因为每个人在社交中都需要获得一种认同感，需要被肯定，被认可。我们常说的“三观相同”也是两个人的世界观、人生观、价值观相符，简单来说就是你能够同时看到他的优缺点，你能对他的人格做一种推拉，他就能从你身上获得最大程度的满足感。

公司有个同事就特别擅长夸赞男友，男朋友沉迷打游戏，但是无论玩什么游戏，都能很快精通，虽然大多数女友都不喜欢男友打游戏，但同事还是会在男友发的“胜利”截图下评论，“非常棒，这么聪明怎么不用在工作上。”当男友跟自己吵架时总喜欢拿以前的事挑毛病，她会说“你这人看起来很成熟很稳重，怎么这么记仇？多大点儿事非要这样，完全不像你这种人干出来的事儿。”每次说得男友一愣一愣的。

其实相比于简单地夸赞他的衣服、外貌等，男人更希望你去肯定他的人品、性格和能力，如果你能学会“赋格”和“失格”，既不会显得自己假惺惺，并且会带给他极大的满足感，让他从心底觉得，你是真的肯定了他这个人。

恋爱里一定不要吝啬夸赞，彼此的欣赏会让对方变得更好，也会让恋情变得更加稳固。

## 4.9　如何让男朋友服服帖帖听话：双赞美

之前我们提到过“赋格”话术，是一种侧面夸赞男友的方式，对他的人格或性格做一个正面的评价。但是在恋爱关系里，有时候简单的夸赞只会获得男友的一句“谢谢”，或者是肯定，有时候并不能完全拉升起男友的情绪。那么在夸赞他之后，如何委婉地提出一些自己的要求呢？

这里就可以使用“双赞美”技巧。双赞美，其实就是“赞美＋要求”的一个格式，其实不光男人，每个人都需要获得一种认同感，当你首先夸赞他一番，再委婉地提出一个要求，男友就会因为想获得你更多的认同，从而努力朝着这个方向发展。

月光老师就很擅长利用“双赞美”的话术。因为男友的工作性质，经常忙到顾不上自己，有时候发过去消息很久男友都没有回复，但是月光不哭也不闹，而是在见面的时候跟他说，“其实我知道你挺在乎我的，如果平时你再抽出一两分钟回复一下我的消息，我就更能感受到你的爱了。”男友毕竟比自己大几岁，这点道理还是能明白的。

如果你觉得男友经常斤斤计较，你可以说，“我觉得你长得挺帅的，但是如果性格再大气一点就更好了。”

如果你觉得男友对你关心甚少，你可以说，“我觉得你挺成熟稳重的，但是如果再暖一点就更好了。”

如果你觉得男友脾气不太好，你可以说，“我觉得你是一个老实又让人踏实的人，但是如果你生气的时候再控制一下自己的情绪就好了。”

如果你觉得男友有些花心，你可以说，“我觉得你是一个很有魅力的人，但是如果你再踏实一点，认真对待我们这段感情，我会觉得你更完美。”

其实这个话术很简单吧？就是简单的“赞美＋要求”，重点是你希望男

友变成什么样的人，就在赞美之后提出来，而前面的赞美只是一个铺垫。

浪哥有个入室弟子一一，跟男友是在大学认识的，但是自从工作后，两个人一直异地。起初一一来找我们的时候跟男友正在闹别扭。男友也不提分手，但就是回应很冷淡。其实两个人之间并没有什么大问题，也见过双方父母，也不存在什么矛盾，只是异地长时间不见面让感情变得淡漠了。所以前期，一一一直在利用“赋格”加“失格”话术，在聊天中时不时地夸赞男友，大概有三五次后初见成效。慢慢地男友偶尔也会主动联系自己。

当两个人终于能够见面的时候，浪哥又教了一一“双赞美”的技巧，可以当面跟男友提出来他最近冷淡自己的事情。一一是这样说的，“我知道你工作也挺忙的，其实你是一个很细心很认真的人，如果你对我们的感情也拿出百分之五十的这样的态度来，我相信我们总能走到最后的，我愿意等你。”男友听完什么都没说，主动抱了抱她。

但是这个动作已经足够说明，这个话术已经触动到了男友。他开始反省，开始动摇，开始认真考虑自己之前的态度，也可能想了很多关于两个人的将来。

这个“双赞美”话术的原理就是，当一个人受到你的肯定时，他就会想受到你更大更多的肯定，或者说会朝着你的建议方向，努力发展成你口中那个完美的形象。这里利用的就是人想要获得认同感的一个心理。

林蹦蹦是我从小玩到大的一个发小，在约莫 2013 年的时候找了一个女朋友。女朋友性格十分爽朗，大大咧咧的，比较自来熟，第一次见面的时候，就跟我们这群发小称兄道弟的。

但是这两年再见到林蹦蹦的时候，发现他的性格完全像变了一个人，不再是跟我一起玩了 25 年的那个人。以前他就是那种没有什么伟大抱负，混吃等死的人，没有什么爱好，更没有什么特长。就像《十万嬉皮》里唱的，“喜欢养狗，不爱洗头”“文不能测字，武不能防身”，从小到大是吊儿郎当惯了的人。

但是最近见到林蹦蹦的时候，才听说他跟女友在一起创业，两个人开了一家连锁烘焙坊，开始学一些烘焙手艺了。我心里不由得肃然起敬。直到后来一起吃饭的时候，我才弄明白他这个女朋友是如何改变了他的人生的。

席间说说笑笑唱唱闹闹，很快就都有点醉了。林蹦蹦的女朋友突然抱着他的胳膊说，“你说你一个这么聪明的人，为什么不能变得上进些呢，你看你现在也有了自己的事业了，也让别人对你刮目相看了吧……我当初说什么来着，我就说你脑子这么好使，一定能做到！”

其实听起来就是很简单的一段话，但是却让林蹦蹦哭成了狗。他抱着女友说，“要不是当初你说我是人中豪杰，我也不会倾家荡产地跟你搞事业啊！”

哈哈哈哈哈哈哈……我们终于明白，原来林蹦蹦转变这么大，就是为了变成伴侣口中的那个“人中豪杰”，非要闯出一番天地来不可。男人都是一样的吧，为了拼个面子，为了得到心爱女人的认可，付出一切都在所不惜。

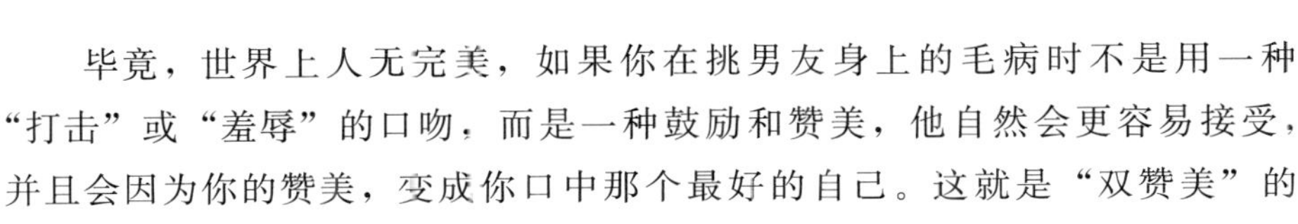

毕竟，世界上人无完美，如果你在挑男友身上的毛病时不是用一种“打击”或“羞辱”的口吻，而是一种鼓励和赞美，他自然会更容易接受，并且会因为你的赞美，变成你口中那个最好的自己。这就是“双赞美”的魅力。

## 4.10 穿情侣装的意义在哪：模仿

有一句话说，“两个人在一起会变得越来越像，会逐渐变成一个人的样子”，谈恋爱真的是这样吗？

记得我在初中的时候喜欢上一个男生，那时候的暗恋不敢声张，只会偷偷模仿。每天看着座位前面的他转笔，自己偷偷在后面也学转笔，虽然开始都“啪啪”地往桌子上掉。他做题的时候喜欢手托腮，我就模仿他的姿势和角度，也开始习惯了左手托腮的动作。他喜欢穿绿色和灰色的衣服，后面我买衣服的时候，总喜欢拼命找跟他穿的类似的款式和颜色，自己在心里默默当作是“情侣装”。虽然男生始终都不知道我在为了他悄悄发生着变化，但是当我们第一次聊起来的时候，我发现他对我的印象格外深，因为他说我跟他很像。

情侣们为什么喜欢穿情侣装呢？为什么连戒指、水杯和笔记本就要买成情侣款的呢？因为，当我们在刻意模仿我们喜欢的那个人时，两个人之间就会慢慢产生一种微妙的共通感，能快速制造两个人之间的亲和力。

徐徐是抢走了我们班校草的那个“全民公敌”。我们以为，大学里的感情都不会认真，好像都不会有很好的结局，但是他们却从大学走到了毕业，毕业后徐徐继续读研，校草去挣钱养家，两个人水到渠成地同居了，并且感情一如既往地好。

后来看徐徐的微博，我才了解到她是如何把男神狙击到手的。当时男神参加了“新生杯”篮球赛，每天待得最多的地方就是球场，徐徐就是在那里看到的他，然后通过多方关系，要到了男神的微信号。

徐徐本身是一个条件很好的女生，说不上长相多么好看，但是那一头乌黑长发和高挑的身材，让人觉得很有气质。刚刚加上微信时，男神并没有说话，也不知道对方是谁。徐徐因为在球场听过男神经常对队友说“hey，man!”于是就冒险用这个做了开场白，没想到男神发来一连串的笑声。由此，两个人开始了接触和相识。

徐徐不仅在开始，而且在整个恋爱过程里，都是用的“模仿”的技巧。男神是那种看似高冷，实则特别幽默的男生，如果他长得丑一点的话可以说他“闷骚”。所以男神也喜欢那种比较有趣可爱的女孩。每次两个人吵架的时候，男神最常说“你能不能成熟点!”徐徐也模仿男神的表情和语气，接着对他大喊“你能不能成熟点!”这招儿屡试不爽，每次男神都会毫无招架地笑出来。

其实从徐徐身上就可以看到，捕获男神的基础是底子要好，但是更重要的时候让他觉得“你跟他很像”，或者“你在努力变得跟他很像”，当他做什么的时候，你也做同样的事情，他自然会感觉到你的特别，也会觉得你跟他很亲近。在情侣相处中，“模仿”也是一个能建立坚定情侣关系的技巧。

其实“模仿”的目的就是为了快速达到舒适感，“模仿”不仅仅是模仿对方的说话方式，也可以模仿对方的举止、对方的肢体动作，甚至是对方的喜好和偏好。这个技巧其实特别简单，很多人在不经意间已经在做了。比如你会去听喜欢的人听的歌，你会去看喜欢的人在看什么电影，你会模仿对方的口头禅，你会去模仿对方的穿衣风格。这些都算是能快速拉近距离的方法。

《志明与春娇》里，两人分手后始终放不下对方，余春娇说，“我很想摆脱张志明，但是没想到我变成了另一个张志明。”是啊，两个人在一起久了会不自觉地模仿对方，张志明喜欢往马桶里倒干冰，看着干冰慢慢融化升起白烟。张志明喜欢吃便当，张志明说要戒烟，最后虽然他走了，但是余春娇还在坚持做着这些事，或者说记着这些事。我们喜欢一个人，就会很自然地变成他的样子，两个人的生活习惯因为爱情的力量，在慢慢朝着对方的方向发展。

有次在服装店遇到一对情侣，女生拿起一顶帽子戴在自己头上，问男朋友好不好看，其实女生的脸型并不适合这种帽子，我饶有兴趣地准备看男生要怎么提出来“这帽子戴在你头上很傻。”但是男生并不是这样说的，他直接从女生头上拿起这顶帽子，戴在自己头上，“你看我戴着好看吗?”女生笑着嗔怪他一嘴，挽着男生的手走了。

其实这就是“模仿”的魅力，它可以让我们走得更近，也可以化解很多情侣间不必要的矛盾。在这个“模仿”的过程中，对方逐渐就会变成另一个“自己”。

第五章

# 感情修复：婚姻技巧

## 5.1 如何让他舍不得离开你：硬价值捆绑

学员文文跟老公结婚不到一年就爆发了无休止的矛盾和争吵，不是因为出轨，不是因为婆婆，更不是因为孩子，而是因为经济问题。

文文是一名资深人事，老公是做金融的，两人收入可观，住大房子开好车，有着身边无数人都艳羡的生活，按说是不该有经济矛盾的。可即使这样，两个人还是会因为鸡毛蒜皮的小事吵到不可开交。

老公家里是农村的，打小省吃俭用惯了，即使现在每个月有几万的收入，在花钱的时候还是斤斤计较。从来不给文文买礼物不说，连自己的衣服都是一件穿三五年，去菜市场买个菜都要挤破头砍价儿，这在文文看来简直是不可理喻的。

“哪个女人不爱美，哪个女人不喜欢买衣服鞋子包包化妆品？何况我又不花他的钱，我自己挣的钱我花得心安理得，他倒计较起来了，连束花都没送过我，我都还没说什么，他凭什么训斥我？”

文文的话也没错，爱美之心人皆有之，何况现代独立女性有能力给自己挣钱自己花，想让自己变美变漂亮，想让自己生活得更好一点，有错吗？

放在结婚前，这当然没有问题，因为你是一个独立的个体，你的资源或者财产完全由自己支配。但是结婚了毕竟不一样，老公会更多地为家庭考虑，可以说还算一个比较顾家的男人，也没什么大错。错就错在，两个人婚前并没有考虑到对方的三观跟自己是否相契合。

因为文文买了一个三万的包包，老公冷静地提出了离婚。

也许有人觉得是小题大做，但是我相信，这个男人的失望和积怨已经很深了。

婚姻是什么呢？不是我找一个人陪我吃饭睡觉打游戏，而是两个人努力去打造一个完美温馨的家。这个“家”，更多的是指家庭关系。如果你没有能力扮演好自己妻子或丈夫的角色，另一半总有一天会累觉不爱。如果你总是不顾忌对方的感受不想做任何改变，两个人可能无法携手走下去。

如果说爱情需要冲动和甜蜜，那么婚姻一定是需要包容和经营的。假如你因为不懂得经营，对方突然跟你提出离婚，应该怎么办呢？

这时可以用一个很简单的技巧——“硬价值捆绑”。所谓的“硬价值”，就是房子、车子、钱，甚至是孩子。尤其是对文文老公这种节省又爱财的男人，从他的身上剥夺走财产简直会要了他的命。这不是说挣钱辛不辛苦，他是不是很有钱的问题，一个男人对事业和财富的追求比任何东西都要多。

如果是因为矛盾摩擦等原因提出的离婚，你完全可以用这种方式捆绑住他。“离婚可以，财产都归我。”这时候他就会权衡利弊，考虑的就是“原谅你跟你共同拥有这些财产”还是“不原谅搞到倾家荡产”。如果他宁愿选择后者都要跟你离婚，那好吧，他对你都不是不爱，而是恨了。恨到即使放弃一切也不想跟你在一起。

所以我们当时指导文文用一套话术去“冷读”老公：“我知道你是顾家，节省，你希望给我们的以后和孩子多积累一些财产，但是我们现在还年轻啊，我们还有能力赚更多的钱，为什么不能享受更好的条件？如果你觉得我花钱太多，那我们可以制定一个理财计划，每个月固定开销，固定存款。我知道你工作也很累，赚钱很辛苦，我打扮得漂亮不还是为了给你看吗？你就是那种太顾家的好男人，什么东西都舍不得买，我知道你也是为了这个家好，我现在懂了，我可以改。”

这样说，是不是比单纯地说一句“我会改”更有冲击力？老公听完以后是什么感受呢？哦，你终于明白我的苦心了，你也知道自己错了，你也对以后有了计划了，那我还要什么好说的呢？

其实这类经济矛盾、家庭纠纷都不算什么大问题，解决不好是因为你的沟通方式不恰当，一句话可以用很多种方式说出来，不一定非要用最伤人的那一种。

一个人可以为婚姻放弃很多，但是也有一些人，会因为一些更重要的东西而选择继续。只有你爱的东西对你才有价值。

## 5.2 如何让他害怕失去你：假性预选

有个女同学跟男友从大学就在一起了，男生不高也不帅，家里也没什么钱，所以我一直不知道他那里来的自信，对我的同学颐指气使的，好像他不是交了个女朋友，而是找了个老妈子。

女同学也跟我们抱怨过，但是抱怨完后，还是屁颠屁颠地去给人家做老妈子，每天给他洗衣做饭不说，稍微惹到他不高兴了，男生就破口大骂，要多难听有多难听，如果不是当面听过，简直不敢相信这是在跟女朋友说话。

何必呢？我们总是劝她，又不是找不到更好的人，这种男人，有什么值得爱的？

但是我想她自己心里是一分清楚的，却愿意接受甚至有点享受这种相处方式。她说，爱不就是会让人变得卑微吗？

是，张爱玲那句话是这样说的，但是你的卑微表现在忍不住的思念、有底线的包容，和不计较的付出上，而不是自己甘愿变成一个素面朝天衣着朴素的老妈子，整天像养着个祖宗，自动就把自己放到了一个“下人”的位置上。这绝对不是一种好的恋爱关系。

在这种关系里，只有男人抛弃你的份儿，他甚至不在乎你还在不在，会不会被自己逼走。

那么对付这种自我感觉极其良好的男性，怎样让他更加重视你，让他更加爱你，更害怕失去你呢？

之前在挽回公开课里讲到过一个技巧叫“预选”，简单来说就是展现自己很受异性欢迎的一面，有异性对自己表白或者示好，从而引起目标的占

有欲和征服欲。

在一段稳定的关系或者是婚姻中，使用“预选”的话很容易引起不必要的误会，所以可以演变为另一个技巧——“假性预选”。

假性预选，就是字面儿意思，假装自己很受欢迎，假装有人在向自己示爱，假装自己随时要离开，但是让对方知道你又不会轻易地走，这就让目标产生一种矛盾的心理，越来越纠结会不会失去你——从而也会更加关注你。

假性预选包括什么？比如说，假装有异性要送你礼物，但是你没收；比如有异性给你发红包，你没要；比如吃饭的时候有异性帮你夹菜，你客气地拒绝了；比如你加班到很晚有异性要求送你回家你拒绝了，等等。这样做的目的就是为了表现出，“我很受欢迎，但是我有自己的原则，我是为了你，才拒绝的。”

首先我们要了解男性的一种心理，男性普遍有一种“玩具心理”，在拥有之前，他们千方百计地想得到，但是得到后，总会玩腻了，产生厌倦，所以开始懈怠，这是大多数男人对待感情的一种态度。所以，我们需要用一些外在的东西去刺激他，重新唤醒他对你的征服欲和占有欲，当他知道他即将要失去的时候，才有可能紧张和纠结。这就是“假性预选”这个技巧的原理。

最经典的案例是学员 KK。KK 跟老公结婚七年了，有一儿一女，但是自从生了老二之后，丈夫越来越少回家，甚至连孩子都很少看，最多每个月往回寄点钱。最后发展到，只要 KK 打电话过去，说不了两句话就会被挂掉，也从来不过问孩子的情况。整天不出门的 KK，甚至不知道老公是不是在外面有了别人，连过问的勇气都没有。

深入了解后我们才知道，当初 KK 是未婚先孕，所以自从进了这个家门，公婆就没有给过她好脸色。老公最初的热情褪去后，也对她越来越冷淡。

也就是说，从一开始，两个人的婚姻关系和感情就是不平等的。老公从来不觉得自己这样做有什么错，甚至笃定即使这样，KK 也不会走。

的确，经常在家带孩子，日夜操劳的痕迹都印在了脸上和身体上，这毫无生气的脸和发胖走形的身材，任谁看了都不会心动。所以第一步，肯定还是改变和展示，提升自己的DHV。

之后的话，我们就用了“假性预选”这个技巧。当KK有了变化，更美也更自信了，我们要求她晒一些聚会时候的合照，一定是有异性的。

刚开始老公还是没有动静。第二次我们指导她晒了一个红包截图，表示别人一直给她发红包，她都没收。这次老公就好奇了，留言问，“谁啊?”这是这么久以来，老公第一次评论自己的朋友圈。

这个技巧的目的就是，既让对方感受到你其实很受欢迎，并不是没有人要，也侧面坚固了自己的硬框架，保留了在感情中的地位。这就是一种高姿态的挽回和经营技巧，而不是一味的委曲求全。

包括在之后的相处和经营中，都可以使用这个技巧，只要不太过分，掌握住那个火候，总能引起目标的注意。

我们总以为能依靠自己卑微的乞求换取自己想要的结果，但是其实，当你把自己放到最地位的时候，他就已经看不起你了。女人一定要记住一点，让一个男人爱上你不是靠的跪舔，而是靠的吸引。

## 5.3　婚后如何让老公始终关注你：精神投资

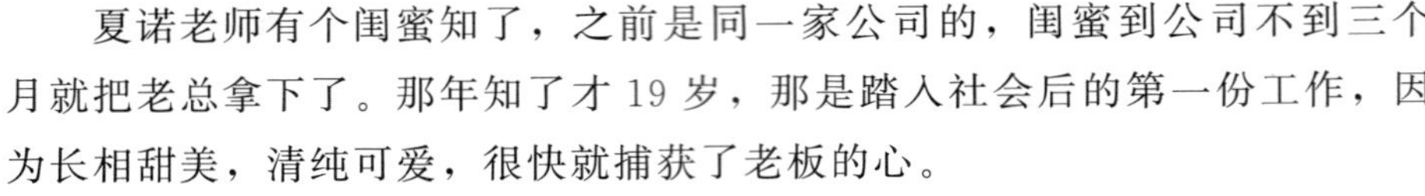



夏诺老师有个闺蜜知了，之前是同一家公司的，闺蜜到公司不到三个月就把老总拿下了。那年知了才19岁，那是踏入社会后的第一份工作，因为长相甜美，清纯可爱，很快就捕获了老板的心。

两个人在一起的第一个月，老总就送了知了一部最新款的手机，整天带她到处吃喝玩乐。当时所有人都劝她，“你还小，这个老男人最擅长对付你这种小姑娘了。”所有人都以为老总只是玩玩而已，但是没想到第二个月，老总送了知了一台红色的宝马，第三个月，老总求婚，相差十三岁的两个人就这样结为夫妻了。

后续夏诺老师还是能经常看到知了在朋友圈秀恩爱，秀出游，就差没秀孩子了。夏诺很好奇，这样一个简单单纯的小姑娘，是怎么拿下一个比自己大十几岁恋爱丰富的老总的？跟知了深聊了一次，夏诺才恍然大悟。

知了自从结婚后没有再做过工作，因为年纪小，家里公婆对自己也比较照顾。平时没事的时候就是吃喝玩乐，但是知了的吃喝玩乐，并不是简单的“玩”。

知了喜欢瑜伽，在健身房报了一个班，每周有几天下午固定上课。其余时间没事的时候也不在家里闲着，喜欢跟朋友聚会，喜欢喝酒，喜欢跟朋友到处旅行。

知了的独立，就是最吸引老公的地方。她知道老公自己开公司，整天很忙，从来不会不懂事地去骚扰他，但只要老公闲暇时间找她，她总能第一时间分享自己的丰富生活，“我今天跟朋友去玩卡丁车了，特别刺激，我开始不会开，差点飞出去……”“我刚刚在跟朋友吃饭，我们发现了一家很好吃的港式茶餐厅，下次带你来尝尝啊！”

可能有的人会说知了年纪小，不懂爱，不懂怎么做妻子。但是你错了，

恰恰是因为知了的懵懂，反而最能拴住老公的心。

男人为什么想要跟你结婚呢？可能因为你知书达理，可能因为你贤惠能干，可能因为你只是长得漂亮。但是男人为什么会不想跟你结婚呢？当然是因为压力呀。想到婚后你就要依附在自己身上，导致自己完全没有了自由；想到婚后你就慢慢变得不爱化妆身材走样，逐渐丧失了新鲜感；想到婚后的你们就要过上平淡如水的生活，这实在是一种煎熬。所以有些男人会只想跟你谈恋爱，但不想结婚。而知了之所以能在婚后还能跟老公相爱如初，就是因为她有趣。

“有趣”这个含义就很广了。可能你谈吐幽默，可能你性格可爱，可能你一直有自己的兴趣和爱好，可能你有很广泛的交际圈子，可能你就算没有男人，也能过得丰富多彩。这些，都算是有趣。当你把这些有趣的东西时不时地跟老公分享的时候，他的情绪上就会随着你有了波动，感受你的快乐，你的刺激，你的难过，你的不安。当你能够用自己的情绪带动他的情绪的时候，就说明你在他心里的地位已经不可动摇了。



这个技巧我们命名为“精神投资”，因为婚后两个人享有共同财产，所以可能不会再涉及金钱投资、物质投资，等等，要想让老公一直关注你，就要让他为你付出精神投资。

学员岚岚跟老公的婚后生活一直很平淡，老公比较内向，不是那种会经常表达爱意的人，也不是很主动的人。岚岚就很苦恼，总觉得老公不够爱自己，于是一来二去地一作，导致老公对自己越来越冷淡。其实我们完全可以使用“精神投资”让他来关注自己。

浪哥教岚岚最简单的一个技巧就是“晒痛苦”，有天老公在外面有饭局，过了九点多还不回来，于是浪哥就叫岚岚给老公打电话，借口刚刚出门买水果，回来忘带钥匙了，问他几点回来。老公听罢直接说现在就回，让她等一下。

忘带钥匙其实是一种很简单的“晒痛苦”，不是说非要装病才叫晒痛苦，让他为你付出精神投资就是让他着急、让他牵挂你、让他关心你，等等，让他因为你产生情绪上的波动，就算是成功了。

还有另一种方法，就是有事情多跟老公商量，多听取他的意见。比如家里要添置什么东西，让他帮忙参考一下材料和质地，比如工作上的问题，让他给一点专业性的建议，比如关于家里老人、孩子的问题，跟他多商量一下。这个也算是一种精神投资，他不仅会认真考虑你的问题，增加聊天话题，同时也能满足他“一家之主”的成就感。

男人对你投资才能证明爱你，而老公对你的精神投资才能证明他始终爱你。

## 5.4 如何让他对你死心塌地：陪伴投资

每逢情人节，总有一些同事会收到男友准备的惊喜，作为全公司唯一一个已婚妹子，小小不得不抱怨，“真羡慕你们年轻人，我们这种老夫老妻，哪里还有什么浪漫可言，哪还有什么鲜花惊喜……”但是其实这样想就错了，一个人可能无法永远保持热情如初，但一段好的婚姻关系就是永远能够保持新鲜感，对方始终愿意为你付出和投资。

说到投资，真的是让男人对你死心塌地的最佳方式。投资是什么呢？就是让一个男人把对你物质、情绪的付出慢慢转变为对你感情的付出。所以要想让他对你好，必须让他从身心方面对你做出投资。

那么最适合婚姻关系的一种投资就是“陪伴投资”，两个人共建家庭后终归是捆绑到一起的，比如有要一起见家人，有了共同的朋友和圈子，等等，作为女性，你需要让老公及他周围的交际对象都清楚了解到，你是他的妻子，明确你们各自的身份。

很早之前有个学员傍上一个大款，男人对她宠爱有加，天天车接车送。女孩子刚刚踏入社会就遇到这样一个对自己非常好的男人，很容易就动了真情。但就在女孩准备把这个男人发展为结婚对象时，突然在一次聚会上偶然听男人的朋友说到他的妻子，才知道原来他是有家室的，自己莫名其妙地“被小三”了。

其实这里面就要说到男人的妻子了，为什么男人会在外面寻求小三？这个妻子失败的原因就是与老公的交际圈及兴趣圈已经偏离了太远，她很少跟老公一起参加聚会，没有在老公的朋友面前常常暴露自己，甚至有些人都不知道她的存在，这样的婚姻必定会进入平淡期，甚至导致老公出轨小三。所以在说婚姻中，最重要的是陪伴投资，如果少了这一点，老公的陪伴都给了别人，出轨率自然就相当高了。

浪哥有一个表妹，从小成绩优异，是家里人眼中的乖乖女，大学毕业后早早地跟青梅竹马步入婚姻殿堂，很快也有了自己的宝宝，三口之家格外幸福。认识这么多年以来，浪哥从没见过妹夫对表妹发过火，甚至每逢节日、生日他都会精心为表妹准备礼物和惊喜，一直对表妹一心一意。

表妹经营婚姻的秘诀就是“秀”，她会经常晒一些跟老公的聊天对话，一些比较有趣、幽默的琐事，带有调侃性的“秀”。这也是老公对你一种变相的陪伴投资。慢慢地他会逐渐地对你产生一种依赖性。

就像公司的美眉，公司每天有谁喂它吃的，它每天就趴在谁的周围，慢慢地会形成一种习惯，产生一种依赖，其实都是一个道理。

那么有一些善于经营婚姻的妻子是怎么做的呢？之前有一个白富美学员，做了官二代的妻子，官二代天天应酬，朋友也多，几乎整天不在家。有时候老公会带自己一起去，但更多时候都是独自去应酬，即使这样，妻子也想到了一个办法，就是让老公发一些吃饭时候的照片、小视频回来看，但并不是以质问或者审视的口吻，而是认真地跟老公讨论“这家菜好不好吃”“聚会上有没有帅哥美女”“谁谁有没有在”等等，这不仅不会引起老公的反感，反而打开了话题，有了更多的话可以聊。

这就是一种很聪明的做法。一方面可以撒娇，“吃好吃的怎么不带我？”二也可以让老公变相为自己付出陪伴投资。比如一起参加一个聚会的时候，可以表现出自己比较开朗的一面，“那个小妹妹不错，一会帮你要个联系方式吧。”这样主动调侃，老公反而会觉得你大度又有趣。

妻子在这种聚会中，需要主动展示自己和老公的高价值，“我老公刚刚签了一个大单子”“我老公刚刚升职了”之类的，侧面表现出对老公能力的肯定，男人始终在追求一种成就感，当你帮他做到了展示和表现，他会获得一种极大的满足感，他就会经常想带你一起去参加，希望有你的陪伴，慢慢对你形成一种依赖感。这就是“陪伴投资”的意义所在。

所以在婚姻阶段，就不需要再计较太多金钱上的投资了，想要拴住老公，更需要注重的是时间和精力方面的投资。只有他肯花时间陪你，他肯为你花心思，才会更加爱你，也会让这段婚姻关系更牢固。

千万别以为男人就该忙事业，当他对你不上心也不在乎的时候，可能已经对别人上心了。陪伴投资，是经营婚姻关系时不可忽视的一个阶段。

## 5.5 如何度过婚姻里的平淡期（一）：变装技巧

想到之前某经营客栈的综艺，那对可爱的小情侣小打小闹地也一起走过了四五年，女生眼看就要三十岁了，却始终没有等到男生的求婚。当众人调侃他们该结婚了的时候，男生沉默了，女生却哭了。

为什么有很多人惧怕婚姻呢？因为听多了“婚姻是爱情的坟墓”。听多了难以走过的“七年之痒”，听多了各种婚姻里的疲累和厌倦，所以宁愿不开始。

事实上，婚姻跟恋爱最大的差别就在于平淡。一个人会因为喜欢一个人而结婚，但更多的人是因为折腾不动了该结婚了而选择跟一个人结婚。所以我们总是能看到，婚姻里充斥着各种无望的乏味和日复一日的重复。

去年帮好朋友去搬家，他们在一起五年，结婚两年，狭小的屋子里到处充斥着两个人的印记。洗得有些发白的床单，染上灰尘的透明纱帘，厨房里有些发潮的菜板，还有散落在各处的两个人的合照。两个人通过几年的奋斗，终于攒够了新房子的首付，马上就要离开这个生活了两年多的老地方，两个人显得格外兴奋。

“哎呀，别要了，什么都要，到时候买新的就行了。”

“好好好，你说了算。”男生开心地应和着。

女友笑着给了他一个媚眼。

两个人甜蜜又兴奋地整理着那些旧物，似乎对未来的美好生活充满了热情和希冀。

想到我跟老公也住了两年多的新房子，似乎不太能理解他们的兴奋点。家里摆放着精心挑选的整套家具，衣橱里整齐排列着两个人的当季衣服，但是地毯上还有上次的烟灰烫下的痕迹，餐桌的桌布上还有怎么也抹不掉的印痕，冰箱里可能还有好几个月以前的罐头。

当初我们也是满怀欣喜地搬进了这个新家，但是慢慢地，每天重复的生活消磨掉了我们对彼此的耐心和欣赏。

我们开始为今天该谁做饭而争吵，开始因为没有人浇花而唠叨，看着两周都没收拾的客厅感到烦躁。家里的几个花瓶里一直空着，我再也不会每周买了鲜花精心修剪插好。他再也不会一直腻着我，两个人经常自顾自地玩着手机，玩到很晚洗澡睡觉，就算不说一句话，似乎也觉得没有什么不妥。

当两个人同时感受到婚姻带来的乏味和压力时，就不会有人想要去拯救。



九九在二十二岁那年就结了婚，老公比自己还小一岁，两个人婚前就决定了要做“丁克家族”，不想因为孩子的问题捆绑住两个人的关系。但是在婚后的第五年，老公终于坚持不住，提出了离婚。九九没有同意，但是从此两人一直处于分居状态。

是啊，婚姻是枯燥又乏味的。如果说恋爱是一杯可乐，会兴奋地冒出气泡，喝起来也是冲劲儿十足，那么婚姻就是一杯白开水，这杯水不仅无色无味，还会随着时间慢慢蒸发。

浪哥当时教九九的一个技巧是“变装技巧”。“变装”这个词，可以理解为形象的改变，也可以理解为两个人居住环境的改变。婚姻为什么会变得平淡无趣？因为两个人看惯了对方的样子，习惯了平淡的生活，这段婚姻已经不会冒泡，喝起来也不再甜了。所以我们要通过改变自身形象来弥补新鲜感，或者像上面的那对小夫妻，通过改变看厌了的居住环境来给彼此灌输一些新的热情。

当九九染了一个青木亚麻灰的发色，穿了一条仙气十足的裙子站在老公面前时，那双蹩脚的高跟鞋也成了为她加分的一个工具。男人需要新鲜感，因为他们喜欢猎奇，女人同样需要新鲜感，她需要通过尝试各种风格，才能知道自己究竟有多美。

当九九找人把家里的家具重新陈列，家里的窗帘、桌布、地毯全部换了新的色系时，整个家里焕然一新，从前那个毫无生气的房子，现在变成了一个暖色调的有温度的“家”。虽然不知道老公看到的那一刻在想什么，但是九九自身已经做好了迎接全新生活的准备。

为什么有的夫妻因为平淡选择双双出轨，但有些夫妻却能数十年如一日地甜蜜？伴侣是一种选择，婚姻是一种选择，而经营或放弃也是一种选择。如果你愿意坚持，总能找到一个最佳的解决方式，但是如果连改变的勇气都没有了，那么大概真的是不够爱。

婚姻里的平淡或新鲜，也是你的一种选择。你要时刻记得，婚姻消磨掉的并不是你们的爱情，而是你们对于坚守这份爱情的热情。

## 5.6 如何度过婚姻里的平淡期（二）：转场技巧

上次我们讲到解决婚姻平淡期的一个“变装技巧”，其实还有一个“转场技巧”，相较于更简单直接一些。

01

我有个小叔，比我大不了几岁，人有点傻愣傻愣的，但是家里做生意的条件比较好，愣是找了一个肤白貌美的小学老师，很多人都觉得小婶是看上了小叔的钱，两个人结婚的前几年，几乎所有人都不看好。

但是近两年，我们经常听闻两个人一起带孩子出门旅行，一起出去参加各种活动，海南、威海和北海各有一套房产，几乎每年生意不忙的时候，不重样儿地去各地待上一阵子。

这就是我们说的一种“转场技巧”，每日固定频率的生活会丧失掉很多新鲜感，但是擅长转场、通过新鲜的地点和事物来创造两个人之间新鲜的感情，何尝不是一种简单有效的方式。

所以，当你厌倦了千篇一律的生活，当你烦腻了没有趣味的婚姻，当他对你的感情已经渐渐变淡，你可以策划一场说走就走的旅行，让两个人重新找回恋爱时的萌动。

02

表姐跟姐夫结婚三年，因为表姐体质原因，一直没有宝宝，但是也给了他们两个人更多单独相处的时光。表姐跟姐夫是高中同学，走过了五年的异地后终于走进了婚姻。也许在我们想象中，就算当初再喜欢也已经没有那么甜蜜了，但我们看到的实际情况并不是。

表姐是有点内向的，似乎除了“吃”，没有太多别的什么兴趣。但是姐夫不一样，他热情开朗，喜欢运动，喜欢社交，也喜欢旅行。

我们经常可以看到，每逢周末的时候，表姐就会陪姐夫去参加俱乐部的骑行活动，或者两个人找一个风和日丽的天气去附近郊区爬山。姐夫喜欢吃饭喝酒唱歌，表姐就全程陪同。两个人虽然不是经常出去旅行，但是总会抽出时间来，到附近自驾游或者露营。

在表姐的朋友圈，随便一翻，几乎都是两个人每周固定撒的狗粮，虽然有时候看多了会觉得腻，但心里又不得不羡慕起他们的好感情。是两个人的共同经营，使得他们婚姻的每一阶段、每一年、每一天都如第一天那样甜蜜。

如果你没有出门旅行的时间和精力，那么哪怕是周末拖着他出来逛街压马路，都好过两个人在家窝着玩手机。两个人一起找事情做，一起为了一件事情共同努力，这是让两个人感情永葆新鲜的一个绝佳方式。

03

大学同学小张是一个情商很高的姑娘。虽然是理工科出身，但是脑子转得很快，在为人处世和对待感情上也是很有自己的一套。

大学毕业那年她交了一个男朋友，比自己大五六岁，按道理小姑娘在一个年长自己好几岁的男人面前是不会抖机灵的，因为总是会觉得显得自己很蠢。但小张真的不是抖机灵，而是真的很聪明。

两个人在一起到现在也有五年了，虽然一直没有听说有结婚的安排，但是两个人也八九不离十了。我们听到最多的，就是小张分享的经营秘诀。

男友是一个成熟稳重的型男，不太爱讲话，所以经常会冷场，这个时候，小张总是能第一时间想到“冷场话题”的开场白。

比如两个人在家看电视，因为节目没有什么意思，两个人各自玩起了手机，小张突然会说，“喂你还记得我们上次看的那个节目吗，XX 参加的那个综艺，贼有意思，现在这节目越来越不好看了，我还记得你当时笑得都停不下来，喂你葡萄都怕噎着你……”

比如两个人因为一件小事发生了口交，争执不下又互不相让，小张冷静后会突然转移话题，“我上次给你买的那件衬衫呢？是不是洗了没有熨？你拿出来我帮你熨一下。”

比如两个人谈论到一个比较尴尬的话题，类似于“什么时候结婚”这种问题，小张知道男友的心思，也不想给他压力，就立马转变话题，“哎，

其实我觉得现在也挺好的，没有父母干涉，想去哪就去哪，你还记得上次去重庆吃的那家火锅吗？那味道真是让人永生难忘，我从来没有吃过那么好吃的火锅……”

小张的这些话术，就很类似我们“转场技巧”中的“话题转场”，当你觉得跟他没有话题的时候，当你觉得聊天突然冷场的时候，当你们正在吵架正在生气的时候，你突然话锋一转，提起一件跟你们共同回忆相关的事，男友的情绪会立马被你带走，也开始顺着你的陈述回忆从前，当下的那种尴尬气氛就会化为乌有。

其实这个技巧的好处就在于，你不需要刻意去做很多事情，也不需要刻意去记那些聊天话术，在平时的生活中，我们一样可以寻求婚姻或者恋爱关系里的新鲜感。

当你始终想着对方的时候，你自然就会想一起跟他做点什么事，你自然也会想起以前的那些美好回忆，所以这个技巧既简单操作，就不会有太重的“表演痕迹”，在两个人的相处过程中，能在融洽的方式下完成一段新鲜感情的重新建立。

## 5.7　怎样让你们的婚姻有奔头：共压技巧

狗子结婚的时候家里一穷二白，家人刚刚供他上完了四年大学，妹妹又开始上大学，父母只是工薪阶层，没有任何多余的钱。

“你晚两年结婚吧，我们攒攒钱，你自己也攒攒，总是够的。”

“不，我就要现在娶她。”

狗子一定要娶的这个女人，是我的堂姐。那年堂姐刚满 20 岁，狗子比堂姐大三岁。他们在一家台球厅认识，那时候堂姐喜欢跟着街里最拉风的那群小伙子出去闲逛，堂姐虽然长得还可以，但就是个假小子脾气，所以从来也没人把她当女的。

但狗子不是，他看到堂姐的第一眼，就觉得这是他未来的媳妇儿。

如果不是两伙人打了场架，可能堂姐也不会注意到狗子。

狗子就是那种打架不要命的人，当时应该也是为了逞英雄，愣是被打断了一根肋骨。

狗子最后还是把堂姐娶走了，虽然家里都不同意，但是他们始终立场坚定，在我们看来就是“私奔”，两个人终于在一个偏僻的地方建立了属于自己的一个小窝。

那时候堂姐也没工作，只能到处打着零工，而狗子以前跟亲戚学过修车，去了修车厂，还能拿到不错的薪资。两个人不知道背了多少债，从来不敢买肉吃，每天不是粗粮就是蔬菜，身体倒也争气。

但没想到过了两年，两个人的小日子过得越来越好。狗子又贷款开了一家自己的修车厂，堂姐就成了老板娘，每天只管擦着指甲油嗑瓜子。而两个人的感情却是一如既往的好。

以前老一辈的人不理解，为什么年纪轻轻的要背负那么多债务，还不上可怎么办？但是从堂姐和狗子的身上我们也看到，两个人共同承担一些债务或者压力，对两个人婚姻关系的稳固也是一种特别有效的方法。

浪哥把这个技巧称为“共压技巧”，严格上来说也算是一种共谋。共谋是什么？就是两个人一起做一些什么事。一起做菜算共谋，一起吃饭算共谋，一起打游戏算共谋，一起去旅行也是共谋。而一同承担贷款和债务，也算是夫妻的一种共谋。因为有了一定了压力，两个人才会为了得到更好的生活而努力，两个人未来关系的发展也会变得明朗。

学员花花就是独立创业的，因为毕业后找不到很喜欢的工作，自己又喜欢美容美甲，就自己筹资开了一家小店。那个时候偶然认识了男朋友。因为男友自身条件也比较好，在他们那里也算是出了名的高富帅，所以在一起没多久他就出轨了。

男方的父母对男友管束不多，也不会太干涉他的感情生活，所以花花一时无从下手。阿缘老师刚开始指导她的时候，只能跟男友有一搭没一搭地聊着天，好不容易建立了舒适感，开始有了比较好的回应，但是迟迟踏不出复合那一步。

那个时候浪哥就提议，就说开一家新的店，让男友考虑投资。的确是一个很冒险的举动，但是它恰恰能够测试出，男友对花花到底还有没有心思，或者说还是否愿意付出那么大的投资。前期花花也提过几次，但是都被男友以各种理由推辞了。最后花花只说让他帮忙挑选一个地段比较好的店面，男友才勉强答应了。

找到店面后，花花开始了紧锣密鼓的装修，时不时地叫男友过来参谋，后来男友突然决定要投资，我们也十分意外。

按照后期男友的说法，是当时被花花独立自主的坚强性格所打动了，觉得她一个小姑娘自己开店也不容易，想帮她一把，就算是赔了钱也不用还。所以，这样的回答还不够清晰吗？没过多久，两个人果然复合了，并且还得到了双方父母的一致祝福。

两个人慢慢把店开起来了，也开始为了店面的运营和维护一点一点做了打算，两个人不仅把事业做得红红火火，爱情也是一步到位了。

其实这个技巧也是浪哥透过这个学员的案例整理出来的。为什么说两个人要共同背负压力？因为适当的压力能够带给两个人共同进步、共同努力的动力。如果你已经踏入了婚姻，不要惧怕所谓的房贷车贷，恰恰是这些给了你们共同维护这个家的共谋。

其实婚姻就是两个人搭伙过日子，如果没有那么多的乐趣和惊喜，也能凑合过得下去。但是如果增加了一些额外的压力和额外的负担，两个人有了更多的联系和对未来的打算，也未尝不是一种稳定婚姻的好方法。

## 5.8 如何跟老公达到情绪共振

我们讲过“如何成为男人精神伴侣”的技巧“冷读”，就是透过对目标说一些心理分析的话，来让他觉得自己很懂他。

那么两个人在一起时间久了，彼此十分了解，比如婚后，有时候不可能再去经常“冷读”他的性格，那么如何在日常生活中让他觉得“你们很像”呢？如果说“冷读”只是想法上的共鸣，那么情绪上的“共振”就是让他完全依附于你的一个技巧。

王贝贝是行业里少数的IT女精英，名校毕业，成绩优异，长得不算好看，但是气质过人，身边不乏追求者。但是她偏偏瞧上了公司里最不起眼的一个程序员——阿磊。阿磊是那种扎到人堆儿里都不会被看到的人，虽然衣衫还算整洁，但是那一头微微发黄的自然卷，那呆滞无神的眼睛，五百多度的厚重镜片，完全遮盖住了他该有的男性魅力。

王贝贝在公司没待多久就晋升为他们的主管了，阿磊也是她手下的一员。王贝贝就是喜欢这样勤勤恳恳工作的人，一忙起来饭都记不起来吃，经常放凉了再扔掉。但是阿磊有一个特别的爱好，就是喜欢收藏古书。身为一个理工女，王贝贝同样喜欢看书，被特别的阿磊深深吸引了。

严格上来说，的确是王贝贝追的阿磊。一日她叫了两份外卖，叫阿磊到会议室一起吃。阿磊扶了下镜框，隔了有半分钟没说话，才慢吞吞地坐下吃饭。王贝贝就侧面问他工作怎么样，会不会觉得压力大，阿磊低着头一个劲儿摇头。

“其实我也替你们累，我虽然累吧，但是还能忙里偷闲歇一会儿，你们这简直不是人做的工作，我回头跟经理说一下去，不要一直这样赶，谁受得了啊。”

阿磊突然笑了，眼睛里带着感激，“嘿嘿，你怎么知道我们怎么想的？”

"我也是从你们那儿过来的啊，我了解。有些领导就喜欢压榨员工，但我不是那种哦!"

"嗯嗯，我知道，我们都觉得你很好。"

……

然后聊到书的时候，阿磊的眼睛里突然有了光，他慷慨激昂地讲着自己从初中开始收藏的那些旧书，从老家带到了深圳，又从深圳空运到北京，都是他最爱的宝贝了。

"那我有时间可以去你家看看吗?"

"当然了！如果你不嫌弃的话，想看什么就拿去看好了!"

"我真的觉得现在很多书都很难找了，而且看电子书跟纸质书的感觉都不一样，我完全看不进去电子书……"

"我也是诶！所以我特别庆幸自己收藏了一些书，没事的时候可以翻出来看看。"

……

两个人越聊越投机，似乎忘记了上下级的身份。

王贝贝就是通过"情绪共振"这一招儿，完全打开了一个不爱说话的人的话匣子。

那么情绪上的共振，要怎么做到呢？其实很简单，就是他开心，你也跟着开心；他难过，你也跟着难过；他生气，你跟着他一起生气；他对什么感兴趣，你也喜欢什么。跟他做一样的事情，比在遇到一些事情后再去安慰他要好得多。因为有时候人需要的不是安慰，而是感同身受。当他找到跟自己极其相似的同类时，会突然觉得是你让他的世界变得美好了。

有一个学员小 D，跟老公结婚有五年多，可能因为两个人是相亲介绍认识的，前期没有什么感情基础，老公对自己一直不咸不淡，不冷不热的，虽然夫妻关系讲究"相敬如宾"，但是他一直对你太客气，把你当外人的感觉也不好受。小 D 自己也是自尊心极强，有自己的事业，生完孩子不到一个月就又开始工作，外面人人称赞，但是回到家里，老公的冷淡让小 D 十分心碎。

其实后期通过小D的叙述里，我们发现两个人性格差异挺大的，而且没有什么共同爱好，平时自然比较少有共同话题。老公因为得不到想法上的共鸣、情绪上的共振，自然话越来越少。小D了解了“共振”技巧的应用，才明白了为何始终跟老公无法达到精神层面的交流。

所以后面老公每次回家比较疲累的时候，小D就引导他跟自己讲讲工作上的问题，不是去安慰他，而是跟他一起抱怨，一起痛骂领导，一起诟病同事，慢慢地两个人的话多了起来。老公甚至开始感谢她的理解。

有时候公婆给老公施压，小D也会站在老公这边，帮他分析他的苦楚，“我知道你已经很累了，其实你不用完全听他们的，我们总有自己的生活方式。”很多时候，一味的劝解没有什么实际作用，但是当你让他觉得你能跟他感同身受，他就会觉得你是最理解他、懂得他的人。

其实婚姻里最重要就是两个人有共识，有一同为这个家付出和经营的心，两个人的互相理解和支持，才是支撑婚姻走下去的最重要的东西。

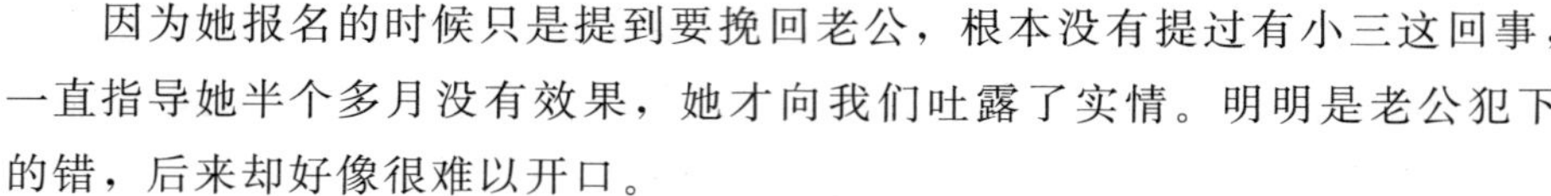

## 5.9 老公有出轨预兆怎么破：隐喻

学员后来结婚不到六年，在她婚姻第三年，老公便开始出轨，后来都知道，但是生性软弱的她，根本不知道该如何抗议。

因为她报名的时候只是提到要挽回老公，根本没有提过有小三这回事，一直指导她半个多月没有效果，她才向我们吐露了实情。明明是老公犯下的错，后来却好像很难以开口。

老公是一个白手起家的创业者，结婚前两年还好，创业初期两个人一起打拼，有什么事都一起商量。但是没想到后来一帆风顺，老公的生意做得红红火火的，接触的人也越来越多。也是因为这样，后来渐渐与老公的生活脱节，并且第一次发现了老公有外遇。

为什么都说男人一旦变得富有就会有贰心？其实跟他富不富有没有太大关系，最主要的还是妻子没有留住他的心。如果你貌美如花，勤劳能干，又体贴温柔，他会放着这么完美的一个妻子出去找小三吗？所以很多时候老公出轨，是因为他爱你还不够多。后来就是这种情况。

两个人受父母之命、媒妁之言成婚了，后来总以为这就是完美结局了，从此她就可以跟老公过着夫妻二人的小日子了。但是，没想过还有婚后出轨这么一出。

但是既然已经发觉老公出轨了，也不是一次两次，就没必要这样忍气吞声。既然老公没有提出离婚之类的，说明无论是在情感还是利益上跟后来还多少有点牵连，那么如果想挽回的话，第一步，当然就是让他知道，出轨一个错误。

浪哥教后来的技巧叫作“隐喻”，就是通过讲一个故事、一个新闻或者编造一个情节，来“警告”老公出轨的后果，其实也是在给他打预防针。

后来等老公回来后，是这样跟他说的："我今天看了一个新闻，就是长沙那边有一个男的出轨哦，然后那个小三根本没想跟他怎么样，所以男的带小三去开房的时候，小三以为要强奸自己，直接叫来了一群黑社会的，把男的打得半死哦！那个女的有老公，还是个黑社会老大，真是够吓人的。"

老公其实愣了一下，但是突然涨红了脸，也没说什么。那个周末，老公难得带自己和孩子出去自驾游了，距离上一次两个人单独出去，已经快有大半年了。

其实男人如果没有主动跟你提出离婚，说不爱你，出轨都是偷偷摸摸的，他不会想让你知道，说明还是在乎你的看法和你的心情。

那一次的谈话后，老公明显收敛了很多，并且因为这一段时间后来也在努力做着自身的改变和提升，逐渐显露出了自己的魅力，老公在家的时间越来越多，也开始陪老人和孩子了。

其实后来是一个很聪明的女人。大多数女人在知道老公出轨时，会破口大骂，会歇斯底里，会为了不离婚，把家里人都牵扯进来。但是我们要想一想老公出轨的原因：是不是因为你们的婚姻关系不够稳固？是不是你无法满足他的需求？是不是你对他有太多的指责和抱怨？是不是他在你这里得不到尊重和理解？

有时候老公在外面找女人，可能真的就是因为缺少一个红颜知己，那么为什么，身为妻子的你，不可以担当这个角色呢？

无论是婚姻还是恋爱里，击退小三的核心点都不是小三，而是你心爱的男人，只有你驯服他，才能让他主动离开小三，乖乖回到你身边。

为什么我们要使用"隐喻"这个技巧呢？因为，如果当时你是直接提出来的，甚至是当着家人孩子的面，老公会觉得很没面子，可能会突然恼羞成怒。毕竟所有男人都爱面子的。

如果你不跟他说，他就会以为你不知道，或者说你不在乎，可能就会更加放肆，觉得"反正我做什么你都不会跟我离婚"，千万不能给他这样的印象，否则男人只会得寸进尺。

“隐喻”的好处是什么呢？当你不声不响、不痛不痒地用第三方视角讲述这样一个故事的时候，其实老公会自动把自己代入的，当他听到最后是“被打”“离婚”“倾家荡产”等结果时，一定会迅速衡量一下婚姻与小三的重要性，即使他什么都不说，但是心里一定早已经有了一万个念头，并且他可能会想到，你已经知道他出轨的事实。这，就是一个无声的抵抗。

因为爱情的排他性和自私性，一段好的恋爱关系和婚姻关系里是容不下第三者的，所以当你的关系里出现了第三者，需要更加努力地去让他感受到你对他的重要性，只有一个男人真正地悔悟，才会主动放弃，回到你身边。

## 5.10 如何处理好婆媳关系：点心技巧

父母永远只会为你挑选一个“合适”的伴侣：他有车有房，工作稳定；她海外留学，知书达理。他们考虑得更多的是硬性条件，而不会过问太多“爱”与“不爱”的问题。或许在他们那个年代，感情不是最重要的东西。

想起来之前奶奶说过的一句话，什么喜欢不喜欢，嫁鸡随鸡，嫁狗随狗，谁都一样。

但我们不是这样想的啊，我们崇尚自由恋爱，我们期待一见钟情，我们坚信爱情的存在，所以我们不愿意为了现实妥协爱情，更不会因为父母的阻隔轻易放弃一段感情。

同事薇薇跟男友在一起也有三年之多，却始终处于“地下恋情”，原因是男友第一次带薇薇回家的时候，男友妈妈对薇薇的家境和工作等进行了一番羞辱。确实，男友家里在当地是有名的商业大佬，坐拥几家星级酒店，地产方面也有涉及，在父母眼里，薇薇男友是应该找一个名媛小姐共同继承家业的，而不是一个普通家庭的普通女孩。

薇薇痛哭之后决定顺应男友母亲的建议，去考取一个公职。但是没想到连续三次都失利。男方家庭始终在施压，并且声称即使考上了也要考虑一下两个人结婚的问题。这就是长辈眼中的“不合适”吧，薇薇真的折腾不动了，为了这段感情付出了太多，也不想让别人觉得自己是想高攀，尽管跟男友两个人是真情实意的，可有什么用呢？在现实面前，感情真的不值一提。

薇薇提出分手的时候，男友几次挽留，最后大概也是心凉了，选择了各奔东西。

大多父母反对的恋情最后都会落得这种结果吧。可能是真的不想再与现实争斗，可能两个人的感情在这个过程里已经有了嫌隙，再或者，本身就没有那么爱。

为什么男友的妈妈会不喜欢自己？或许你没有漂亮到倾国倾城，但是身边也不乏追求者。或者你没有显赫的家室，但是你家庭和睦美满，从小受着传统的良好教育。或许你没有那么厉害体面的工作，但也在自己的公司甚至这个行业混得风生水起。如果说这些都是你无论怎么努力都改变不了的话，那么能改变的，只能是他父母对你的印象。

之前浪哥接到过一个跟薇薇情况极其相像的学员，只不过更加严重，学员 QQ 已经因为感情问题患上了轻度抑郁。包括在给她指导的过程中，她始终没办法拿出一个积极乐观的态度来面对。

QQ 的男友家庭算不上大富大贵，但也是书香门第，祖上几代都是公务员，所以对于一毕业就踏入社会工作的 QQ 始终戴着有色眼镜看待，认为她不求上进，没有出息。所以 QQ 跟男友在一起那么久，连他家的门都没进过。而男友的态度又飘忽不定，有时看似是偏向 QQ 这边，有时候又会替他父母说话。QQ 三番五次以自残或自杀的方式进行威胁，反而导致了男友的过分反感。

其实，我们说过在挽回中，所有问题的核心点都是在你的男友身上的。QQ 之所以跟男友落得这个结果，也是因为男友的立场不够坚定。所以按照正常挽回流程，跟男友建立起舒适感后，浪哥才教了 QQ 一个大招——“点心技巧”。这个技巧来源于婚姻经营中的处理婆媳关系技巧。怎么防止婆婆对你挑三拣四？你每次去看她都带上一份点心，她即使有再多的不满和埋怨，都不好意思当面说出来，这也应了我们常说的一句俗语，“拿人手短，吃人嘴软”。

所以浪哥指导 QQ 给男友父母带了几次礼物，并且是以男友自己的名义。中秋的时候特意打电话给男友妈妈，问她上次的保健品吃完了没有，男友妈妈这时候才明白原来一直都是 QQ 的心意，态度立马转变了，不再似从前那样高傲。就这样，中秋的时候 QQ 顺利拜访了男友的父母，也给他们重新留下了一个“孝顺”“懂事”的好印象。

学员燕子结婚六七年，始终跟婆婆搞不好关系。生了两个娃以后，老公反而对她越来越不上心，最后发展到家都不回了，婆婆不仅不帮忙劝阻，还冷言冷语地嘲讽她不够贤惠。中国家庭里这样的婆媳关系甚多，不然前几年黄金档就不会有那么多婆媳大战的电视剧了。

这里浪哥用的也是“点心技巧”。不是觉得我这个媳妇不够贤惠吗？那就多干活少说话，每天把家里整理得井井有条，有时间还带孩子和婆婆去吃饭去郊游，买东西总是帮婆婆带一份，多增进婆媳间的感情，做到这份儿上了，婆婆还有什么好说的？这个过程自然十分艰辛，一段关系不是那样容易改善的，但如果它有效果，一切也就值得了。

最后燕子跟婆婆发展到什么程度了？婆婆不仅亲自教训老公，还一个劲儿在老公面前夸赞儿媳妇的孝顺和贤惠。老公还有什么可说的？

还是那句话，女孩子无论对待感情还是处理关系上，都不要把自身姿态放低。对方不喜欢你不一定是因为你不够优秀，你要做到对 TA 足够好，好到让 TA 无话可说。无论是对待男友还是他的妈妈，道理都是一样的。

第六章

# 团队工作日常：学员案例

## 6.1 我哪里比不上她?

第一天

J同学跟男朋友是高中同学，高中毕业时才在一起的。高中的时候男友一直对J同学示好，无论有什么事情总是第一个冲在前面，他说不会让J同学受到任何伤害，但是两年半后，他却出轨并提出了分手。

分手原因很老套，因为两个人大学异地，很久才见一次面，男友借口只想找一个能陪在自己身边的人，然后在一周不到的时候就开始发新女友的合照秀恩爱。分手第二周，两个人又加回了QQ和微信，男友还在凌晨给J同学发了生日祝福，但是第二天，J同学又看见前男友跟新女友在疯狂秀恩爱。

月光老师了解情况后，深深地叹了口气。J同学长得还不错，学习成绩优异，家里条件又比较好，而男友就是一个不学无术的渣男，除了会说些花里胡哨的情话，别的什么都做不好。如果这不是J同学的初恋，月光老师一定会劝她别挽回了。

月光老师首先为J同学分析了一下他的情况："你的问题主要是缺乏恋爱经验，所以不了解男人的真实心理状况，不了解两性的思维差异，不懂得两性相处技巧，也没有找到正确的两性相处模式。所以在你们的相处过程里，他慢慢地失去了新鲜感，男人都是贪图新鲜感的动物，异地也不完全是一个借口，但是可以确定他以异地提出分手，还是因为不够爱你，你在前面在一起的两年半没有完全抓牢他的心。"

月光先为其定制了一个三十天的计划，包括自身的改变和学习，包括挽回心态的建设，包括与对方的互动和交流等。

## 第五天

第一周的时间里，月光老师首先对J同学的自身情况和男友的现状做了深入了解。因为J同学现在跟男友仍然异地，制造偶遇的情况是不可能了，男友现在又沉浸在新的恋爱关系中，所以要想保留住联系方式，只能是先不要频繁联系。

“我最近已经很少找他了。”

“那很好啊，因为他现在有新欢，如果你出现太频繁，他会产生负面情绪。鉴于之前他还会零点给你发生日祝福，说明他心里还是有你的，无论是什么身份。所以不要急于去要一个答案，先做好自身的提升，等待他的情感窗口。”

## 第十天

“老师，今天有个朋友给我发了那个女生的QQ空间留言，他一直在给那个女生留言，还特别暧昧。两个人前两天还在发照片秀恩爱，我是不是没有机会了。”

“这个很正常，毕竟人家现在是名正言顺的男女朋友，爱怎么秀别人也不好说。你的心态又没有摆正，你现在是前女友的身份，我当然知道你心里也不好受，但是你不可能去跟他哭闹，你更不能对自己没有信心。他能选择一个比较漂亮的新女友，你就可以变得比她更漂亮啊。”

“可是我现在给他朋友圈和空间发评论，他还是不怎么回复。”

“给他发评论要用提问或者聊天的方式，要让他能接得下去，如果你只是单纯地陈述一句自己的看法，他想回复也没得回。你要多用学过的聊天话术，在评论里一样能聊天。”

## 第十三天

“老师！他今天找我聊天了。主动关心了我一下，说最近降温，叫我加衣服。”

“那是好事呀！有没有借机感谢他，或者邀约？”

“是感谢他了，但是他后来也没有回什么。邀约怎么做？我想是过几天

放假去找他，可以跟他说嘛？”

“当然不能直接说了，他的回答肯定是否定的。你如果真的想去找他，可以等你到了他那里再联系他，问他在哪里，能不能尽一下地主之谊，请你吃个饭。如果你确定最近他回应比较好，可以在那天直接这样说。如果你不确定，可以先送个礼物试探一下。”

“我不知道算不算好，他有的时候会跟我聊天，但是有的时候也不回。”

“但是既然他会主动关心你了，说明他心里还是有你的，算是比较好的一个回应了，加油哦！”

## 第十七天

“月光老师，我前几天给他寄了礼物了，但是他女朋友好像看到了，不高兴了，所以他跟我说以后不要再打扰他，也不用给他送东西。”

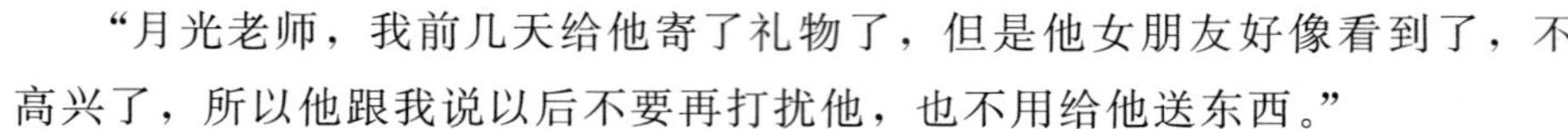

“你也不用气馁，他其实是顾虑他新女友的想法。你看你们最近聊天的状态不是很好吗？虽然你们都没有提复合的事，但是已经有了情侣间的暧昧关系了，你们前面进展得很好的，不要灰心，现在先暂停两天，晾他一下，晚几天你不是要去找他吗，到时候可以见面说。”

“会不会他不想见我？或者见到我不想听我说话？”

“不排除有这种极小的可能性，但是我觉得他这个人其实是心软的，不会舍得让你自己待在陌生的城市里，如果到时候他不出来，就撒娇示弱晒痛苦，只要能见一面，对你们关系的进展总是有帮助的。”

## 第二十二天

“老师，我一会就要见他了，我有点紧张，我打电话该跟他说什么？”

“你就说‘猜猜我在哪啊’？”

“如果他猜不到呢？”

“那你就告诉他呗，但是别说是来找他的，你就说来办什么事路过，或者找完朋友了，或者说你刚跟朋友分开，没有买到回去的票。问问他能不能帮你一下。”

“好的，明白啦。”

“老师老师，我们见过面了。”

“怎么样啊?”

“我说我丢了钱包，走不了了，要他帮我买张汽车票。他说这么晚了明天再走，就带我吃了个饭。我一直没有提他女朋友的事儿，也没有提我俩的事儿，就一直聊得挺好的。还有冷场的时候那些穿越话术也用上了。他还是像以前那样帮我夹菜，帮我递纸巾，我们一直在聊学校的事。”

“那挺好的呀。”

“但是后来他说送我去旅馆，我不想自己待着，就叫他陪了我一会儿。他一直在拿手机回消息，我知道他在跟那个女生聊天，但是我也没有问。过了一会他就走了，说明天早上帮我买了车票送过来。”

“其实他还是挺关心你的呀。你要抓住机会啊。”

“其实我当时想让他留下来的……”

“傻姑娘，你忘了不能跟他发生那种事，他会看不起你的。让他走了最好，其实也给他留一个念想。他不说了明天早上来找你吗?明天临走的时候可以发生点肢体接触，抱抱他之类的。”

“哦……但是我感觉我们现在就像好朋友啊，没有以前谈恋爱的感觉了。”

“能框架成好朋友已经很好了，你不能心急。毕竟他现在身边有别的女孩，如果他昨晚上留下了，我肯定会骂他不是东西，但是既然他留恋了一下还是走了，说明他心里有你，也仍旧想对你好，这是好事呀。”

“那我明天走的时候应该怎么说?可以问他关于复合的事吗?”

“最好是先不要提，但是也可以见机行事，随时联系我。”

## 第二十三天

“老师老师，他今天在车站送我的时候我抱他了!”

“然后呢?”

“他愣了一下，然后在我额头上吻了一下。他说是他对不起我，我说没关系，我说能见到你就很开心了，他说他也是。但是我不太清楚他这种心理状态啊，他是对我愧疚吗?还是真的见到我很开心?”

“各自参半吧，其实他已经开始动摇了。他心里一定是有你的。他心里是感激你的，你没有逼他做决定，也没有逼他分手，他看到你自然会想起来以前的事，就会觉得你很懂事，很体贴，会念起你以前的好来。这次见面还是有点收获的。”

"嗯！谢谢老师。"

## 第二十七天

J同学已经好几天没有找过月光老师了，月光突然觉得奇怪，便主动问起她的情况。

"最近两天怎么样啊？"

"从回来以后他好像话变多了，也比以前主动了，聊得还挺好的。"

"有什么问题吗？"

"嗯……我就想知道什么时候可以提复合的事情啊？"

"小仙女不要着急嘛，你前面已经做得很好了，现在就差一个契机了。我们现在就需要等一个情感窗口，就是他跟那个女生吵架的时候，他可能会想找人谈心，这个时候你再出现就可以了。"

"明白了。"

"那你最近有没有去跟他制造共谋？"

"我上次跟他说过一起出去玩，他找借口说没有时间。现在就是每天一起打游戏，有时候会给他发我唱的歌，他也会给我发，偶尔会语音聊会天。别的就没什么了。"

"已经很棒了啊，你这才二十多天，不到一个月，进展已经很大了。"

"那我现在就是等着吗？"

"对，等他的情感窗口。不要轻举妄动。"

"好的，明白。"

## 第三十一天

"老师，今天我发了那条朋友圈他给评论说'为什么出去玩不带我'，是吃醋的意思吗，还是什么？"

"之前教你发高价值朋友圈的目的已经达到了，首先吸引到了他的注意，第二引起了他情绪上的波动，第三他其实在提出'假性邀约'，先不管他是不是真的想跟出去玩，他既然这样说，肯定多少有点想法的，你很棒啦！"

"那我可以约他吗？"

"你也可以继续用'假性邀约'啊，或者去调侃他，你可以给他回一句'那下次带你啊'，或者就去打压他'你整天那么忙，谁知道你有没有时

间’，其实也是在侧面要一个肯定答案啊，你可以试一试。”

过了一会，J同学兴奋地找到月光老师，“老师，他答应见面啦，他说想来我们学校这边的科技馆，叫我到时候安排他。”

“那这次见面可以好好把握住机会呀，记得暧昧调情，撩到让他主动提复合！”

## 第三十二天

“老师，我们昨天在一起可开心了，也聊了好多。他说他其实心里边一直有我，他已经不怎么理那个女生了。他说觉得也挺对不起我的，问我原不原谅他。”

“那你怎么说的？”

“我说不原谅啊。”

“……为什么要这样说？调侃忘记了?!你可以说‘那看你表现啊’之类的，把问题再抛给他啊，不要做这种肯定或者否定的回答。那他后来什么反应？”

“他就笑了笑，然后没说话啊。”

“他问你是不是原谅他就是在求复合啊，我的傻姑娘！”

“那老师……我还可以补救吗？”

“我之前让你做的情侣日记做好了吗？”

“差不多了，我们照片不是很多，但是能找到的我都找了。”

“你最近尽快做好之后寄给他看，看他什么反应。”

“嗯好哒！”

## 第三十七天

“老师，他今天发了一条朋友圈我给你看一下。”

截图上是男生发的一行文字，“如果你还爱，我就一直在。”

J同学难掩兴奋，尖叫着问老师是不是在说自己。

“但是这个也不能确定啊？他跟那个女生怎么样了？”

“我不太清楚，但是最近每天都在跟我聊天，他自己说已经分手了，没怎么理她了。”

“那先恭喜你呀！可以适当暴露一点点需求感，但是不能表现得太明

显哦!”

## 第四十天

“老师，他今天一整天都没有找我诶，我看他朋友圈和空间都没有更新动态，我也不知道他在干吗，早上给他发了一条消息一直没有回。”

“可能他也有事要忙啊，不要一直整天缠着他，两个人适当留有一些个人空间也是好的。”

“其实最近他变化挺大的了，我们又像以前那样聊天了，甚至比以前还要好。他说以前从来没有觉得我这个幽默可爱，现在越来越黏我了。但是今天突然这样消失了，有点不适应。”

“没关系啊，等等吧，他看到会回复的。我看他最近回应已经很好了，复合的事就差临门一脚了。”

“真的吗？我前几天寄了情侣日记了，但是我不知道他收到没有，也没有跟我提过。”

“不可能没有反应的呀，再等等看吧。不要太心急啊，就差最后一点了。”

月光老师也甚是欣慰。她是一路看着这个小姑娘走过来的，知道她吃了不少苦，但是学生时代的爱情就是这样纯真，似乎初恋就意味着一辈子了，月光被他们这种简单却坚定的恋爱所打动，也真心希望能有一个 happy ending。

## 第四十一天

“老师，我们和好啦!!”J 同学发来一个特别嘚瑟的表情包。

“恭喜呀！我就知道能和好的，真替你开心。”

“他昨天偷偷坐车来找我了，想给我个惊喜，所以没有回我。当时我都要发脾气了，幸好你安慰我别着急，我真没想到他会来找我，还送了我一条项链，是我们以前看过的。我当时就哭了，他就一直跟我说抱歉，说以后会好好对我的。我说我们还要异地一年多，他说他愿意等我。我真的……不知道说什么好了。”

“你这么可爱的小姑娘，就知道你会成功的，祝你们幸福呀!”

其实J同学的成功挽回，是月光老师起初没有想到的。因为毕竟当时男友有了新欢，又比J同学漂亮，月光老师也是捏了一把汗。好在J同学踏实爱学，每次听公开课都会记笔记，特别认真地在为这段感情付出，月光想，这大概也是爱情对她的一种回馈吧。

我们都特别佩服J同学坚持的那股劲儿，放在我们这群奔三的老师身上，是一定做不到的。那是因为爱产生的巨大的能量，让她坚信他们应该在一起，一定能在一起，总会在一起。

## 6.2 姑娘你能不能爱得有点骨气？

小猴子是一个出生于1996年的姑娘，却已经成为一家著名连锁房地产公司的经理，事业是做得风生水起。可是正当她打算跟在一起五年的男友准备结婚时，突然遭到了男友全家的反对。

男方父母的理由是“不顾家”“太拼命”“工作不稳定”等，说白了是瞧不上小猴子这个工作，经常不着家，也没有稳定收入，有时候忙起来电话都不接。

但是小猴子也很委屈。她18岁高中毕业后就辍学，没有读大学，跟着男友来到了他的老家，自己在一个人生地不熟的地方找到了一份工作，一做就是三四年。老家只能一年回去一次，这边也没有其他亲戚朋友，完全就是独自在打拼。而起初承诺说给自己一个稳定保障的男友又是一个十足的“妈宝男”，对母亲言听计从，几乎从来没有给自己帮过什么大忙，但即使这样，小猴子还是认为他们是相爱的。

从小猴子跟男友在一起，他父母就一直不看好，各种冷嘲热讽少不了，就连过年过节收了小猴子的礼物，也不给她什么好脸色看。在他们心里，自己的儿子就应该找一个门当户对的好姑娘，而不是一个大学都没上的打工妹。

大概也是受到男方家庭的影响，在这段恋爱关系中，小猴子显得格外卑微。只要男友打电话说要见面，无论身边有什么事，一定要尽快处理完去见他。自己从来不会提任何要求，更不要说男友对自己的投资了。

“那为什么你们还能在一起五年多？”

“因为刚在一起的时候他对我很好，当时他父母不知道，他说以后会娶我的。”

我们真的不知道该说她是傻，还是痴情。

### 第一天

当时给小猴子安排了夏诺老师。夏诺老师是一个极其看不惯女生低三下四的样子的，直接建议小猴子放弃挽回。但是又念在她年纪轻轻的把所有青春都投入到这一个人身上了，想来是有着超乎寻常的感情的，只好硬着头皮给她制定了方案，答应帮她挽回。

“那你们现在是一个什么样的情况？”

“我现在在他家住，因为前一阵房租到期了嘛，我没有地方去，就说来找他。”

“他家人同意了？”

“不同意啊，现在他爸妈和他妹妹天天赶我走。但是我又想着，在一起的话可能还能促进一点感情。”

“那你男友现在对你什么态度？”

“他就是忽冷忽热的，一会听他妈妈的，一会又跟我道歉，我也觉得他挺为难的。所以他跟我提出来先分开一阵。”

“傻姑娘，如果他真的特别爱你就不会听他父母的去对你不好了。他为难还是因为犹豫，还是不够爱你呀。”

“其实我自己也能感觉到，他现在也是一心扑在事业上，而且他比我大几岁，总是觉得我幼稚什么的。有时候对我也很不好……”

夏诺长叹了一口气。如果小猴子在身边，真的特别想抱抱她。

### 第三天

“因为你目前的话是需要做一个自身的提升和展示的，以前你工作太忙，在这边也没有什么朋友，所以几乎没有什么兴趣爱好，这可能就会让男友越来越觉得乏味无趣。你现在不仅要做外貌上的一个改变，更重要的是去培养一些兴趣和特长，让男友重新关注到你。以后每天都会布置作业，教你怎么发朋友圈，你每天认真做就好了。”

“但是我现在也没有特别多的时间去玩啊什么的，我们平时基本都不休息的。”

“但是一天里不会24小时都在工作吧。下班之后你可以学着做几道菜啊，学学做甜品啊，或者去健身的，拍一下自己健身的照片，这些都可以的，而且也不会浪费你太多时间。再或者，你可以在睡前读一本书，分享书摘或者自己的感悟，这些都可以呀。最重要的是要让自己的生活丰富起来。”

“嗯我明白了诺诺老师。”

夏诺慢慢觉得，小猴子是一个性格温和到不行的女孩，这样的好女孩，怎么会没人爱呢?



## 第七天

“诺诺老师，今天他妹妹又骂我了。因为我很早之前答应过给她一个礼物的，然后最近比较忙就忘记了，他妹妹就骂我特别难听，说我在她家蹭吃蹭喝，就是一个寄生虫什么的，我没忍住就跟她吵了两句，然后我男朋友也开始骂我……老师我真的觉得，我是不是不应该挽回他的。”

“他妹妹不也就比你小一岁？自己想要什么不会自己买，凭什么要你给买啊？敢情你跟他谈个恋爱还欠他们全家了啊。”

“他妹妹还在上学。其实我自己心里也挺愧疚的，毕竟以前是答应过的，后来是真的忘了。然后我男朋友就说‘你为什么不让着她’‘你不哄她高兴我跟你没完’什么的，我就觉得我在他们家里……根本就没有地位，我都不知道他们把我当什么……我真的不知道。”

“哎，是呀，因为你之前太低姿态了，给他们所有人都留下了一个那样的印象，觉得可以随便支使你，觉得你没有脾气，觉得你就是倒贴。你从现在开始就要改变他们这个想法，你不是非要求着他的。”

“但是我真的想挽回他啊。”

“挽回不一定要用低姿态的，我们主张的挽回是吸引他主动回来追求你。我劝你还是早点从他们家搬出来，别在这种地方受这样的气。”

“不行啊，我觉得我走了以后可能真的跟我男朋友就见不到面了。万一他再拉黑我，我从这里出去就再也回不来了。”

夏诺老师又深深地叹了口气，小猴子这个人真的是爱得太傻了。

第十天

“我昨天在朋友圈不是发了一段书上的句子吗，然后今天男朋友说我做作，说我装文艺什么的。我真的……拿他都没有办法。”

“……”

“我在他们家又没有办法做菜，我也不会做啊。老师还有没有其他的什么方法。”

“他最近回应怎么样呢？”

“他就还那样啊，我问他就回，但是不怎么主动找我。回家以后也是，很少交流。”

“那你有没有试过在朋友圈跟他聊天？”

“没有诶……”

“就是他发一条朋友圈，你就去调侃，留言，给他回复，通过他的兴趣点调动起他的情绪来。”

“好吧……我很少给他评论，他也不怎么发朋友圈的。”

“你最近跟他家人怎么样？”

“就还是那样啊，就像陌生人一样，不骂我就是好的了。”

“哎，你说你何必呀，在他们家受这气。”

“没关系的老师，我习惯了，我觉得没什么，我只在乎我男朋友的态度怎样。”

“你这个关注点也是对的，因为所有父母不同意的恋情，症结还是在男友身上。你就在他身上多下点功夫。”

“嗯嗯，我明白。”

第十三天

小猴子突然发来一张截图，是她跟男友的聊天对话，是晚上临睡前，两个人互相调侃的一段对话，看起来聊得还挺好。

“不错啊。”

“嗯嗯是呀老师。最近两天他好像心情不错，也喜欢跟我开玩笑了。”

“其实你也可以主动去调侃他的，之前公开课里讲过‘虚拟元素植入’

和‘角色扮演’之类的聊天话术，都可以用的。”

“嗯！真的很好用的！”

“你们现在有没有机会一起出去玩？多制造一些共谋，有利于关系的发展。”

“我没有什么假，但是他每周都休息，我可以请一天假，看看他想去做什么。”

“不一定要看他，你怎么老想着他说了算？有的时候也可以是你做决定的。”

“我在这边也不熟啊，我也不知道可以玩什么。”

“哎，好吧。那你记得跟我反馈一下他的态度。”

“好的诺诺老师。”

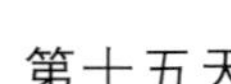

## 第十五天

“老师我……我前两天约他出来逛街嘛不是，但是他临时公司有事，今天没有休息。”

“没关系啦，他也不是故意放你鸽子的。”

“但是他也没怎么跟我解释，就直接说了两句就挂了，我也不知道他是不是真的有事，还是不想理我……”

“哎你不要老是这样没有信心。今天好不容易休息一天，又是周末，这不也该换季了吗，你去逛逛给自己挑两件衣服，也换个心情。”

“好吧。”

下午的时候，小猴子突然发来几张照片，是她在商场试衣服的照片。

“老师你看我适合哪一套啊？我觉得我平时穿习惯西装这种了，是不是该换一种风格？”

“我觉得第二套不错啊，很清新也很可爱，跟你以前的风格不一样，挺让人眼前一亮的。”

“是吧，我也喜欢这个。但是不知道我男朋友喜不喜欢。麻烦你了哦诺诺老师，还得叫你帮我挑衣服。”

“没关系啊，有什么事情尽管跟我说。”

“我在这边确实没有朋友，也很少跟同事们一起出来，所以基本上都是自己逛街。”

夏诺听到这忍不住地感慨起来，“这么坚强懂事的一个姑娘，哎，为什么臭男人就不懂得珍惜?!”

## 第十九天

“我今天跟我男朋友说要陪他去参加他兄弟的聚会，他拒绝了。”

“你怎么说的?”

“我就问他说，我也好久没见过他们了，能不能带我也去。他说算了，你在家好好休息吧。”

“哎，还是敷衍嘛。他以前会带你吗?”

“以前偶尔会带我啊，但是他朋友有时候也经常调侃我，说他怎么找了一个这样的女朋友，可能觉得我长得不漂亮，又比较矮小，有点嘲讽我的意思。”

“但是你最近已经变化很大了啊，已经挺漂亮了。”

“我也不知道他在想什么，可能还是怕他那群朋友们说他吧……”

“你们也没有什么其他共同朋友?”

“没有啊，我就自己在这边，朋友都在我老家那边，我在这里认识的都是他的朋友。”

“哎，我真的觉得你好可怜啊……你不要介意。”

“没有啦，老师你不用这样，我觉得我现在已经变化很大了，还得谢谢老师你帮我。”

“这些都是我应该做的……但是有时候多么希望你能有一点自己的脾气啊，不要做一个人人都能捏的软柿子。”

“我在改变啊，老师你对我要有信心啊!”

“嗯，加油加油!”

## 第二十三天

“老师，我不是在网上给他妈妈买了一套化妆品吗，然后今天到了，他妈妈看了一眼也没说话，我也不知道她怎么想的，她就放到一边了。”

“起码没有拒绝，那就是好事啊，你试想如果是以前的话，她会怎么做?是不是可能给你扔出去?或者损你两句?”

“嗯，那倒是没有。因为她也知道这个蛮贵的，一套快两千块了。她就

收下了吧。”

“送礼物只是一种手段，因为有一句话是‘吃人嘴短拿人手软’嘛，既然她收下了你的东西，自然心里会觉得对你有一种亏欠，就不会再像以前那样大呼小叫了。起码对你有一个比较好的印象了。”

“嗯嗯，我还怕送了礼物没有用呢，还以为白送了。”

“那当然不会了。她收下了就算什么也不说，心里也记着呢。”

“嗯，明白啦诺诺老师。”

## 第二十七天

“老师老师，今天他爸爸主动说一起出去吃饭诶。”

“多好啊，恭喜你呀!”

“我觉得最近跟他们关系没有那么紧张了，他妈妈有时候还会主动跟我说话，然后那天还问我有没有要洗的衣服，嘻嘻嘻嘻……”

“哇，那进展不错啊。”

“但是有时候提到我男朋友他们还是有点冷漠，感觉还是不看好我们。”

“没关系，慢慢来。你这才刚开始。”

“还有最近我男朋友跟我聊天回应都还好，就是回家以后话很少，他自己一直玩手机，也不怎么跟他爸妈讲话。”

“每个人也需要一点私人空间嘛。可能他真的很忙呢？其实还是感觉没到位，如果他对你印象有改观了，一定会主动找你的。”

“嗯嗯。”

## 第三十天

“今天他妹妹又从学校回来了，然后还是对我没有什么好话。他爸妈听了也没理她，我真的不知道到底欠她什么了。”

“你就是之前给她留下了一个好欺负的印象，让她觉得她就应该对你那样说话。你找一个机会跟她好好谈谈，如果谈不拢，就找你男朋友，让他去说他妹妹。”

“我男朋友会听我的吗?”

“小祖宗，你之前这么多天的努力都白做了吗？我不相信你男朋友对你的态度一点改变都没有。”

“有倒是有，但是我觉得这样会不会让他觉得我这个人……就是显得我

不太好啊，挑人家妹妹的毛病。”

“姑娘，这个就要看是你在他心里的地位更重，还是他妹妹的了。”

“这个我还不确定啊。”

“不确定的话，就晒痛苦去试探他一下，你之前没用过吧？”

“没有。是装病吗？”

“装病也可以，或者你就可以去哭着找他，你说他妹妹又骂你很难听的话，你觉得很委屈，不知道该怎么办，不知道怎么跟她相处，怎么让她喜欢你。”

“嗯……好吧。”

## 第三十一天

“夏诺老师，我昨天跟他说了他妹妹的事情，但是我没有哭出来哈哈哈……我就是用那种有点难过的语气跟他说的，他听了以后跟我讲了好多话，就说他妹妹是被宠坏了，要我不要计较什么的，然后还说前一阵子对我很不好，希望我能原谅他。还有就是他父母那边，他会搞定。”

“哇，那不就差不多了吗！”

“嗯嗯，我觉得我开始幸好没有从他家搬出去，要不然可能他真的就不理我了。虽然我知道自己这样挺赖皮的。”

“不是的小猴子，开始是我不知道你对爱情有这么大的坚持，是你的努力让你重新获得了爱情。哎呀，太替你开心了！”

## 第三十四天

“小猴子最近怎么样呀？怎么都没找我啊？”

“嗯老师。我最近跟男朋友商量带他爸妈和他妹妹去自驾游啊，所以比较忙，一直在看路线啊，准备东西什么的。”

“哇，可以可以，很棒哦！”

“嘻嘻嘻嘻……是我男朋友主动的。他其实这个人就是这样了，就是比较内向，话比较少，但是心里想法还是很多的。”

“哎，看你这样幸福真好。”

“因为我男朋友今年也28岁了嘛，他觉得也可以结婚了，然后现在对我也比较认可了。他说我最近像变了一个人，比以前可爱，也比以前有趣了，他说愿意尝试跟我结婚这样子……”

“啥叫尝试??”

“哈哈哈哈……没有，就是，可能也是随口一说吧。但是起码现在不是很反感我了。出去玩也是他提出来的，我是觉得也可以增进一家人的感情嘛，就同意了。”

“那你们现在状态很不错啊。过两天好好玩啊。”

## 第三十七天

上午刚上班不久，突然门铃响了起来。所有员工都到齐了，我们都挺奇怪的。

开门后是某丰的快递小哥，“夏诺老师，您的快递，请签收一下。”

“我的？我没定东西啊。”

“写的是您的名字，请您签收一下。”

“什么东西啊？”

夏诺满脸疑惑地签收后，打开一看是一盒包装精美的马卡龙。寄件人那一栏写着“小猴子”，夏诺一下子明白了。

她给小猴子发信息“我收到你寄的马卡龙了哦，谢谢你啊，你太客气了。”

“嘻嘻，跟各位老师分一下吧，我是同城寄的，应该是新鲜的吧。你们喜欢就好啦！”

“你真的太客气了。最近也没有怎么找我，还突然给我寄礼物。”

“要不是诺诺老师，我现在也不会这样啊，你就不要客气了。我们现在还在内蒙古，过两天回去给你们寄一点特产呀，他们这边的奶制品特别好吃！”

“哎呀你可别这样，浪哥该骂我了。”

“没事，我去找浪哥说。他只叫你们不收红包，又没说不能收好吃的。嘿嘿嘿……”

“你太可爱了，真希望你能幸福，你们好好玩啊！”

“嗯嗯，老师等我回去哦。”

## 第四十一天

“老师你收到了吗？”

“收到了收到了，牛肉干超好吃，奶皮子也是……已经被同事瓜分完了哈哈哈……”

“嗯嗯，好吃就行啦！”

“你们现在怎么样啊，回去了吗？”

“嗯，我觉得这次出去玩对我们来说都挺有意义的。他爸妈现在对我特别客气，态度也特别好了。我男朋友说过过两天就去跟他爸妈说结婚的事。”

“哇，那先提前恭喜你了。你真的是一个很努力很用心的学员，我就知道你一定会成功的。”

“那也离不开老师的指导啊，我真的觉得现在自己性格都有变化了。不再像以前那样卑微了。”

“那就对了，挽回就是需要达到这样的效果。”

“老师以后有问题还可以问你吗？”

“当然可以了。你还有很久才到期，有任何问题都可以问我，就算是以后到期了，有急事需要我帮助的话，我也会帮你的！”

“谢谢老师！”

其实从一开始我们都不看好小猴子这个学员，她爱得太卑微，爱得太没有自尊。当初受到全家人的指责和谩骂，如果这个女孩是一个玻璃心，早就放弃了。但也正是因为她不放弃爱的这种精神，为她赢得了她应有的爱情。

有时候你不努力一下，真的不会知道结局是什么。

## 6.3 “原来在爱情里，不被爱的那个人才是第三者”

萝卜跟男朋友在一起十年了，两个人一起从校园走进了社会，打拼数年，终于攒够了钱买了房子、车子，眼瞅着婚期就要到了，男友却突然提出了分手。

萝卜不是一个很聪明的女生，也可以说在感情方面有些愚钝，她不太会像小女生那样撒娇，也不太懂得展现自己的温柔。男友也是那种老实巴交不爱说话的人，十年来两个人相处也十分融洽安稳，萝卜始终也想不明白，为什么在这个节骨眼儿上，男朋友说什么都要走。

第一天

刚开始是阿缘老师给萝卜做指导的。看完萝卜的情感日志，阿缘老师认为情况并不复杂，可能只是简单的平淡期，所以从建立新鲜感等方面给她制定了方案。没想到萝卜看完后全盘否定了。

“你这不行啊，都没有具体的时间计划。”

“美女什么意思？”

“就是大概多久能有效果啊，多长时间能挽回啊？”

“这个我们没有办法给你做口头上的保证，你这个情况不是很困难，一般就是一到三个月的问题，但是你也不能心急，需要全力配合老师，见效才能快。”

“一到三个月？我男人早跟别人跑了！”

“那……姑娘你是想？”

“能不能教我一招，先让他加回我联系方式来。”

“行啊。既然你们刚分手没几天，那你可以就去缠着他，跟他闹，让他没法工作没法生活，让他不得不理你。”

“我试过了啊。”

“你那是分手当天，当时两个人都在气头上，这样做是没有用的。”

“好吧，那我试试。”

## 第三天

“我昨天去找他了，他居然说叫我再也不要找他，直接把我关门外边了，我怎么叫都不开门。”

“不是吧，你们是多大怨多大仇啊？”

“我哪知道。”

“你是不是有什么情况没有告诉我？”

“你什么意思啊？”

“不是，我没有别的意思，我是说有没有关于你们两个人分手的细节你没有提供给我，可能会对挽回有帮助的。”

“我都说了啊，就是好端端的突然提的分手，前几天还好好的，我要是知道怎么回事也就不找你们了。”

“好吧，那既然他现在负面情绪这么深，就暂时不要找他，先冷冻一周吧。”

“我这都已经断联系一周了，你们行不行啊？”

“这个断联和冷冻都是视情况而定的，你不能说他现在冷着个脸，你硬要往上贴吧，那样只会招他反感啊。”

“那行吧。”

## 第七天

“阿缘老师，我现在还不能去找他吗？”

“亲爱的，心急吃不了热豆腐，你不能这么急切，会暴露需求感的。在这期间你也不是闲着的呀，你好好听听课，做做笔记，拓展一下生活圈，提升一下自己，好多事要做呀。”

“我交钱就来做这个的啊？我自己也能做，我还找你们干吗？”

“美女你别着急，这个确实不是着急能办的事儿。你说你朋友圈展示面什么也不是，你得抽时间好好整理一下啊。”

“你怎么说话呢？我朋友圈怎么了？你这算不算是人身攻击了啊！”

“哎哟，姐姐你别生气，我是说话直，我意思是说你要展示高价值，需要多发一些高价值的东西啊。你看你朋友圈里都是什么抽奖，转发的，就很没有营养啊。”

“我看你们这个才没有营养，给我退款算了！”

……

不知道怎么，萝卜跟离缘吵得不可开交，一度闹到要退款。

情急之下，只好安排了浪哥出马。

“美女，这样，你的情况我基本了解了一下，不是很难。其实说来也比较容易。你看如果同时我也帮你做指导的话你看行不行。离缘老师说话确实有不对的地方，我跟你道歉，但是也需要告诉你的是，我们是签订了合同的，如果你现在要求退款的话就是单方面违约了。”

“我没有非要退款，我就觉得你们特别不负责任。”

“那你觉得浪哥怎么样？”

“那也行啊。”

公司成立之初，一切都是这样随意。

## 第十一天

“我给他朋友也打电话了，他们都说最近没有见过他。都支支吾吾的，不一定能帮我约出来。”

“你别让你朋友说有你呀，你就让你朋友说他组了个局，叫你前男友一起去玩的。”

“我不知道我这朋友靠不靠谱，谁知道他站哪边啊。”

“哎。”

“那我再试试吧。”

“浪哥，我朋友答应了。但是我不知道见面后怎么说啊。”

“见面后能聊上就聊，聊不上也不用刻意找他。但是无论如何不能提感情。”

“那也不能提复合的事儿？”

“你提了不就暴露需求感了吗。他就又跑了。你就先用名义框架，假装跟他做好朋友，先把联系方式加回来。”

“那我可以聊什么?”

“就随便聊一下近况啊，工作啊，生活啊，或者问候一下对方的家人啊，都可以，就随便聊。”

“哦了，我试试行不行。”

“为什么你总是对我们持有怀疑态度呢?”

“那毕竟现在也没看到效果啊，等见面那天我看看，再联系你们。”

“好的，那你加油。”

## 第十五天

“我们昨天见面了。”

“怎么样?”

“微信加回来了，但是电话还是被拉黑的状态。”

“聊得怎么样?”

“就没有说几句话，他当时一看见我就有点尴尬，一直找借口想走，然后朋友们劝他才留下来了。”

“那你是怎么加回微信的?”

“就我说完然后一群朋友起哄啊，他可能也是面子上过不去吧。”

“非常好，有了微信就有了联系方式，也有了展示面了。接下来我们就可以进入挽回的正常过程了。”

“但是，我要告诉你们一个坏消息。”

“什么?”

“他有新女朋友了，我刚在朋友圈看见了。”

“我去，这么快?！就有了新欢？是跟你分手之前就预谋好了的吧?”

“谁知道这个鬼东西啊。”

“那你还知道什么?”

“这个女的是朋友给介绍的，好像家里挺有钱的。”

“哦，那你什么想法?”

“什么什么想法，我当然要挖过来了!”

“好，就要你这句话。只要你意志坚定，我就帮你挽回。”

第十七天

“老师，我给他发消息还是没回。”

“你发的什么？”

“我就给他发了一张自拍，问他我是不是瘦了。”

“不应该啊，他什么反应都没有？”

“对啊。还有没有别的办法？”

“那你有没有试过在他朋友圈里评论？”

“他最近都没有发朋友圈啊。”

“那好吧……那你能不能在生活中跟他制造偶遇？”

“你是说去他公司找他？还是去他家堵他？”

“都行，但是不要直接说是去找他，假装在附近办事，恰好碰见他。”

“那可以聊天吗？看他回应了，如果回应好的话可以聊聊。如果没什么反应就打个招呼就走。主要不是为了聊天，是为了刷存在感，让他注意到你。”

“哦，明白了。”

第二十天

“浪哥你知道吗，我跟他在一起那么多年了，他都没有给我买过东西，没有送过我礼物。我那么喜欢他，他还找别的女的。别看他平时老实巴交的，生气的时候还动手打过我。但是有什么办法啊，我就是忘不了他。”

“那从你的描述里来看，感觉不出来他有多么爱你。”

“我们在一起十年，你说他不怎么爱我？”

“一个男人爱你的话就会为你投资，简单的金钱投资，甚至是精神和时间上的投资，但是他都没有。”

“他有啊，他之前带我出去玩，还说过要跟我结婚的。”

“你们之间有没有什么共同的爱好和兴趣？”

“没有吧，他比较安静，不太喜欢闹腾。”

“那你们在一起这十年，留下了些什么呢？”

“我也不知道，我就知道他不是一个好人。”

“那你还要挽回他？”

“他是个好人，但是对我不够好……怎么才能让他重新爱上我呢？”

“从精神上捕获他。”

“什么意思？”

“做他的情感伴侣，做他的红颜知己。”

“是啊，我确实不够了解他。”

“那就对了，这也是你们感情产生破裂的一个原因。你现在需要做的就是先把聊天气氛弄好，等回应好的时候，我再教你冷读话术，还有跟他产生共鸣、共振的方法。”

## 第二十三天

“浪哥，我觉得他对我态度好不了了。都这么多天了，还是一点变化都没有。”

“不应该啊……就是块石头也该动弹一下了吧，怎么会什么回应都没有？他到底为什么对你这么狠心啊……”

“浪哥……其实，我知道我们不可能的。”

“为什么这么说？”

“我能感觉到他根本不喜欢我。”

“那你还想挽回？”

“我不甘心啊。我为他付出了那么多，我喜欢他那么多年，他看都不看我一眼。”

“没事儿，我们再试一阵子。”

“谢谢你鼓励我，我也不知道自己还能坚持到什么时候。其实我也不是想让他回到我身边，我就想再做一天他的女朋友，就跟他约会一天就够了。”

“不要把自己的位置摆那么低，长得又不赖，为什么那么没有自信呢。相信浪哥好不好？”

“好，我信你。”

## 第二十七天

“他回我了！”

“回你什么了？”

萝卜发来一张聊天截图，上面是萝卜发的几天碎碎念，都被对方以

"嗯""啊"敷衍过去了。最后一次萝卜找他问了租房子的事，虽然是关于工作，但是男友终于认真地回复了一次。

"那我能不能约他了？"

"现在还不适合。但是如果你想先暗示他一下，可以用'假性邀约'，之前公开课里讲过的。"

"呃……好吧，那我最近要跟他聊什么？"

"聊什么都好啊，工作，兴趣，生活，都可以，但是频率不要太频繁。"

"那下次我先截图发你，你帮我看一下。"

"好的。"

## 第三十三天

萝卜的情况突然就有了好转，每天不仅能聊上天，还聊得越来越多，越来越晚。但是因为她本身情商不高，有时候经常容易说错话，所以又报了一个"代聊服务"。

这天萝卜又用假性邀约，想请前男友去吃甜点，但是男友回了一句"看我心情咯。"

"这个怎么回啊？"

"这个算是比较好的回应了，没有拒绝，你可以说，'那到时候看我时间咯'，稍微后撤一下，他进你就退。"

"嗯……好吧。那我还能不能约到他？"

"一定可以的，相信我！"

## 第三十七天

"浪哥，帮我回一下。"

屏幕上是前男友发来的一串消息，"其实我不介意我们做朋友，但是我希望你不要打扰到我的生活。我现在生活得很好，希望你也是。"

"我也只是把你当朋友啊，你别介意。"

"你一直都这样说，但是从来都不是这样做的。娜娜已经有点察觉了，我不希望关于我和你的事情影响到我们的关系，毕竟还有两个月我就要结

婚了，你也知道。”

浪哥看到这差点惊掉了下巴，赶紧呼叫萝卜问她。

“你前男友都要结婚了？你怎么不早说？”

“我没有说过吗？”

“没有啊！他……他怎么这么快就跟别人结婚了？”

“他们早就订婚了。”

“啊？你们不是刚分手吗？”

“不是，她不是第三者，我才是。”

“什么情况？!”

“其实他跟娜娜才是在一起十年了。我们一直认识，我也一直爱着他，但是他从来没有喜欢过我。我开始是想挖墙脚的，但是后来我觉得，也许他的选择才是他想要的吧，所以我就只想，哪怕能跟他约会一次也好啊。”

“我……你别逗我了。”

“没有……浪哥我开始没有说实话，因为我不知道怎么开口。我不知道别人会怎么看我。”

“你……哎呀，傻姑娘。”

“浪哥我还有机会约到他吗？”

“有！”

## 第四十天

“浪哥啊，我们今天见面了。”

“啊?！怎么没有跟我说？怎么约出来的？”

“就是临时起意，因为前一阵听你公开课里讲的‘晒痛苦’，我就试了一下。我就知道他这个人心软，一定会来找我。”

“那你们约会了吗？”

“嗯～应该也算吧。他陪我待了一下午，我们聊了好多。”

“那你……感觉怎么样？”

“我小时候喜欢他，他都知道。但是他从来没有回应过我。我知道他不说是怕伤害我，但是我就一直假装不知道他不爱我，即使他跟娜娜在一起了。我知道我们之间是有感情的，但不是那种……我今天问他说，如果没有娜娜会不会跟我在一起，他说不知道。我觉得这就够了，他不是不喜欢我，只是我们缘分没到。”

“哎，你能这样想也好。”

“但是你们也圆了我的一个梦啦，我马上就要出国了，就想在他结婚前见他一面，今天终于见到了。谢谢你们帮了我很多。”

“哎，也没有帮你什么忙。你开始要是直接告诉我多好，就能对症下药了。”

“但是说不说的，人家都是要结婚了的，我还能怎么办？”

“也许结局会不一样呢？”

“我知道我们不会在一起，这么多年就是一种执念在支撑着我。现在我放下了，也可以安心地出国了，可以过自己的生活了。”

浪哥一时语塞，竟然不知道是该安慰她，还是该鼓励她。

萝卜虽然承认了我们的专业能力，但实际上我们没有做到最理想的结果。但是我们能看到萝卜的成长和蜕变，也很庆幸她放下了一段不可得的感情，也放过了自己。

也许就像《复合大师》里说的，“陪伴和倾听，就是治疗情伤最好的方法。”每一个在爱情里受过伤的病人，最需要的是心灵上的治愈，而恰好，这就是我们这个工作的宗旨。

## 6.4 每个姑娘都曾想成为浪子的终点

思思是某省会知名的名媛，祖父曾是省里的高官，母亲是国家话剧院演员，父亲做生意几十年，也积攒下了不少人脉。可以说，从思思出生起，就从来没有受过任何委屈，家里所有人把她视作掌上明珠，不肯让她受一点伤害。

她第一次的情伤，来自22岁的初恋。

两个人是在酒吧认识的，阴差阳错地就在一起了。前男友并不算什么富家子弟，家里有俩钱，但是很爱装大款，虽然长相出挑，但一看就是那种花花公子。可是没有办法，思思从第一次见面就对他产生了好感，后来经过朋友牵线搭桥，很自然地就在一起了。

男友家里也是做生意的，父母比较忙，对他疏于管教，于是他整天跟一群小混混吃喝玩乐。起初思思不放在心上，她觉得可以理解男生爱玩，也可以理解晚上回家很晚，甚至可以理解他喜欢勾搭别的小女生，好在男友一向比较听自己的话。

但是在一起一段时间之后，思思越发觉得不对劲。她知道男友出去玩爱花钱，所以身上经常带着卡，有时候会把卡直接扔给男友，也不太在意那些花销。但是没想到后来银行经常打电话来，说一天刷了十几万，问是不是本人操作，思思才觉得有点奇怪了。思思去问过之后，没想到男友理直气壮地说是跟朋友赌博输了。思思有点生气，打算要回卡就走，但是没想到男友瞬间火大了，把思思赶走，说要分手。

回去之后思思偷偷注销了那张卡，自己哭了几天几夜，也不敢跟家里人讲。她其实是爱这个男孩子的，他除了爱玩，平时也会温柔地给她揉脚，有时候会叫朋友从国外带礼物给自己，即使是他不爱吃的东西，只要思思喜欢，都会陪她一起。思思总是觉得，起码他是有一点爱自己的吧。但是没想到分手后，两个人一直断联，直到两年后，他却突然出现，好像从前的事没有发生过一样。

## 第一天

“那你们当初分手就是因为那一件事吗？”

“对，没有别的矛盾。我当时没有去求他是因为我特别反感赌博这件事，我觉得我不太能接受，所以只好放弃。但是现在他回来找我，我觉得好像还是有点喜欢他。”

“他重新找你是因为什么？”

“我不知道，他没说过。”

“那你确定想重新跟他在一起吗？”

“我不知道……我就……有一部分是不甘心吧，当时分手很难过，因为是第一次谈恋爱，觉得刻骨铭心……就是有点……”

“嗯，我明白了。那你知道当时他为什么会发火，还提分手吗？”

“不知道啊，我觉得是不是因为我跟他要回卡他才生气的……”

“是，从你的叙述来讲，他是一个比较爱慕虚荣的人，但是他不想让你拆穿，男人总是爱面子的，尤其是像他这种人，很容易因为金钱上的利益恼羞成怒。当初你就不应该给他啊，何必养着这样一个男人？”

“可是我喜欢他啊……我觉得这也不算什么大钱，我有能力去……”

“因为你有能力，所以你就养一个好吃懒做的小白脸？”浪哥严肃地打断思思。

“他也不是那种人……你是说他跟我在一起是为了钱吗？”

“不能说全是，但肯定有一部分是。”

“那你是觉得……我不需要挽回他吗？”

“这也只是一个建议。因为具体你们两个人的感情，只有你们自己才知道。如果你是真的特别想挽回他，那我也一定会帮你。”

“哦……可是我也不太知道……因为我现在有男朋友，我只是想……就是有点不甘心吧。”

“所以？”

“所以我想重新吸引他，然后甩了他。”

“好，我接。”

## 第三天

“怎么样聊的？”

“我还挺收敛的，一直对他比较客气，但是他好像有点……挺关心我的。”

“那他知道你现在有男朋友吗？”

“不知道。”

“你不打算告诉他吗？”

“没有……我不知道。”

“那你们都聊些什么？”

“聊了一下近况。因为我现在在澳洲留学，他在国内，所以也没有见面什么的。”

“那聊天方面有什么问题吗？”

“嗯……我就是不太知道，要不要表现得什么一点……就是给他一点机会。”

“可以啊，如果你们现在聊天状态很好，你可以稍微暴露一点需求感，这样才能让他有动力。比如说主动去调侃他，主动去撩拨他，打压他，拉伸他情绪，这些。”

“嗯，明白。”

“那思思你……最后想要的结果是什么呢？”

“就是让他重新追求我，给我投资。”

“好，明白。”

## 第七天

“他今天问我说，有没有男朋友了。”

“你怎么说的？”

“我没直接告诉他，我问他‘你觉得呢’？”

“哎哟，聪明啊。既然他在意这个，那可以用一下‘预选’，刺激他一下。”

“但是我不想告诉他我现在有男朋友。”

“你可以就晒合照啊之类的，或者晒你男朋友送你的东西，如果他问起

来，就说是追求者。”

“为什么要这样做呢？”

“你不是为了让他重新追求你吗？当然要给他压力了！男人都有一种‘玩具心理’，你要激起他的占有欲，他才会心急，才会更加主动，甚至会为了追求你给你投资。”

“那怎么引导他给我投资？这个后面具体给你讲，你可以先试一下预选，看下他反应，回头告诉我。”

“好。”

## 第八天

“我昨天晒了一张跟男友一起去游泳的照片，他果然来问我了，而且问那个男的是谁，怎么样。”

“很好啊，说明他在乎啊。”

“我就说是一个追求者。他说那怎么走那么近？我说我自己在这边总要有朋友的吧，他只是陪我一起游泳。然后他也没什么话说，突然问我现在对他什么感觉。我说没有什么感觉了，然后他开始讲之前那件事，说以前是他不对，以前也不懂事，当时其实挺后悔的。”

“那你没问他怎么当时不联系你？”

“当时是因为我回去之后很生气，把他拉黑了，一直没理他，可能也是没有给他机会吧。我当时其实就是又生气又伤心，我接受不了他是那种人。”

“那你有没有跟他解释这些？”

“说了，他一直在跟我道歉，我也挺不好受的。”

“思思你这状态不对呀，你确定真的对他没有感情了吗？”

“我不知道呀……我现在就是很乱。而且现在我也不确定他是不是真的回来求复合的，还是只是看中我的家世或者我的钱。”

“所以才要用投资测试他一下。”

“让他给我买东西吗？”

“物质投资只是一部分，确定他是不是真的爱你，主要看他对你的精神投资。”

“那我要怎么做？”

“当然，开始的话可以先引导他为你投资金钱和物质，让他帮你买东西，或者借口有急事，跟他借钱，看他什么态度。”

## 第十天

“他好像不太计较给我买东西，他早就是这种人，打肿脸充胖子，我说买个包直接给我转了三万块钱。他说只要我开心就行。”

“那就够了，说明他在乎你的。而且愿意为你投资，这是一个比较好的开头。”

“但是我现在想，他会不会就是为了追到我之后再像以前那样……”

“我理解你意思，所以后面我们才要用精神投资来测试他。”

“怎么算精神投资?”

“你们聊天的时候，他愿意熬夜陪你吗?”

“也不算吧，毕竟也就三个小时的时差，我就算是晚上十二点睡觉，他那边才九点多钟。”

“那你可以让他帮你挑一个东西。诶，比如说你喜欢一个什么东西，国外买不到，让他帮忙问一下哪里有卖的。”

“老干妈吗？哈哈哈哈哈……”

“……就这种之类的，哈哈哈哈……必须是中国特产的，你说你就是特别想吃，或者必须要用的，能不能给你找找寄过来。”

“好的，那我可以让他帮我找一本书。”

“也好啊，只要能体现出来他为你用心了就好。”

## 第十三天

“那天我跟他说了，他就一直在帮我找。然后今天跟我说托朋友找到了，回头寄给我。”

“看来这小子玩儿真的啊。那你现在什么态度啊?”

“就还是不冷不热的……但是其实我……哎说不好。”

“其实你心里还是有他的。”

“但是我……我真的有点怕了他，我害怕以前的事重蹈覆辙，我希望他回头追求我是因为喜欢我，而不是别的。”

“现在起码能看到他的一点真心了。接下来你可以继续测试他，告诉他你要过生日之类的，问他能不能过来陪你。”

“啊？这么突然吗?”

“或者就是发生了什么事，处理不了，晒个痛苦也可以。如果他二话不

说就飞过来找你，自然是喜欢你的，而且不是一般的喜欢。”

## 第十七天

“浪哥……他真的过来了。我好害怕……”

“我去！不应该开心吗！”

“但是我有点紧张，感觉是自己套路了他。”

“女神，一个曾经的纨绔子弟为了你做出这种事真的不容易，你要珍惜啊。”

“浪哥，你真的觉得他是喜欢我的吗？”

“这还不足以证明吗？或者你可以反问一下自己，你学习这些，做这些真的只是为了甩掉他吗？你心里就对他没有一点感觉了吗？他现在都飞过来找你，你一点都不感动吗？”

“我很感动啊……但是我害怕再次受伤，真的怕了他。”

“一个人也是会改变的，如果你爱他，可以重新给他一次机会，也给你自己一个机会。”

“那我可以见他是吗？”

“人家都跨越几千公里去找你了，能不见吗？!”

“那见面会不会很尴尬？”

“诶对了你男朋友呢……”

“已经分手了……”

“啧啧……我说什么来着，你还是喜欢这个吧！加油，去吧，浪哥随时待命。”

“谢谢浪哥。”

## 第二十一天

“浪哥，我们真的复合了。”

“哈哈哈哈我就知道，恭喜啊！”

“会不会太潦草了？”

“那姑娘你还想怎样？”

“我……我怎么知道他是不是真心的呢？”

“你现在还怀疑啊？好吧，那我可以告诉你，投资就是一个男人对一个女人最好的告白，因为只有男人爱上一个女人的时候，才肯付出投资，包

括物质、精神和精力、压力等。现在这些他都做到了，你有什么理由怀疑他呢？”

“其实我是对自己没有自信。我感觉上次之后挺受打击的。”

“女神啊，如果你当初不是想要这个结果，就不会来找我了。你问一下自己，当初来找我的目的是什么？不就是为了帮你挽回他吗？”

“嗯，对。但是我还是有点纠结的是……我觉得我家里不会同意的。”

“是……你觉得家世什么的不般配吗？还是什么？”

“这是一方面吧，他之前那样游手好闲的，我爸爸最不喜欢这种人了。”

“那他现在有改变吗？”

“他说他已经在慢慢改正了，也在家里接触生意了。但是还是经常出去玩。”

“其实父母不同意这种呢，如果你自己认定了，你自己觉得没有问题，那最好的办法就是——‘磨’，家里介绍的一概拒绝，甚至可以声称自己不喜欢男人，当你父母开始着急的时候，再把男朋友搬出来，就 ok 了。”

“其实我真的挺感谢你们的，真的教了我好多东西，而且还一直在帮我正视一段爱情，谢谢浪哥。”

“这是我们的本职工作，女神不要客气。”

“真的谢谢你浪哥，等我回国一定要找机会见见你，亲自当面感谢你！”

## 第四十二天

很久没有出现过的思思突然发来一个链接，打开之后竟然是她的电子结婚请柬。浪哥吓到差点从凳子上滑下来，没想到她进度这么突飞猛进。

“浪哥，我们决定在澳洲结婚了，过一阵子也会回国办的，到时候请老师们都要过来呀！”

“哇，你这也太迅速了吧，什么情况啊?!”

“我怀孕了……其实我们还挺顺利的，家里人都没有太大的意见，我也说服我的爸爸妈妈了，他们支持我的决定。最近太忙了也没有怎么联系你们，希望到时候婚礼你们都能到场。”

“一定一定，祝福你们呀！太幸福了！浪哥特别感动！”

虽然最后因为工作原因，只有浪哥一个人到场了，但是从浪哥发回来

的照片和视频里，我们可以看出来，这对新人非常幸福。

所以，后来我们也跟很多受过情伤的女孩子说，不要因为害怕受伤就放弃，或者不去争取，很多时候的伤口只是为了让你铭记这段感情。只要你不放弃爱的勇气，持有一颗爱的真心，爱情总会降临，只是早晚的问题。

## 6.5 他对我说，“我希望你幸福，也希望你能放过我”

YOYO在28岁那年成为了朋友圈里的大龄剩女，一向崇尚单身主义的YOYO最终还是没能抵挡住家人施加的压力，乖乖回家相亲。

其实现代女性并不喜欢依附在男人身上，用功读书可以考上名校，毕业后努力两年可以拿到不错的薪资，所以即使YOYO一直没有结婚对象，身边却从来不乏追求者，也大概是因为难以追到手，给所有追求者一种“只可远观”的感觉。YOYO虽然不想谈恋爱，但身边不缺为自己鞍前马后的人。

所以自从那年相亲后认识了男友周洲，两个人之间的大小摩擦就没有断过。

周洲比YOYO大三岁，事业有成，家境也不错，在一起之后双方家庭都比较满意，希望他们早日结婚。但是YOYO并没有定下心，身边献殷勤的男人太多，她又从来不懂拒绝，周洲和家人三番五次的劝说都没用，只能选择暂时分开。

YOYO其实一直都不知道自己对周洲是哪种感觉，开始只是听从家里安排，相处试试，但是没有想到走到分手这一步，也是这个时候，YOYO才意识到自己对周洲并不是自己想象中的不在乎。

第一天

“我其实一直对他不是特别好，我自己都知道，但是他开始都说不在乎，也对我很好，一直很照顾我，我们一开始就是以结婚对象为目的交往的……”

“那你……怎么还会跟其他男生暧昧？”

“这个确实是我不好，我知道错了，但是我一直不知道怎么拒绝他们，以前单身惯了，习惯他们对我好，送我东西就收了，请我吃饭干吗的也会去……现在我已经在改了，我最多就是回一下他们消息，然后这个他都忍不了……”

“当然了！女神，你们是冲着结婚去的，你自己觉得这样合适吗？男人都是很爱面子的，假如他再有点大男子主义，是绝对容忍不了的。”

“其实我很后悔，我们一直没有好好谈过这件事，我一直在敷衍他。我总觉得有父母他们这边帮我说话，不会闹到分手这一步的……”

“那你看……你这就是纯属自己作的吧。你们现在还有联系吗？”

“还有联系方式，但是没有说过话。”

“他负面情绪很深吗？”

“我不知道……我不敢找他，最早找过他一次，他根本不接我电话。”

“好的，明白了。”

夏诺老师先帮 YOYO 定制了一套三十天的方案，主要通过改变自身的性格和提升自身情商来让男友看到她的一个变化。

第五天

“老师，我前几天接到他妈妈的电话，叫我有空过去吃饭，我能去吗？”

“当然要去了。其实他爸爸妈妈就是你的一个‘僚机’，好好发展一下是有利于你的挽回的。”

“但是我害怕到时候去了会尴尬。”

“你们现在聊天他还是没有回应吗？”

“有，但是很不好，那天给我发了很长的一段话。”说完 YOYO 发来一张截图。上面是周洲发来的一段话“其实我始终没有觉得你是一个坏女孩，可能你就是这样一个人，可能我还不够了解。我只是觉得我们可能不适合走到婚姻，你身边有很多人可以照顾你，不缺我一个，我希望你能幸福，也希望你能放过我。”

“你回的什么？”

“我没有回啊，我不知道说什么。感觉他就是一直在把我往外推。”

“哎……你当时怎么不找我，我可以帮你回啊。”

"没有用老师，我知道他是什么人。从分手后他一直对我很客气，但是很陌生，那种距离感让我很难受。我以前从来都不知道自己这么害怕失去他。"

"没关系的，慢慢来。周末你带点东西，去拜访一下他父母，不要提感情的事儿。如果他对你态度不好，就先不要理他。你就当你是去拜访叔叔阿姨的，不要太有压力。"

## 第八天

"老师，我回来了。"

"去他家了吗？"

"嗯。我感觉情况不是太好……"

"他在吗？"

"他开始没在，我去了就他爸妈在家。然后聊了一会，我听到他妈妈给他打电话叫他回来。期间一直打了有三四次电话吧，我们都准备开始吃了，他才回来。回来之后说他吃过了，没有看我，也没有说一句话……"

"那他父母有没有跟你聊一下你们的事。"

"聊了啊，他回来之前就问我说怎么回事，因为他父母劝他他根本不听。然后我说了一下，也跟他们道歉了，我说以后会改，然后我很难受就哭了，他妈妈还一直安慰我……"

"然后呢？他父母其实还是站在你这边的？"

"我觉得是吧。他们一直都挺喜欢我的，觉得这不是什么大事儿，说既然我已经意识到了，以后注意一下就好，反而觉得周洲有点矫情。"

"其实也不错了，起码他父母跟你是站在同一个战线的，有父母这方面的施压，对你们复合也是有利的。"

"可是他根本不听他爸妈的话啊……"

"没关系，你们现在聊天效果也不好，你就趁这个机会多学点东西，改善一下自己的性格。"

"好吧……"

## 第十二天

"老师，过两天是他生日，我能不能送他礼物？"

"可以啊，最好是一些他比较喜欢的东西，或者是有你们共同回忆的，

都可以。”

“但是我不知道他喜欢什么……我以前真的对他关注太少了。共同回忆的话我也不知道有什么东西可以送……”

“那你有没有写过那个‘情侣日记’?”

“没有诶。”

“你可以写一本，就是关于你们以前在一起的那些点点滴滴，从在一起之后发生的那些事，都可以写一下，配上照片，到时候寄给他。”

“好吧……那我可以约他见面吗?”

“看你们最近的状态吧，如果回应不好的话是不适合邀约的，可以到时候寄给他。”

“嗯，好吧。”

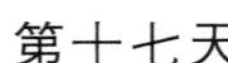

## 第十七天

“老师，我寄给他了，但是没有反应。”

“没关系，再等等。”

“但是今天我看到他发朋友圈，他跟朋友们去过生日了，身边还有好几个美女，他会不会被别人抢走啊……”

“你不要这么杞人忧天啊，不要总把事情想得那么糟。他看到这本日记之后一定会有触动的。”

“但是我觉得这么多天，什么效果都没有……我心里没底。”

“怎么会没有效果呢?你忘了之前他给你发过什么话吗?要你不要再打扰他，但是现在你们每天还能聊上天啊，虽然不是每天，隔几天总能聊一次吧，这就是进步呀。挽回中千万不能急啊。”

“是啊……可是他好像压根儿没有想复合的念头，我又怕他会跟别的女人在一起……”

“我们一起等等，等晚上看他会不会回你，有消息了尽快告诉我。”

“他给我打电话了。”

“说什么了?”

“就问我为什么要给他这个。我说你过生日，生日礼物。然后他应该猜到了我的心思，叫我在别的事情上用点心。”

"他态度怎么样呢?"

"就很平和吧，听不出什么语气，但是这次是他第一次打电话给我。"

"如果不是特别反感的话，可以再去找他聊天试试。"

## 第二十天

"老师，他今天跟我说了一些公司的事情，我也不太明白，跟我说了好多。为什么要跟我说这些?"

"是跟你抱怨吗？还是什么。"

"对呀，好像跟同事有点什么矛盾，他说最近过得不太顺利。然后我就安慰了他一下。"

"哎呀，傻姑娘，这是情感窗口啊，他主动找你倾诉，说明心里有你。你没有听浪哥之前那节公开课吗？这个时候应该顺应他说，跟他产生共鸣共振，比你简单地安慰他要好得多。"

"哎呀，我好像听过，但是我忘了……我当时应该先问问你的。"

"对呀……哎，错过了多么好的一个时机……不过也没关系，说明上次的情侣日记起了效果。男人不喜欢说心里话的，也不喜欢在别人面前显示自己的弱点，如果他能跟你说一些不会对别人说的压力或者是抱怨，甚至是小秘密，说明他心里是把你当作自己人的，你们的关系是有一个很大的进展的。"

"真的吗？那他现在不烦我了是吗?"

"但是也不排除是一时兴起，只是把你当作一个倾诉对象，看一下后面的发展吧。"

"好。"

## 第二十四天

"我看你朋友圈又发了出去玩的照片，我不是跟你说过吗，你前男友比较反感你这方面，就尽量去避免，不要表现得自己好像特别喜欢招蜂引蝶一样。"

"但这不是今天的作业吗……"

"……确实是，但是不太适合你，赶紧删了吧。你自己也知道之前是因为自己爱玩，男朋友接受不了，所以现在你要改变一下啊。你可以发一些其他的高价值展示，比如看书啊，学一些东西啊，烹饪啊，都可以。"

"好吧……对了夏诺老师，他前几天跟我聊天的时候有问过我一家火锅店，我跟他说味道还不错，要不要去尝尝，他回复说'有机会吧'，这算不算是肯定回答？我是不是可以约他了？"

"算是还不错的回应吧，没有直接拒绝，'假性邀约'可以多用几次，但是没有准备好之前不要着急见面。我们要做的是勾起他的兴趣来，让他主动提出见面来。"

"哦……"

"你最近有没有改变一下自己，还在跟别的男生聊天吗？"

"没有啊，早就不聊了。我都跟他们解释了，有的不熟的都拉黑了。"

"可以啊，看来是下定决心了。加油吧，一定能成功的。"

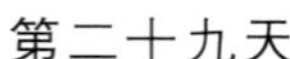

## 第二十九天

"夏诺老师……我要跟你说一件事儿，你不要骂我。"

"说……"

"我今天见他了。"

"啊？怎么你们见面也不告诉我？"

"我忍不住了，然后去他家找他的。他妈妈在家，叫我们一起出去吃个饭。我也不知道他是碍于面子还是什么的，就跟我出去了。然后就待了一下午，晚上送我回家了。"

"那挺好呀，有什么问题吗？"

"我……跟他发生关系了。"

夏诺这一个白眼翻的差点背过气。

"YOYO……我是不是没有跟你强调过，不能轻易发生关系……"

"你说过啊……所以我才跟你道歉，对不起老师……"

"哎，不是对不起我的事儿。是可能不利于你挽回的，你明白吗？怎么那么冲动？！"

"就是很想他了……然后他也突然对我动手动脚的，我就……"

"哎，那你们分开之后聊过吗？"

"还没有，回家之后就没有找他了。"

"如果他回来对你冷淡的话就不好办了，很可能就把你们的关系扭曲了。"

"那怎么办啊老师？"

"先看看情况，到时侯我们再补救。"

## 第三十一天

"老师他昨天没有找我，但是我今天找他他回应还不错，跟他随便聊了点。"

"那挺好的，说明他不是一时兴起，对你还有感情的。"

"那我现在该怎么做？"

"你可以最近找个机会，让两家人一块吃个饭之类的，聚到一起，然后当着父母的面对他表现出很暧昧，看看他什么反应。如果双方父母能助你一臂之力更好，一般碍于家人的面子他也会同意复合的。"

"但是我好久没有跟他爸妈联系了，也不知道他们现在什么态度。"

"没关系啊，让你父母出马也行，跟你爸妈他们商量好，你就告诉他们你真的想跟周洲在一起，希望他们能帮你一把，他们不都是希望你们在一起吗，其实现在就差一个契机。"

"那我试一下，看一下他们有没有什么好建议。"

"如果觉得不放心，可以先给他爸妈送点礼物，说不好听点也算是笼络一下他们吧。"

"嗯，好的。"

## 第三十三天

"老师，上次你不说安排一个局吗，我爸妈是同意了，但是他爸妈那边我也不太清楚什么意思，我不确定现在还能不能帮我，礼物我也送了，就是不知道到时候什么样。"

"没关系，吃饭期间有情况随时跟我联系。"

"好的。"

"老师，刚才我妈妈说'两个孩子有机会走到一起是缘分，要是能修成正果就最好了'，然后我男朋友没有搭茬儿，他爸妈也没说什么。"

"你可以找个机会跟他单独出去走走，你们单独聊聊，也让你父母他们商量一下。"

"好的。"

## 第三十四天

"夏诺老师!"

"啊？怎么样?"

"他今天早上跟我说可以考虑一下。"

"那就有希望啊。我估摸着他还是有点碍于面子，毕竟现在你的改变他也看到了，你们的关系进展也不错了。应该没有问题。"

"那我怎么……就是……哎呀，有点着急。"

"诶你们昨天见面的时候聊了些什么啊?"

"我就跟他聊了聊刚见面的时候，我说想起来第一次相亲的时候了，然后就一直聊，聊得挺开心的。"

"棒棒的哦！那应该是没有问题的。他现在可能需要资金考虑清楚这段关系，毕竟有过之前的经历，可能还是有一点顾虑吧，不要逼他太紧，会把他吓跑的。"

"嗯，我明白啦。"

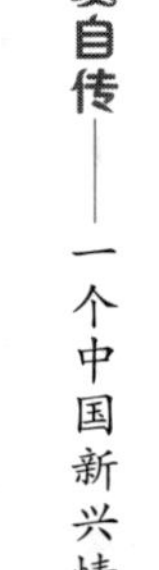



## 第三十六天

"夏诺老师，我今天又去见他妈妈了，然后聊了一下。他妈妈说觉得他心里是有我的，但是希望我也能好好考虑一下，要不要跟他结婚。他们是准备把我娶回家的意思吗?!"

"哇，那应该还不错啊。他妈妈顾虑什么呢?"

"他妈妈说怕周洲自己想不清楚，然后他们都是希望我俩在一起的，希望我能主动一点。我现在就有点迷茫了，不知道该不该主动，因为你之前不是说要我等吗，我也怕把他吓跑。"

"没关系，既然有父母这边给你加持，还有什么好怕的？其实可以看出来他不是怕跟你重新开始，可能是有点恐婚，男人在结婚之前都会产生焦虑的，很正常哈哈哈……"

"那我可以做什么?"

"你给阿姨打个电话，看她能不能帮你，就说你决定好要跟周洲在一起，看他们有没有什么办法。"

"阿姨倒是说了，但是她应该是劝过我男朋友了吧……"

"这两天跟他联系过吗?"

“没有，我一直不知道他怎么想的，怕打草惊蛇。”

“那你先联系他一下，约他见个面。见面的时候晒个痛苦，就说你舍不得他，失恋的时候有多难受之类的，勾起他的怜悯心。”

“好吧……”

## 第四十二天

“老师我们复合啦！他跟我求婚了！”

“哇塞，棒棒的哦！恭喜呀！”

“那天我去见他，哭了他一身鼻涕哈哈哈哈，然后他就开始哄我，说是他自己的原因，不是因为我。可能像你说的，还没有准备好吧。但是他今天过来跟我求婚了，嘻嘻嘻……”

“我的妈，好替你开心啊。”

“谢谢老师啊，要不是你一直鼓励我我可能早就放弃了。”

“但是你也要注意一下，对待感情要认真，女生不能太作了。”

“嗯嗯，谢谢老师，爱你们。”

其实感情是有人情味儿的东西，当你善待它的时候，它才会善待你。很多人抓不住感情，不懂得爱人，它自然会离你而去。一颗真心，才是爱情里最需要的东西。

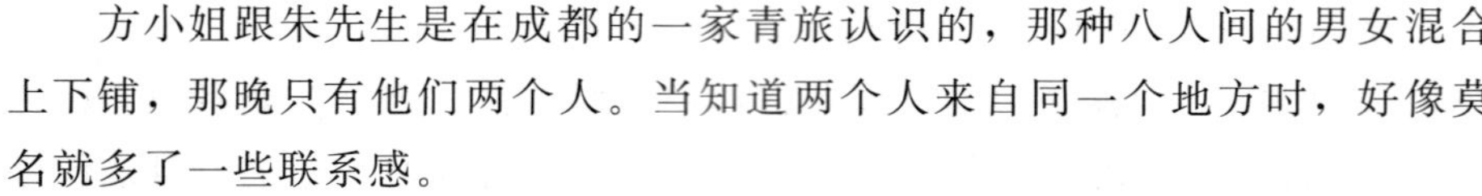

## 6.6 “反正你爸妈也不认同我，不如早点分手”

方小姐跟朱先生是在成都的一家青旅认识的，那种八人间的男女混合上下铺，那晚只有他们两个人。当知道两个人来自同一个地方时，好像莫名就多了一些联系感。

两个人加了微信，聊了没俩月就在一起了。为了搬到一起住，朱先生甚至辞去了之前的工作，在方小姐附近的公司找了一份工作。

其实很多人是愿意谈恋爱却不愿意同居的，因为太容易暴露出问题了。他们的作息不一样，他们的饮食习惯不一样，他们喜欢的家装风格也不一样，虽然大多数的时候朱先生会首先妥协，但矛盾却是一点一点积累起来了。

两个人分手的爆发点是因为方小姐的父母，他们知道这段恋情后一直反对，因为瞧不上朱先生的家世，瞧不上他的长相和个子，他们总觉得自己的女儿应该配得上更优秀的异性，甚至当着朱先生的面也毫不避讳地提出来。这，成为了两个人频繁争吵导致分手的导火线。

### 第一天

“我真的不是有意要说他的，他的确不是特别完美，但我还是爱他的。我跟他吵架是因为他不尊重我的父母，虽然我也知道我父母那样说不对，但是有时候他说话也很难听，我总要护着我爸妈吧……”

“那你们之间还有没有其他的问题?”

“别的没有什么，可能也有点性格不合吧，但是我觉得都是可以磨合的。他每次吵架都拿这个说事儿，他说反正你爸妈也不认同我，我们不会在一起的，不如早点分手。每次都这样，但这次是真的分手了，以前就是闹闹脾气。”

"其实你是不太了解男性心理的，他最在意的点不是你的父母说了什么，而是当你父母嫌弃他的时候，你没有站在他那边，他觉得这段感情让他产生了受挫感。男人都是需要被认同的，你以前肯定很少夸他，都是埋怨和抱怨。"

"是啊……我不太会说话的，说话很直，也没有想过这些……"

"没关系，不难，只要让他重新在你身上找到他需要的满足感，还是会乖乖回到你身边的。"

## 第二天

"给你制定的方案你也看过了，你现在需要去学习一些男性思维和心理，包括两性相处的技巧。与此同时不要跟男朋友断联，可以不聊天，但是不要停止朋友圈的展示，要一直在他面前刷存在感。"

"但是我有个问题，我们以前就在一起住，也很少聊天，现在我更不知道跟他聊什么啊。他也不会找我。"

"这个后期我会一对一指导你，现在你要先学习一些理论知识，具体的运用和操作我会一点一点教你。"

"好的。"

"还有，你的父母对他来说是个心结，怎么打开他这个心结呢？你可以先以你父母的名义去给他道歉，或者送礼物，或者你找机会说服你爸妈，几个人一起见个面吃个饭，好好聊一聊。其实父母这方面，只要你自己立场足够坚定，什么家庭学历条件都不是问题。"

"但是我估计我爸妈不会配合我……"

"那你可以先给他送个礼物试试他的态度，也趁机找个机会见面。"

"好的。"

## 第五天

"那个……老师，我那天去见他了。给他送了一件衬衫。他对我态度还是挺客气的，但是一提到我爸妈他就突然很生气，然后一直说要走，还说别想着复合了之类的……"

"哎哟，当然了！我忘了告诉你不能提复合的事。没想到他负面情绪这么大……那你父母那边怎么样？"

"我也跟他们聊了好久啊，我说我喜欢这个人，希望得到他们的支持，

其实我爸还好，他一直比较宠我，我妈就是死活不同意。”

“那有没有机会让你爸跟他见面，说说好话呢?”

“不知道我爸会不会同意……我都怕他们见面后会吵起来。”

“哎……那可以先放一放，那你们俩现在怎么样?”

“那天回来以后也找他聊过天，他也会回我，但是很冷淡。我也不知道聊什么话题，就一直没怎么聊。”

“那现在我可以教你一个也可以在聊天中用的技巧，叫做推拉。聊天的时候先打压再赞美，或者先赞美他，再打压他，总之就是给他一个情绪上的推拉。比如说‘你今天这件衣服衬得你还挺白的，我刚认识你的时候你挺黑的。’或者‘你以前每次一要做饭就犯怵，没想到工作起来还是挺帅的。’就举两个例子，你可以想更多，尝试去调侃他一下。明白吗?”

“哦……”

“明白吗?”

“他今天发了一个健身的朋友圈，我是不是可以说‘以前一到周末就赖在家里，怎么叫你都不去，现在怎么这么勤快自己去健身了。’，可以吗?”

“呃……也可以，就是这样之类的，意思你明白了就好。”

“好的。”

“老师你看。”方小姐发来一张聊天截图。

“对方回应还不错，开始主动分享自己的生活了，由此打开了话题，这个技巧以后可以继续用。”

“好的。”

第八天

“他今天主动找我了，随便聊了两句，但还是很开心!”

“那很好的，你这进度挺快呀!”

“我前几天又跟我爸妈谈了谈，他们现在态度没有那么强硬了，也知道之前确实是说话有点过分，然后我想着这两天约他出来一起吃饭，我要怎么跟他提啊?”

“我觉得啊，你可以让你爸妈给他打个电话，表示一下歉意，让他们来邀约。”

“我觉得道歉是不可能了……但是不知道能不能约出来。”

“确实，长辈们不好开口，但是你可以过后说一下，他们是跟他道歉的意思，你再稍微补充一点。就算是说不出道歉的话，夸他两句总可以吧！最好是你爸妈也能夸他一下，他需要的就是你们的认可。”

“好吧……我试一下。”

## 第九天

“哎，失败了诶。我不知道我爸妈跟他怎么说的，被他婉拒了。后来我主动找他，跟他说以前是我们不对，没有考虑到他，他突然态度很生硬地说‘你们知道就好’，感觉还是没有原谅我们啊！其实他是非常自卑的，太在意别人的看法了。”

“还是前期聊天没有做好……哎，那你们先聊着吧，走一步看一步。”

“关键是，平时我俩聊天没什么事儿，但是一提这事儿他就不行了……我能不能去见见他，单独跟他谈谈？”

“可以是可以，但是前提要看他反应。你可以先用假性邀约试探他一下。”

“好。如果可以的话我还是想当面跟他解释，其实我俩没有太大问题，主要还是我爸妈那边……”

“其实见面也是个不错的选择，有时间有条件的话可以多去见他，刷存在感嘛，实在不行也可以制造偶遇。”

“那我能不能去他公司楼下等他，因为现在我也不知道他住哪。”

“可以呀！”

“但是我不知道见面后怎么做，有什么需要注意的吗？”

“因为你们现在的状态还不是特别稳定，所以最重要的一点是不要发生关系，但是你可以稍微做点肢体接触，比如碰他一下，捏一下他脸，拍他一下，都可以。另外聊天的话不要总是提感情问题，我知道你心急，但是不能暴露太多需求感，你去找他他自然知道什么意思，你一直提的话可能会起反作用。”

“好的，我明白了！老师等我好消息。”

## 第十二天

“老师！我今天去见他的时候，他跟一个女的在一块，走得特别近。”

“是同事吗？”

“不是！我从来没见过。而且我问他的时候他支支吾吾的也不说，会不会是他的新对象啊？”

“那你们见面怎么样？”

“就还好，随便聊了点，我陪他吃了个饭。我稍微提了一下上次说要跟我爸妈吃饭的事儿，他说他觉得心里边有道坎儿，还是过不去，叫我给他点时间。”

“所以没有说关于那个女的？”

“没有啊，我问他的时候他说谁都不是，叫我不要多想。”

“那你也不用过分在意了，可能只是认识，顺路走了一下呢。你主动问起来已经暴露需求感了。”

“那会有什么影响吗？”

“稍微暴露一点需求感也好，让他知道你很在乎他。”

“如果那个女的真的是小三怎么办？！”

“这不有我呢！如果真的是小三，也帮你击退！”

## 第十五天

“哎，虚惊一场，我问了他同事了，那个女的是他上司。可能是当天在训他，不想让我知道吧哈哈哈哈……”

“我就说吧，不要想那么多。最近聊天怎么样？”

“挺好的。就是感觉每次聊天，聊着聊着就冷掉了，突然就都没话说了，然后就结束了。”

“你有没有听过公开课里那个‘切断话题’技巧？聊天的时候聊到兴起、最开心的时候，你要主动突然切断话题，这样他跟你聊天的印象就会停留在那个时候，以后再聊天的时候就一直都是那种感觉。”

“不太明白，聊得好好的为什么要切断？”

“你想，比如你们正聊得火热朝天的，特别开心，你突然找个借口说‘我去看一下我做的汤’，或者‘我到时间该去敷面膜了’之类的，他当时的情绪正停留在兴奋上，你突然抽身一走，他会觉得空落落的，有点恋恋不舍的感觉。而且你找的这个借口需要体现出你的一些特质来，比如你特别贤惠，比如你很爱惜自己，比如你很能干，给他留下无限的想象。要知道男人都是喜欢意淫，喜欢幻想的。”

“嗯……好像是。我就是这个问题，每次本来聊得挺好，突然就断了，

然后就很尴尬。”

“你可以试一下，绝对好用。”

## 第十九天

“老师，我这边同事送了我点茶叶，我可以送给他吗？”

“可以呀，你们最近两天怎么样？”

“最近我比较忙，没有找他聊天。他也挺忙的，都没顾上。但是有时候会给我点赞。”

“那也不错了呀～其实你们的情况挺好的了，还能见面，也能聊天，基本上复合没有什么问题了。”

“我自己也觉得，其实我俩之间没有什么大问题，就是我爸妈那边……有没有什么办法让他原谅他们，别老纠结这个点。”

“你可以在中间传话啊，就说你爸妈今天夸他了，不用再提以前的那些不好的东西，就表现出来现在对他的认可就好。”

“我也说过，但是他好像就是有点过不去。”

“多试几次，让他真正从心里接受。”

“我爸妈他们最近也会问我俩的情况，可能觉得我这样坚持，也没有办法了吧。”

“那很好啊，等他对以前放下一点儿了，可以再提一下安排他们见面试试。”

“好吧。”

## 第二十二天

“他主动跟我说要来我家！”

“哇，那是个好机会啊，你爸妈知道了吗，让他们好好准备一下。”

“跟他们说了。可能是之前的话也有效果吧，现在他有点信心了，愿意重新跟我爸妈沟通一下。也可能是他最近几天心情比较好吧。”

“的确是，男人是需要赞美和追捧的，他之前最大的心结其实是得不到你们的认可和理解。现在你让他重新获得了一种成就感，自然会重新考虑这段关系。”

“希望这次爸妈能助我一臂之力。”

“加油！等你好消息。”

## 第二十四天

“今天气氛挺好的，他带了东西，我妈也主动跟他道歉了。其实我男朋友以前就是太敏感脆弱了。我爸妈夸了他两句，他可高兴了。”

“是啊，越是自卑的男人越不希望被别人指出他的短板，更需要别的人的肯定和赞美的。”

“但是我送走的时候他还是没有提复合的事，哎我都不知道怎么办了。”

“其实你们距离复合就是一步之遥了。我可以给你个建议，你们之前不是在旅行的时候认识的吗，你们可以故地重游，找回最初的那种感觉，回忆起你们刚在一起的时候那些甜蜜，他就会心软了。”

“是吗？但是不知道他会不会同意。”

“你去试一下啊，最后一搏了，你就说是‘分手旅行’。”

“为什么要去旅行呢？不知道有没有时间啊。”

“你有没有看过《复合大师》？李断的爸妈要离婚的时候，分手大师就叫他们一起去旅行，并且叫他们不要住一间房，也不要管对方是不是勾搭别的老头儿老太太，这个意思明白吗？其实他们是做不到的，因为他们心里彼此还有对方。我的这个方法是相反的，是利用的心理学上的‘心锚’，你们就要一起出去，就要住一起，如果他在意这次是‘分手旅行’，他肯定会主动提出来复合的，如果他还没有想好，当你们走到第一次认识的地方时，他内心一定会有触动的，回忆起你们的种种甜蜜。不管怎样，结局都是他主动提出复合！”

“哇哦，厉害了。希望是这样吧！”

## 第二十六天

“老师告诉你一个好消息。”

“复合啦？”

“差不多吧！他答应跟我去了。开始他很犹豫，我说就当是‘分手旅行’了，在哪里开始就在哪里结束，他就急了，说那怎么行。我说怎么不行，他不说话了。他说如果你想去就陪你去吧。但是我能感觉出来他是在乎我说的那个‘分手’的。”

“是呀，他心里其实是已经动摇了，你一刺激他他肯定着急啊。什么时候出发啊，等你们好消息！”

“今天晚上！”

“等你哦。”

“老师我们真的复合了！他在机场跟我提的！”

“哇，我还以为你们得到了才……”

“嘻嘻嘻……他说他等不及了，就要现在告诉我。”

“替你开心。希望你们能好好在一起。”

其实爱情里有什么原谅不原谅，爱情里最重要的是相互体谅，是你能体谅我的自卑，我能包容你的任性。父母从来都不能左右我们的幸福，幸福始终掌握在自己手上。

## 6.7 因为接受不了平淡，他要跟我分开

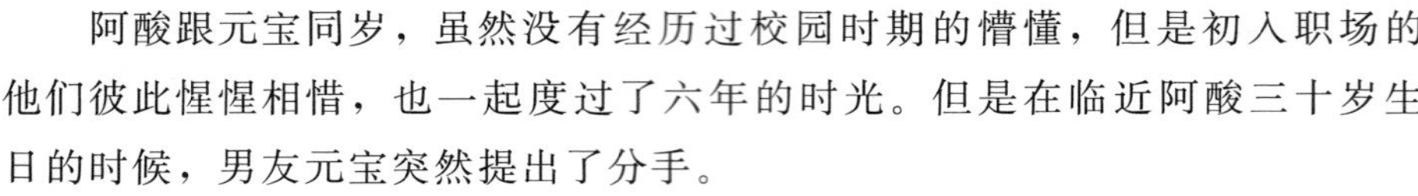

阿酸跟元宝同岁，虽然没有经历过校园时期的懵懂，但是初入职场的他们彼此惺惺相惜，也一起度过了六年的时光。但是在临近阿酸三十岁生日的时候，男友元宝突然提出了分手。



“我现在有点迷茫，我还没有办法给你一个安稳的家，我也不知道将来能发展成什么样子。”

“我不在乎，我没有一定要现在结婚。”

“可是你渴望，你身边的朋友都结婚了，你每次跟我说的时候我都很内疚。”

“我真的没有，我愿意等你。”

“可是我不愿意等。我觉得我们现在都是无意义的拖拉，真的没有意思。”

“你是说，觉得跟我在一起没有什么意思了？可生活就是这样呀!”

“我知道都这个年纪了，我该试图接受安稳，但是这平淡的生活似乎能让我看到生命的尽头，我害怕。我希望我们分开一段时间，都好好想一想。”

“如果我不愿意呢?”

“我会搬出去的，钥匙留给你。”

元宝不由分说地搬了出去，再也没有联系。

### 第一天

“你们最近分手的吗?”

“没有，有快半年了吧，这是第五个月了。”

“为什么不早点挽回？耽搁这么久。”

“之前我也想给他时间好好想清楚，但是一直到两三个月，我再联系他的时候他就很冷淡了，也不回复我。或者就是很敷衍，我们这几个月一直这样，跟他聊天就回一句，不聊天的时候就一直不联系我，我现在真的不知道该怎么办。”

“那你刚分手的时候有试过什么方法吗？”

“我们刚分手的时候我跑过去找他，跟他哭闹了很久，因为隔了一阵就是我生日，我生日想叫他过来他都没出来。虽然没有删掉联系方式，但是他根本不会联系我，我也不知道怎么好好的突然会变成这样。”

“平淡期嘛，缺乏新鲜感，男人都是贪恋新鲜感的动物，日不一日的重复会让他在这段感情里感到疲累。”

“那我现在还能挽回吗？”

“能，当然能，有浪哥在。”

第二天

“我大概看了你的日志，我发现你们好像真的没有什么共同兴趣爱好，平时的生活一定很无趣，所以他会觉得特别累。女人要想拴住男人一定要学会多变性，如果工作很忙，又没有共同爱好，你要想办法去制造新鲜感，比如自己换个风格，比如给家里换个风格，比如去学习一些新的东西，生活可能不需要新鲜感，但是爱情一定需要的。”

“我哪懂这个啊……我就觉得我们在一起这么久了，也没有发生过什么问题，怎么会好好的就要分手，我真的想不通。”

“这就是症结所在了。两个人在一起，一个一直承受着恋爱关系里的平淡和疲倦，另一个却浑然不知地享受着，这必然会造成两个人的矛盾，矛盾都不是瞬间爆发的，一定是积累到了一定程度了。”

“那我可以怎么做啊？”

“像上面我说的，你首先要做出一个形象的改变，包括朋友圈的展示，都要有新鲜感，这个可以叫做‘反撇’技巧，比如说你之前一直走职场女精英的风格，现在你可以尝试一些甜美淑女的，可以尝试一些酷帅的，可以尝试一些可爱的，做一个整体形象的改变，给他一个眼前一亮的感觉。”

“这有用吗？”

“你要做了没用，再来质疑我。这只是你挽回过程的第一步，首先是要让他重新注意到你，我们才能进行下一步。”

“好吧。”

第四天

“浪哥，这是安安老师帮我选的衣服，你看可以吗？”

“可以呀，发自拍了吗？”

“你看哪张好看？”

“你这不行啊，自拍不是叫你拍大头照，最好是半身照或者是全身照，而且一定要注意背景，还有光线和表情，你上面这些，第一背景不行，背景一定要好看，要能吸引人的。其次光线太暗，当然也不要用太白的光，本来就用美颜相机，显得太假了，可以找一些暖色系的灯光。表情的话要注意调整，多尝试，找到最适合自己的角度。”

“好难啊……”

“加油！”

阿酸又发来一张半身照。

“这样可以了吗？”

“还好，比之前的好多了，就是发型之后也可以重新做一下，这个发型显得你脸型不太好看。这张可以发。”

“那我要配什么文字？”

“你这个是在餐厅还是什么咖啡馆拍的吗？”

“对啊，咖啡馆。”

“那你可以配跟咖啡相关的，并且带有互动性、调侃性的话，我就给你举个例子啊不一定要用……比如说‘发现了一家很好喝的咖啡，要来尝尝吗？’就类似这种的，要留给别人跟你互动的空间。这样你男朋友看到了才可能给你评论。”

“好的，明白啦！”

第八天

“浪哥，元宝给我朋友圈评论了！我昨天发的那个做的菜嘛，他说‘这肯定不是你做的，我还不知道你。’哈哈哈哈……他好久没有主动给我评论了诶。”

“知道为什么吗？不是单纯地因为你这道菜，而是你之前的形象展示面起了作用。要继续坚持啊，只有展示面做好，聊天才有效果。”

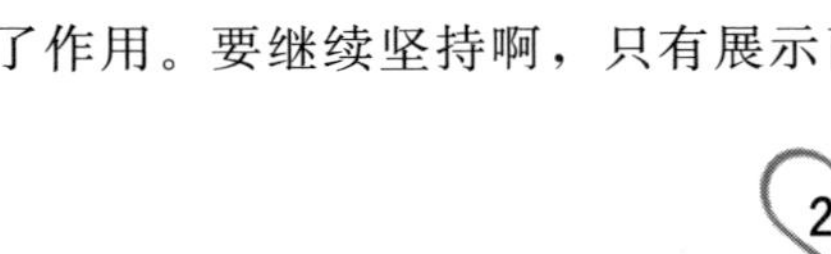

“嗯嗯，我昨天给他打电话来着，问了一下他的近况。”

“没有提你俩的事儿吧？”

“呃……就开玩笑问了他一下有没有女朋友，他说没有。”

“其实你现在不适合说这些，太容易暴露需求感了……不过已经打了就算了，下次要注意。”

“需求感是啥？”

“就是让他觉得你是在上赶着找他，让他觉得你特别想复合，你一找他就是想复合，这对我们的挽回是会起到反效果的，所以一定要注意。”

“那怎么样才能不暴露需求感？”

“你们现在可以聊天了吗？聊天的时候有回应吗？”

“也有一点吧，比以前好点，但是我不敢经常找他。”

“这就对了，不能找他太频繁，他其实都知道你是抱着什么目的找他的，所以忌讳谈论感情话题，可以聊一些无关紧要的，比如工作、爱好，比如日常生活，都可以。”

“嗯～明白了。”

## 第十一天

“浪哥浪哥！”

“怎么了小可爱？”

“我昨天问他说想不想吃我做的菜，他说当然想啊，我说那周日给你做啊，然后他就不说话了！”

“你干吗直接说周日，把他吓到了！这本来就是一个调侃聊天，你应该用‘假性邀约’，用那些比如‘改天’、‘下次’啊、‘有空’啊这些，勾起他的兴趣，但不是真的约他……”

“可是如果我想约他呢？”

“当然是为了约他，但是不能你现在这种情况不能直接说，你要做的就是反复地勾起他的兴趣，然后让他主动提出来，或者说在合适的时间提出来，现在不行。”

“好吧～还有昨天聊天的时候就是提到了以前的一些事，因为很自然地聊到了……会不会有影响啊？”

“那他回应怎么样？”

“他也跟我聊啊，就说以前怎么怎么样……”

“那应该还不错，其实有一个技巧叫‘感觉回忆’，就是利用心理学上的‘心锚’，通过聊一些以前的过往，勾起他的一些回忆，让他回忆起你们以前在一起的美好片段，这个其实是有助于挽回的，没关系的，挺棒的。”

“那就行……我现在是不是还是不能一直找他？”

“对……聊天的话，尽量控制在两三天一次就行了，等他开始喜欢上跟你聊天的时候，再可以每天聊。”

“好的。”

## 第十五天

“他今天夸我了诶！说我最近变化很大，变漂亮了之类的嘻嘻嘻……”

“很好啊，这就是做展示面的目的啊！就是为了让他看到。”

“然后我昨天也用推拉了，聊得还挺开心的，我们现在可以见面了吗？”

“你最近有没有用‘假性邀约’？他回应怎么样？”

“用了啊，他就还好，也是说‘有机会’什么的，也没有确定下来时间。但是我想说……见他一面。”

“嗯……如果你特别想见他的话，可以尝试邀约，但是你们这个情况，我也不能保证能约出来。或者还有一种方式，你可以去制造偶遇，假装碰到，借机吃个饭，聊聊天。”

“其实我也能见到他，我们公司离得也不远……就假装去偶遇吗？”

“你可以试一下啊。我相信他不会不理你的，有情况随时告诉我。”

“好吧。”

## 第十七天

“今天我去他们公司楼下了，然后没有碰到他，我就给他微信发了一个定位，最后他还是下来了，然后坐了一会。”

“挺好啊，聊得怎么样？”

“我觉得我有点紧张，没有发挥好。哎。”

“怎么紧张了，聊得不好吗？”

“也没有……就是也没有聊什么，随便聊了聊工作什么的，然后他问我最近怎么样，然后中间的时候有几次沉默……特别尴尬，当时就特别后悔过去。”

“其实沉默的时候你可以主动打开话题啊，也教过你很多话术了，都可

以用啊。之前不是有一个穿越话术吗，都可以用上的。”

“哎，当时真的是紧张，就忘了。而且感觉他最近好像很累。”

“那你觉得这次见面怎么样？对你们的关系有进展吗？”

“不知道啊。”

“那先这样吧，先看看，一般来说见面的话效果比较好的。”

## 第二十天

“我们最近有一个共同朋友要过生日，想叫我俩一块去，但是他好像挺犹豫的。”

“还是之前没有建立好舒适感，其实你在平常的时候就可以用‘名义框架’相处，就让他感觉你是他的一个朋友而已，让他打消对你的顾虑，其实你现在也可以跟他说，‘怎么，见见老朋友都不行了’？你看他会怎么说。”



“好的。”

“他很勉强地同意了。可能我朋友也说他了，碍于面子吧。”

“那就好啊，男人是爱面子，这也是他的一个软肋。”

“那我们这次见面的时候需要注意什么吗？”

“就还是那句话，当朋友一样相处，打消他的顾虑，聊天的时候也是，不要暴露需求感。还有很重要的一点，打扮漂亮一点。”

“嗯这个简单，嘻嘻嘻……”

## 第二十三天

“今天还不错诶，我们聊了一会，感觉他跟朋友们在一块挺开心的，心情不错。而且我有个朋友特别想让我们复合嘛，还说他来着，想撮合我俩。”

“哈哈哈不错，这就是僚机助力啊。”

“他也就嘿嘿傻笑，也没说什么。”

“没有拒绝就是还有机会。”

“然后我回来后也跟他聊了嘛，就说你最近怎么又瘦了什么的，他说你也变化挺大啊，比以前开朗了。我说还觉得我无趣吗？他说不会了。是不是说明他对我的印象已经改变了嘿嘿嘿……”

“是啊，我们要做的就是要改变你留给他的固有印象，这个进展很不错啊，速度挺快，估计再没多久就复合了。”

“真的吗？哈哈哈。”

“现在的话你可以就多跟他见面，然后多聊一些以前的共同回忆，刺激他一下。”

## 第二十五天

“浪哥，他今天约我了！”

“啊真的啊？！”

“他说下周要去自驾游，就他自己，问我去不去（害羞）。”

“我去，都是借口，就是想约你啊！”

“那我去不去？”

“当然要去了！这可能就是你们复合的契机了！”

“你说他会不会是头脑一热？过后又反悔？”

“不会的，他要反悔你回来找我。”

“好的。”

## 第三十一天

“浪哥，他真的跟我求复合了……”

“你看，我说的吧。”

“他说觉得我跟以前不一样了，希望能重新在一起，也想给自己一次机会。总之就是……现在对我特别满意，然后我问他不怕平淡了吗，他说之前是他想不通什么的，也跟我认错了。我当时就……哭得稀里哗啦，但还是特别开心。”

“当然了，哭是因为感动，还是开心的啊！恭喜你啊！我就说你没问题的！”

“嘿嘿，谢谢浪哥。我不是报了一年的吗，之后如果有问题的话再找你哦。”

“当然可以了。就算是以后过期了，浪哥也不会不理你的！”

其实说起平淡，每一段恋情都会经历平淡期，每一段爱情最终都会演变为亲情，要度过平淡期，就看你会不会经营，看你懂不懂男人的心思，别在对方一味付出到已经快坚持不下去的时候，你还在傻乎乎地享受着。

## 6.8 我不能生孩子能成为你出轨的理由吗?

学员ZZ以前是南航公司的空姐，而男友是同公司的飞行员，两个人小打小闹地走过了五年，在ZZ 28岁那年走进了婚姻。因为婚前检查时ZZ被查出了“子宫内膜异位”，只有百分之五十的受孕可能，所以婚后不久在老公的要求下，ZZ辞去了空姐的工作，专心在家做全职太太。

但是一直这样不咸不淡地过了五年，ZZ跑过无数家医院，做过无数治疗，还是一点动静也没有，自己渐渐也失去了信心，老公也从起初的鼓励和安慰逐渐变成了埋怨和冷淡。ZZ整日在家以泪洗面，却还要忍受老公和公婆的冷眼相待。

想到以前，老公也是很疼爱ZZ的，追了她整整一年，两个人才走到一起。因为以前平时工作都比较忙，很难碰到面，所以婚后为了能让自己不那么辛苦，坚决要求自己辞去工作。因为两个人的家庭跨越了两个省，老公为了跟ZZ结婚，甚至把ZZ的父母接过来安置好。但是五年后的ZZ怎么都不会想到，这样的老公会出轨。

### 第一天

“我以前就知道他老给一个陌生号码打电话……我也没有问过他……我根本就没有想过他会出去找别人……我知道他嫌弃我不能生育，他一直喜欢小孩……但是我真的没想到他会这样对我，我真的特别绝望……”

“女神你先别哭，那……你是怎么知道老公出轨的?”

“我……我就是有天开车路过一家酒店，然后看到酒店楼下停着他的车……他跟我说是跟朋友出去的，我也没问……然后我再给他打电话就不接了……我发短信之后他很久才回，要晚点回去……然后我就进去找他了嘛，我就在大厅等着……好久以后就看到他跟一个小姑娘一前一后出来的……我真的觉得天都要塌了……”

“那……他是怎么解释的?”

“他还解释什么?都被我看到了……他根本就没有解释……哪怕骗我两句都不肯……呜呜呜……”

后面我们听不清ZZ具体说了什么，一直听她哭了一个小时。

可以感受到，她曾经是真的把他当成了命，现在看到他的怀里搂着别人，半条命都要没了。

### 第二天

“女神，我觉得是这样啊，你的日志我也看了。然后我给你发一下我制定的挽回方案，其实我现在大概知道你们之间的矛盾了，就是孩子的问题，但是还有很多延伸出来的小问题，比如你们的相处模式，你们在婚姻中的角色定位，你们的对待对方的态度，都有很多问题，后面我会慢慢指导你的……”

“那我想问就是……我不孕的这个问题好像一时半会也解决不了……”

“女神，孩子不是一个家庭关系的全部，你们现在的夫妻关系很不正常，我们接下来要做的不是要你去立马生个孩子，而是教你怎么跟老公相处，即使没有孩子，婚姻里也可以有爱情。”

“……真的吗?”ZZ半信半疑。

“你要是相信我们的话，就试试。我不能保证能完全解决你们之间的矛盾，但是我能保证你们能和好如初。”

“好，我相信你们。”

### 第五天

“女神，你知道为什么你们结婚以后生活变得越来越平淡，两个人越来越冷漠吗?”

“可能……婚姻跟爱情不一样啊，没有激情了嘛……这些我也知道。”

“你说的也对，但是也不对。不是所有人的婚姻都是平淡乏味的，你知道有些人即使婚后也能跟老公甜蜜如初吗?你知道为什么吗?其实很大一部分原因是因为你结婚后做了家庭主妇，你退出了职场的同时，也退出了他的一个圈子。你们之前可以说算是同事，有共同好友，有共同的圈子，有共同的话题，所以永远不会缺少话题，永远也不会觉得乏味。确实，起初是出于他对你的疼爱，主动让你退出的工作，但是你不应该让自己跟他的圈子脱节，现在你很少参加他的聚会，也很少联系你们以前的同事，甚至你慢慢觉得，自己跟老公变成了不一样的人，对吗？”

“嗯……这样说也确实……算是吧。因为毕竟我结婚了以后是想着专心带孩子做家务的，但是一直也没有孩子，也没有别的心思了……然后现在我对他的工作关心也比较少，他经常一出去就是半个月一个月，久的时候好几个月不回来，我好像就已经习惯了……”

“你看吧，这才是你们之间最大的问题——缺乏沟通。夫妻在婚前一定要想好，结婚以后两个人要各自扮演什么样的角色，是可以互相倾诉的朋友呢，还是可以互相扶持的伴侣呢，甚至是父女或母子的感觉？其实最好的一种关系就是，你既是他的妻子，还是他可以倾诉的朋友，又偶尔能给他母亲般的关爱，这是最完美的关系——当然不是说你像妈妈那样惯着他，男人是不能惯的……我说这么多你能明白吗？”

“那……我也不知道我们算哪一种，以前可能他照顾我比较多，现在的话我们真的，沟通的时间太少了，而且又因为孩子的这个问题，其实我们心里都是挺难过的，一直都这么久了，有再多的希望都消磨掉了……就都是一种比较消极的态度。”

“所以说，你要想挽回你老公，首先要拴住他的心。要拴住他的心，首先，你要尝试跟他沟通。因为你们现在状态又不好，沟通起来可能有些困难，所以你可以先去学习一些沟通的话术，后期我会教你，还有就是跟他快速达到情绪上的共鸣共振的技巧。”

## 第八天

“他现在还不肯回来，说觉得没脸见我。就是从那天被我撞见以后，我不是闹离婚了吗，然后他一直在他妈那边住。过两天他又要去飞了，可能又要见不到了。”

“你也别太低姿态，本来出轨就是他的错，要让他自己意识到。”

“但是虽然现在他表面上是在认错，说话语气还是很冷淡。我爸妈还有他爸妈他们都不知道这件事，我要不要告诉他们。”

“其实要老人掺杂进来可能会更麻烦，我们先走着看看，能自己解决的话，尽量不要牵扯家里人。嗯……冷淡的话，其实还是感觉跟你有距离。

你尝试跟他聊聊工作，聊聊他最近的状态。”

“其实我每次想到他出轨就觉得很恶心……但是我真的又不想放弃，真是是舍不得……”

“我知道啊女神，但是没办法，感情这种东西说不好的。虽然知道他已经不完美了，但是因为爱，你还是愿意原谅他，对吗?”

“我不想原谅他，我只是不想他离开我，我想象不到没有他的生活……”

“好了，我们现在要做的是，打开话题，尝试跟他多沟通，如果这件事你不想提，就先不要提，我相信就算你现在提出来，他也会因为心虚而恼怒，你就跟他聊别的，聊你们平时不会深入聊的东西，看看他的一些想法。”

“好吧。”

## 第九天

“昨天晚上我给他打电话了。问了一下他最近的工作吗。他说这次要半个月才能回来，我就问他觉得累不累什么的，他说习惯了，然后突然又说，‘你以前都不问我这些的’，我说是不是我对你关心太少了。他说别说了，是我对不起你。然后态度还挺好的跟我道歉，我当时心就软了。我真的开始想以前是不是忽略他了。”

“是啊，你们之间缺乏夫妻间的正常交流，虽然不能像其他的夫妻那样每天见面，但是起码的电话、问候之类的要有吧。”

“然后他跟我说什么就是一时糊涂，叫我原谅他，我说我会记一辈子的，因为太难过了。他说他以后会补偿我什么的。”

“那不挺好的吗。”

“哎，但是我真的不知道，这是不是第一次……还会不会有下一次，我真的承受不了了。”

“所以你找我们就对了呀，我们就擅长维护婚姻关系，挽回平淡的婚姻关系，甚至是出轨小三。”

“那就是有没有什么方法，让他对我关心多一点?”

“有啊，比如说，精神投资和陪伴投资啊。我们说的‘投资’，不单单是金钱和物质上的投资，这些对于恋爱关系还比较有用，但是在婚姻里，要想拴住老公的心，更多的是要他为你付出精神投资和陪伴投资。很简单，让他多陪你，多关注你，多关心你，自然会更在乎你，也会一直爱你如初。”

“那……怎么……我不太懂。”

“一个一个说，陪伴投资比较简单，就是找机会让他多陪你，就算你们经常见不到面，但总有见面的时候吧，他总有回家的时候吧，只要他一到家，就想办法黏着他，跟他一起找事做，也可以说是找共谋，一起谋划着完成一件事，从而增进两个人的情感。精神投资的话，可以利用晒痛苦等方式，让他关心你，紧张你，爱护你，更加在乎你。这些有机会的话，我会直接教你怎么做。”

## 第十三天

“他今天要走了，我要不要去送送他？”

“去呀，为什么不去？”

“我心里还是比较矛盾的，有点走不出他出轨的这个阴影……”

“那你还想不想挽回啊！”

“当然想！我真的特别爱他。”

“那你还想什么，去送他，然后走的时候要个临别吻。”

“啊？这样好吗，我以前没有过诶……”

“自己老公有什么不好？你不亲难道想让别人……咳咳。”

“好吧……那我还需要说什么话吗？”

“可以说一些关心他的话啊，比如叫他注意身体啊，按时吃饭啊，也可以撒撒娇，要想我啊，什么的。”

“我觉得我说不出来……”

“你看看你，你们以前都是怎么相处的?! 这些在老婆老公的生活里不是很日常吗？有那么难吗？逼着自己去做，他才会知道你爱他的。”

“嗯，好吧。”

## 第十八天

“老师，我今天突然想明白了，以前自己是真的有点没把自己摆正，没有尽到一个做妻子的责任，对老公体贴的时候太少了，再加上孩子的问题给我们之间的关系带来很大压力，所以他才会出轨的。”

“哇，你怎么突然豁然开朗了。”

“哎，我每天就乱想，每天反反复复想很多遍，我真的觉得自己以前做得不够好，想想以前他对我是真的很好，那时候也不知道珍惜。然后后来的话对家庭也不是特别上心，整个人就跟一个空壳子一样，特别地消极，

要我是我老公，我也不想要一个这样的老婆。”

“哈哈哈哈，你怎么这么可爱。你今天到底看了些什么？突然想到这么多。”

“我听了很多遍你以前给我指导的时候那些语音，然后一点一点想。虽然现在每次想到他出轨还是很难受，但是想到他还是挺爱我的，就又松了一口气。最近他对我也挺上心的，一有时间就主动给我打电话。”

“你看吧，其实你真的是……以前完全没有抓住自身的先天性优势，女性本身就是柔弱喜欢撒娇的，而且你又这么漂亮，你老公肯定抵抗不了的。”

“哎以前就不懂这些啊，就觉得什么样子就什么样子吧，根本没有想过会怎么样。”

“那你平时也有多关心他吗？”

“有啊，我跟他电话里也会关心一下他的身体啊，工作啊，他话也变多了，会跟我说一些同事的事情，之前也用了那个……共振吧，那个技巧，他就说哎呀～我老婆开始懂我了。然后就特别开心。”

“哈哈哈，他开心还是你开心？”

“我俩就一起开心啊！”

“哈哈哈哈哈，他什么时候回来啊？”

“还要好久吧。”

“下次他回来之前，给他准备一个惊喜，可以做一桌他喜欢的饭菜，也可以给他准备一个小礼物，或者跟他一起出去玩，找点事情做，都可以。提前准备一下。”

“嗯嗯。”

“接下来要见证我们的大招啦！”

## 第二十二天

“今天他爸妈他们过来了，看看我。其实他爸妈对我挺好的，虽然我生不出孩子，但是也没有当着我面说过我。也一直帮我找医生找医院。”

“多好啊，你婆媳关系处得还不错嘛。”

“是啊，我想的是等他回来一家人一起吃个饭可以吗？”

“当然可以呀，家人都在的话更好了。”

“我们真的好久没有一家人在一起吃饭了。不是他忙就是我没时间，老是凑不到一起。”

"其实你是一个挺懂事的女人啊。"

"哎，以前不是啊，以前我还是挺任性的哈哈哈……我那个给他准备了一个飞机模型，他就喜欢这些东西，家里虽然摆了好多了，但是我挑了好久给他挑了一个，准备他回来给他，可以吗?"

"可以呀，送东西就要投其所好嘛，很聪明啊你。"

"哈哈哈，别夸我了，我都要紧张了，过几天见他是不是还要换新衣服?"

"当然最好是了，最好再做个发型，让他觉得眼前一亮。"

"那老师，到时候我先拍给你看哦。"

"可以呀。"

## 第二十九天

"今天的照片。"

"哇，这么多好吃的啊，都是你做的吗?"

"嘘，有的是外卖哈哈哈哈……我做饭不好吃啦。"

"哇，你老公都主动搅着你肩了。"

"对啊，我们今天喝了点酒，说了好多话。他也喝多了可能是，跟我说了好多……就是，说要好好对我，之前是他不好之类的话。我用那个冷读了嘛，我说'你明明就很辛苦，也很喜欢孩子，但是你什么都不说，都藏在心里自己承受着，以前是我不好，不能替你分担压力……'什么什么的说了好多，把我俩都说哭了。他说孩子的事他会想办法，然后也向公司申请了减少工作量，以后多抽时间陪我。"

"是不是感觉跟以前不一样了?"

"对啊，我也想清楚了，虽然以前那件事成为一个心结了，但是……也怪我自己放不下，日子还是要过的嘛。希望以后越来越好。"

"那希望你们早日有自己的小宝宝哦!"

"谢谢月光老师。"

ZZ 报了一年的，只咨询了一个多月的时间，后期一直没有什么大问题。所以隔了大半年之后，突然联系到我们，还有点惊讶。

"老师告诉你们一个好消息！我怀孕了!"

"哇，真的啊，恭喜啊!"

"真的是很不容易，我觉得现在我的家庭才是圆满的！谢谢老师们之前对我的鼓励。"

"真的替你高兴。其实你老公还是很爱你的。"

"还是要谢谢月光老师的指导，不然我一直都不知道自己的问题。"

婚姻就是这样，有起有伏，有咸有甜。爱情也就是这样，因为有爱，所以才有了原谅。

## 6.9 他的“处女情结”容不下我的从前：“我还爱你，但是我觉得你不干净”

NINI今年30岁，在成为一名瑜伽老师之前，做过售货员，做过动物园饲养员，做过摄影助理，因为工作原因，也一直辗转在全国各个城市，在她28岁那年，受不住家庭带来的压力，终于返回家乡，找到一份安稳的工作。

也是这个时候，才认识现在的男友。男友是一家国企的职员，虽然算不上多么优秀，但是收入也稳定，182的大个子也让人觉得非常有安全感，次数为零的恋爱经历也让他显得格外纯情。

NINI是绝对认真对待这段感情的，她格外珍惜这个比自己小三岁的男友。虽然男友没有谈过恋爱，但是他本身温润又温暖的性格让NINI觉得相处起来特别舒服，能给她一种前所未有的安全感。

但是自从同居之后，两个人的问题就频频爆发。男友在NINI的相册里翻到了以前跟前男友的聊天记录便大发雷霆，在知道NINI用的一些东西都是前男友送的时候，要求NINI全部扔掉，NINI也照做，只当这是他太爱自己的一种表现。但是男友却逐渐变得变本加厉，终于有一天找到了爆发的源头。

“你凭什么这样跟我说话？你跟我在一起之前跟多少男的睡过了?!”

NINI听到这句话的时候呆立在那里，眼泪像断线的珠子，止不住地往外蹦，嘴巴开合几次，却说不出一个字。她转身跑掉，男友却没有挽留。

原来“处女情结”才是所有问题的症结所在。NINI哭着找到闺蜜，却遭到所有人的劝离。

“这种男的就是有病．谁还没个以前啊，就他最单纯，就他最干净，过去是根本没有办法改变的嘛，只有见识短的男人才会拿这个说事儿，错不在你，他不接受就别接受，你还受不了这样的他呢!”

但是NINI听完还是难以理解，这样一个深爱自己的男人，怎么会接受不了自己不是处女的事实?

## 第一天

“女神你知道男性的想法是什么吗?为什么从古至今提到最多的都是处女而不是处男?没有人会介意一个男的睡过多少女人，但是男的都会介意自己的女朋友跟多少人睡过的，这是男性天生的一种占有欲，你改变不了的。”

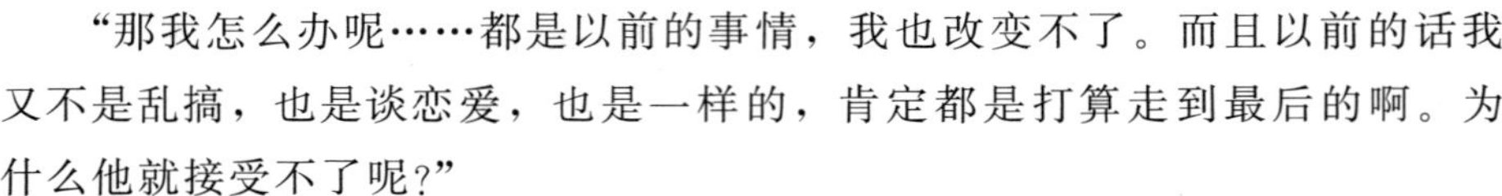

“那我怎么办呢……都是以前的事情，我也改变不了。而且以前的话我又不是乱搞，也是谈恋爱，也是一样的，肯定都是打算走到最后的啊。为什么他就接受不了呢?”

“但是往往一个男人说他经验丰富是一种炫耀和魅力，但是一个女人这样的话就会变成男人嘴里的……呃……不太好了。但是当然，这件事也不全怪你。”

“那……既然我改变不了他，那还有机会在一起吗?”

“我们只能说尽量让他重新接受你这个人，但是这件事儿的话，这个坎儿还得他自己迈过去。你要相信我们就试一试。”

“我当然要试，我三十岁才遇到他，如果放弃了，我这辈子就完了。我真的没有力气再去开始了。”

“那好，交给我。”

## 第二天

“依明老师，我们之前不是养了一只狗养了一只猫吗，他今天说过来看看狗狗。”

“那很棒的机会呀。这就算你们之间的一个共同联系了，也可以说是他割舍不下的一个小部分，可以好好利用一下。”

“但是他还是不跟我多说话。”

“聊狗啊，聊宠物啊，他不反感什么话题，就聊什么话题。”

“嗯好吧……但是也不能每天都聊狗吧。”

“也可以聊工作啊，聊爱好啊，聊别的啊，都行，别提那些敏感话题就

可以了，敏感话题是什么？比如感情、复合、爱不爱我这些字眼，先不要提。”

“嗯……老师我明白了。”

## 第五天

“老师，他今天过来看狗狗的时候把钥匙还我了，是不是真的打算分手了啊。”

“先不要急，也别太急着联系他，这种事情应该给他时间让他自己想清楚。现在你说多了都没用。”

“我真的特别想跟他解释，但是又不知道怎么解释……因为毕竟是以前的，现在又不联系，不知道他怎么就想不明白。”

“哎，你看你还是不了解男性思维。你现在别想这么多了，是他的问题，让他自己好好考虑。你现在要做的还很多，比如去学习一些男性思维方式，去学习如何沟通，包括公开课里讲过的那些话术，都要好好学习一下。”

“我还有个问题，就是怎么知道他还爱不爱我呢？他介意这件事情我也可以理解，但是如果他因此不爱我了，我觉得我好像也没有必要再纠缠。”

“那也很简单呀，晒痛苦，比如装病，比如突发一些状况，看他愿不愿意帮你。就算现在他还在负面情绪里，如果他的第一反应还是担心和挂念，摆明了心里放不下你。”

## 第七天

“依明老师，你看他跟我说的。”

NINI 发来一张聊天截图。“对不起，我不是一个好男人，我知道错不在你，但是我真的接受不了！我还是很想念你，还是放不下你，我也痛恨这样的自己，但是我没有办法，我真的很矛盾。我想见你一面，暂时以朋友的身份。”

“我明白他现在这种纠结的心理，但是他自己也说了，还是放不下你呀。还是有机会的。而且他主动提出来要见面，并不是一件坏事。你可以去见见他，听听他是怎么说的。”

“好吧……”

## 第九天

“老师……我见到他了。”

“怎么样聊的？”

“也没有聊什么。他就是想跟我上床。但是完事之后还特别嫌弃……骂我，骂我特别难听。”

“哎呀！忘了告诉你不能……算了。哎，你看吧，男人就这样，自己干的事儿不觉得龌龊，但是不允许自己的另一半这样做。哎真的是……”

“我就很委屈啊，我就一直哭，他又开始哄我。他说不该骂我，我说那是不是在你这我已经不堪入目了，那不如真的分开算了，他又说舍不得我……我真的不知道该怎么办。”

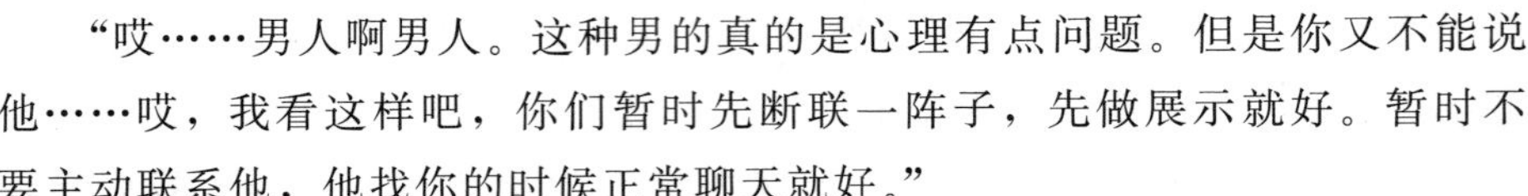

“哎……男人啊男人。这种男的真的是心理有点问题。但是你又不能说他……哎，我看这样吧，你们暂时先断联一阵子，先做展示就好。暂时不要主动联系他，他找你的时候正常聊天就好。”

“嗯。”

## 第十四天

“老师我觉得我们完蛋了……”

“啊？”

“我们又吵架了，又吵起来了，现在都不能好好说话了。”

“不是说了少联系吗？”

“是他找我的啊……开始是在聊别的，聊着聊着他突然说‘你真是个贱女人’什么的，我真的都快崩溃了……我真的觉得他精神有问题。”

“哎你们这……如果他以此为由就这么吊着你，又不说和好还对你人生攻击，我真的劝你不如算了。这种男的一抓一大把，干吗受这种罪。”

“可是我真的还……放不下他。”

“真拿你们没办法啊。他现在情绪还不稳定，尽量不要去联系，怎么说了都不听。要不你就跟他说，如果还是这种态度就不要联系，这段时间你也好好想想。”

“这样……行吗？会不会他就……”

“你真的别这样了，舍不得孩子套不着狼，何必这么低姿态。我们女生……呸，女生一定不能这样放低自己的姿态，你越这样他只会越看不起

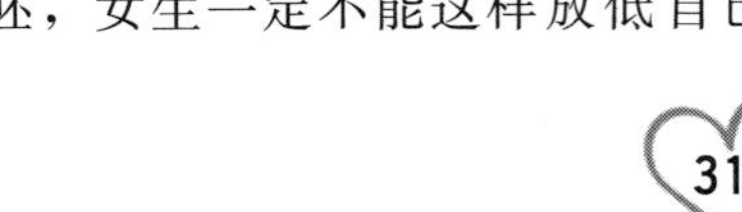

来，越来越觉得自己是对的，对你会越来越不好，知道吗?”

“嗯……”

“好啦，精神一点儿，别老这么垂头丧气的，要表现出自己积极阳光的一面，用自己的情绪去感染他，别总是让他带动你。”

## 第十八天

“他说要把狗狗接走，把猫留给我。我是不是不能给他，以后是不是就少了见面的机会了?”

“对呀～最好是能留住，你就找个借口，比如说狗狗习惯了环境啊，比如你知道它的习惯你不放心啊之类的，随便撒个娇就能搞定。他其实也不一定是真的想要狗，还是在找机会跟你说话，明白吗?”

“我也跟他说了这些，但是我不知道他是怎么想的……现在好像在他眼里，狗都比我重要。”

“哎你不要这样想……其实你应该想，他表面上是想看狗，其实是想看你啊。”

“真的吗?我其实最近也想了好多，我真的觉得，如果他这么执着于这件事，那我也真的没有办法去改变他，实在不行就算了。大不了我自己难过一阵子，我真的受不了他这样忽冷忽热，现在跟个神经病一样。”

“对呀，你早就该这么想。不要认为自己婚前有性行为就是个坏姑娘，就应该低声下气，现代的感情都是自己的选择，谁在一起不是冲着一辈子的，但是谁又能说得准。你总会找到一个珍惜你的男人的。”

“谢谢老师，他明天就过来，我到时候有情况再跟你说。”

“好的，随时联系。”

## 第十九天

“依明老师在吗?”

“在的，见面了吗?”

“他过来了。但是他来了根本没有提狗的事，也不怎么说话。就直勾勾地看着我，我好害怕啊。”

“他想干什么?!”

“不知道啊，现在也快中午了，我问他吃什么他也不说，我就定了外卖。现在我在厕所里，我真怕他对我做出点什么事啊……”

“没关系，一会儿如果你觉得有问题，就把免提打开，手机放到兜里不要让他看到。”

“嗯。”

“他走了。”

“走了?！这么快？什么情况？”

“我出去以后他说，他也习惯了这个环境，也习惯了我，然后想再搬回来住。”

“是和好的意思吗？”

“不知道，他没有明说，就说叫我收拾一下，他下午再过来。”

“不管怎么说，他其实还是在乎你的。也算是一件好事。提前恭喜你啦。”

“但是我现在真的有点害怕，一想到他上午看我的眼神，就觉得有刀子划我一样……”

“他也不至于做出多么出格的事，有事情随时联系我。”

“好吧。”

## 第二十一天

“老师，我真的发现他不对劲。从他搬回来那天开始他就不碰我了，虽然平时对我说话还是很温和很客气，但是我一跟他有身体接触，他好像就很慌张地躲开，弄得我好尴尬。”

“我的天……这男的精神洁癖也太严重了吧。我真的觉得他需要看心理医生了……”

“我今天早上起来先去喂猫喂狗嘛，然后走进浴室的时候突然看到他站在镜子前一动不动，就那样看着，我真的要吓死了，跟变态一样。”

“你怎么说得我瑟瑟发抖啊……千万别出什么事儿啊！”

“我也害怕，但是他一看到我眼神就变了，跟没事人一样。对我还像以前那样。我也在想，我们真的还能变成以前那样吗？”

“你别太紧张，你就先假装不知道他这种状态，先相处几天看看。如果他真的有什么举动觉得不对劲赶紧报警。”

“我现在对他又爱又恨的……哎，真的很难受。”

“哎，你真辛苦。有事随时联系我吧。”

## 第二十五天

“老师我真的快受不了了。”

“嗯?”

“今天他又跟我吵架了，又翻到那件事了。就因为看到我在朋友圈给一个异性评论，其实就是一个很普通的朋友，他立马炸毛了，说你是不是还跟你那些前男友联系呢，是不是还是放不下他们，都是他们把你变成这样的……我就一边哭一边跟他吵，说他心理有问题，叫他去看心理医生，他说你才应该去看医生，然后还打了我。”

“我的天……这种人真的……心理已经扭曲了啊，而且浑然不知。我劝你尽早离开他吧，真不知道他以后还会做出什么事来。看心理医生那句话是我在跟你感叹，你不应该激怒他……哎，是我不好。”

“老师不怪你……我真的很难过，也很生气……以前那样一个谦谦君子，竟然会变成这样……跟恶魔一样的……我是不是早该放弃他……”

“哎，感情这种事，旁人也不好说。我给你提的只是建议，主要还是看你。其实我能感觉到你们是太在乎对方的感受，但是这种相处模式已经扭曲了，不是正常的，说明你们是不合适的。我当初给你的建议也是看你自己，如果你真的觉得自己放不下他，可以尝试去挽回，但是你要衡量他值不值得。”

“……其实我真的不知道……我放不下这段感情。我都三十岁了，我不想再轻易放弃了……”

“但是姑娘啊……哎……不知道怎么劝你，真的看你自己吧。我是替你决定不值得。就算是你三十岁了，你的价值还在这，你还是值得更好的。”

## 第二十八天

“老师，我放弃了。我真的受不了了。”

“不用惋惜，我觉得你也应该放弃。”

“虽然很舍不得吧，但是我也想清楚了。我觉得可能我们真的是不合适吧。我也不知道说他不成熟还是什么，可能他是真的特别爱我的，但也是真的接受不了我的以前，这样两个人都很累。我真的受不了每天小心翼翼的生活，他就行一颗定时炸弹，随时拿这件事出来说，每次都能找到最凌

厉的词来羞辱我……我真的何必呢?”

“哇，你能这样想最好了。他真的不值得的。但是深入来说，他对你这也不算是爱，我不知道他是图你什么，但是如果一个人真的爱你，真的不会去计较这些东西的。如果不是因为以前的那些经历，也不会变成现在的样子，两个人能在一起，就是因为看到了现在的对方身上的那些闪光点。谈恋爱是应该谈以后，谈未来的，谈什么从前。而且他计较这种事情，就说明气量很小，即使以后结婚也会出现各种问题的。”

“是啊，我就这样想。我跟家里人也说了这件事，他们也都劝我放弃。但是我没告诉他们他打我了，我觉得如果我爸知道的话一定会打死他……”

“你看，还是旁观者清，还是有很多人能看到你的价值的，你不用自暴自弃也不用自怨自艾，三十岁又怎么了?总有一个会等你的。”

“是啊，总有一个人会等我的，但不是他。”

处女情结实则就是一种道德绑架，为什么一个好女孩不能在认识你之前先爱过别的男人?为什么跟别的男人上过床就成了“骚浪贱”?这本身就是男人一种大男子主义的行为表现，他们认为女人就是一种展示他们魅力的物件，而不是一个活生生的人，对于这种男人，放弃又谈何可惜呢?

虽然以前我有过失败的感情经历，虽然以前我有受过情伤，但是我仍然不放弃自己，也不放弃爱，下一次的时候，我依然愿意为了爱，为了你，赴汤蹈火。我愿意为了爱情，使自己闪闪发光。

## 6.10 “我们三观不合，就别掺和对方的人生了”

李唯一是家里的独女，因为出身于书香门第，所以并不是我们想象中的那样娇生惯养，反而独立又独断，坚强又坚硬。从来不会跟别人吵架，但也从来不听任何人的话。她心里有自己的一个衡量标准，从不轻易向任何东西妥协。

这也导致了遇到男朋友的时候，她既不会像其他小女生那样撒娇，也不会像某些大姐大一样吆五喝六，而是徘徊在两者之间，大胆又怯懦，多情又理性。男朋友是自己学长，两个人在大学的时候因为插队认识。男朋友说，李唯一是唯一一个让男朋友心动过的人，因为李唯一插队的时候，不小心整个脚掌落在了他的脚背上。

“你踩到我了。”
“哦，是吗！我说呢～”
“硌着您了吧？”
“对呀对呀！”
“……”

男朋友看到李唯一笑嘻嘻地转过头，露出人畜无害的笑容，就瞬间原谅了她的一切。

但是两个人在一起不到一年就分手了。因为男朋友说，李唯一从来不听他的话。

李唯一更纳闷儿，你又不是我妈，我凭什么要听你的话？

两个人因为这个问题吵过无数次，每次都吵到两个人气呼呼地掉头往相反方向走掉，但是最后，总是男朋友追过来。只不过最后这一次，他没有再追过来，也没有再联系过她。

李唯一是很坚强的，她忍了一周没联系他，也并没哭到昏天黑地，她觉得没有什么人能够影响她的生活。

只不过在这一周里，不知不觉掉了六斤。

第一天

“所以你其实还是放不下自尊，不想去主动找他。”

“那我凭什么要放下自尊？我有必要因为喜欢一个人就舍弃自尊？又不是我的错。”

“可你现在还是想要挽回，才找到我们的呀。”

“……是呀，我忘不了他。我以前没有谈过恋爱，他算是我初恋。我也不知道他哪好，但是他跟我提分手，就是不行。”

“姑娘你觉不觉得自己太强势了？”

“强势怎么了？就不能谈恋爱了吗？”

“能是能，只不过容易把对方吓跑啊！”

“废话别多说，就说你们有没有办法让他回来！”

“有是有，但是你得做好心理准备，必须全面配合导师的指导……”

“哎行了，最后成不成的我也不怨你，有浑身解数都给我使出来就行了！”

“大姐痛快！”

第四天

“你们这发的这作业，也忒……我这平时也不发朋友圈，更不会发那种甜美的自拍。我本身长得就不甜美，怎么能甜美得起来？”

“所以说，你需要我们帮你做出改变呀！你要慢慢改变自己以前留给他的固有印象……”

“我在他的印象里并不是长得怎么样！而是他觉得，我跟他三观不合，他说的话我不能理解，我的建议他也不能听取，是沟通的问题！”

“沟通的效果不好还是因为外貌……”

“哎别跟我扯这些没用的了，我就想知道我们沟通到底是什么问题？”

“所谓的三观不合，其实都是找不到一个折中的办法去解决问题，所以在遇到矛盾的时候都需要其中一个人的退让和妥协。现在是他觉得你做不出退让和妥协，所以你就需要去改变。”

“没人能改变我，我也不想为他做改变。凭什么他说的话就都是对的，我就要听？”

“那……你看你又不听我们的指导了，这样还怎么挽回？你最需要改变的就是你的脾气，还有你的说话方式……世界上没有什么是绝对的，你以前肯定经常对他说‘反正我也改不了’‘说了我也不会听’‘我就是这样的人’这种话，对不对？”

“对啊。因为我就是这样想的啊。”

“你这样想可以，但是如果你说出来，他就会觉得你不肯定别人的意见，甚至是在你们之间出现矛盾的时候，久而久之，就会把这个归结为‘三观不合’。其实哪有什么三观不合，就是你不会撒娇。”

“我是不会撒娇啊，他以前也不嫌弃啊。”

“矛盾都是积累的，最后的爆发都是一个导火索而已。”

“谈恋爱好累啊。”

“指导你们谈恋爱，也很累啊。”夏诺老师深深叹了口气。

## 第七天

“老师他今天找我了，你猜第一句话是什么？”

“问……你最近怎么样？”

“他说‘你想清楚了吗？’‘你觉得我们还能在一起吗？’这什么鬼话啊！”

“其实就是因为你给他留下固有印象了，他通过之前跟你的相处，会想象到之后跟你在一起的状态，因为现在频频爆发的争吵，他只要一想到未来，只会感觉到疲惫，所以才有分手的念头。”

“破事儿真多，我一直都这样的人，追我的时候怎么不说？”

“哪个男人在追自己喜欢女孩子的时候不是把自己伪装到最好啊。”

“真是，我就是被他骗了。”

“可是你有想过吗，你这种性格跟任何一个人在一起都会产生同样的矛盾的。因为谈恋爱不是一个人的事，一个人的努力是没有用的。你说你不能做出改变，你就是这样的人，你的潜台词就是‘你要跟我在一起，就必须包容我的一切’，那么你想过没有，世界上除了你的父母，可能没有人会包容你所有的缺点，或者说不会永远包容你一辈子。这就是为什么我说你需要做改变的原因。即使以后你不跟他在一起，你再换一个人，你还是需要改掉身上的这股戾气，它并不能保护你，而是划伤了对方的同时也伤害到了自己。”

沉默良久后，李唯一发了一句，“你说的对，老师。我这种人可能就要注孤生了吧。”

夏诺老师差点把没握稳的手机扔到地上。

这姑娘还真的不是一般的倔。

### 第八天

“老师哎，我昨天想了一下哈，确实我自身也有问题。我是从小就比较武断，爸妈也干涉不了我。我觉得大方向上的性格确实不好改变，但是如果说是谈恋爱的话，我也希望自己变成另一个样子。”

“真喜欢你们为了爱情勇敢的样子。”

“不，我是为了自己，能不能挽回他我并不在意，我就想，如果我这个样子再也找不到男朋友，就要孤独终老，那么一辈子连陪我吵架的人都没有了，那人生该多没意思。”

“哈哈哈～你的想法真的……”

“很奇怪？”

“莫名可爱哈哈哈哈。”

“所以，我要是再找他聊天的话，需要注意些什么呢？”

“嗯……首先，你要改变自己内心的一个想法，不要觉得对方给你提建议就是要改变你，也不要觉得自己一定不能改变，更不能因为对方只要试图改变你你就要做出反抗，这样只会增加他以前对你的负面印象。”

“然后咧？是不是他说什么我都要听着？还不能提出异议？”

“呃……按照你的性格来说，我觉得你也做不到，而且也不是这个意思。两个人为什么会吵架？还是因为在某件事上某些方面没有办法达成共识。为什么他会觉得你不懂事不会听取他的意见？是因为你不懂‘上堆’原理……”

“上堆是啥？”

“就是……比如说，你们因为吃饭该吃什么、听谁的而争吵，这个时候你如果想，‘反正不管是牛肉还是鸡肉都是吃肉’，那么问题就解决啦，如果你真的不喜欢你吃肉，你再想‘反正都是为了填饱肚子，吃什么都一样。’两个人在一起本身就是因为互相迁就，如果在一件事上达不到共识，就一直上堆，上堆到你们有共识的那一层，不就解决了吗？”

“听起来很有道理。那老师我拿去‘堆’他一下？”

“嗯！去‘堆’他一下！”

## 第十二天

“夏诺老师，我那天听了你的公开课觉得很有用。其实我以前就是不太会说话，本来没有什么大事儿，就因为我一句话就点了他的火，所以就一直吵一直吵，一直都成了习惯。我确实需要改变一下自己的说话方式。”

“对呀，其实不是说我必须要听谁的话，而是无论是听取还是不听取，都要用一个正确的方式表达出来，让对方能够最大程度地接受。这才是我们的目的。”

“我昨天一起跟他打游戏来着，然后他全程不说话的！我就很生气，说着说着他才开了语音。他说‘你能不能认真打游戏’，我说我本来就不是为了打游戏，就是为了跟你说话的，他立马态度就软了哈哈哈哈哈……”

“其实你情商挺高的嘛。只不过是性格上有点男孩子气。但在男朋友面前，你毕竟是个女孩子，就应该时长展现出自己温柔甚至软弱的一面，没事撒撒娇也是可以的哇，哈哈哈。”

“哎，道理谁都懂，但不是谁都能做到啊。”

“所以才要学习啊，要用最短的时间做出最大的改变来，让他看到一个与从前完全不同的你。”

“嗯！默默给自己加油！”

## 第十六天

“哎，其实我就知道他心软。他又来找我聊天了。”

“很好啊。”

“但是我一问他还生不生气的事他就躲躲闪闪的不回答，我怎么才能知道他是不是原谅我了？”

“其实你们现阶段可能不适合谈论感情话题，回应闪躲的话可能是还有一点负面情绪，提到的时候又会想到你以前留给他的负面印象。但是既然他主动找你，说明心里还是有你的，肯定是在乎你的。如果你想用一个最简单的方式看他是不是还生气，是否原谅你了，可以用‘晒痛苦’的方式测试他一下。”

“但是我不知道怎么用啊，我可不可以跟他说，因为思念你我都瘦了好几斤？不像我说出来的话啊！”

“不不，不是这个意思，你这样说的话容易暴露需求感。你就可以直接晒痛苦，比如装病，比如说你心情不好，比如说你发生了什么紧急的事，主要看他会不会担心你，是不是很紧张你。”

“哦。那我能不能说，因为最近没有食欲，瘦了好几斤？”

“也可以吧。”

“哎，烦哦。我怎么会变成这样。”

“陷入进爱情里的小姑娘，都像你这样。”

## 第十八天

“夏诺老师我今天上午去找他拿东西，他说你真的怎么瘦了这么多，我说休息不好没食欲什么的，他问我为什么我不知道咋回答，就说不知道。他说是不是因为我，我也没说话，然后看他还听自责的，叫我好好吃饭。”

“还是心疼你呀。”

“是吧。我突然就想到以前跟他在一块的时候，每天让我吃好多东西，老怕我吃不饱，说不怕我吃胖，现在看我瘦了，觉得我不好看了。我瞬间就心软了啊！”

“他真的还是对你挺好的啊。其实你说起来我想到一个技巧，叫‘感觉回忆’，不知道你有没有听过这个课。就是通过一些物品啊照片啊之类的回忆起你们之前在一起的美好回忆。比如以前一起做过的开心的事啊，比较甜蜜的举动啊，或者你记得的其他小事，都可以写下来，或者找出照片，整理之后给他看。”

“我不是一个特别细心的女生诶，反而他比较在意这些。但是他有送过我很多东西，我都一直在用着。别的真的想不起来。”

“那你可以拍一些照片，发一个仅对他可见的朋友圈，回忆关于他送你这些礼物的场景，或者感觉，看他看完什么反应。”

“这个简单。”

“这件事做起来简单，但是可能关乎于你们的复合哦。一定要用心搜集，用心配文，写好后发给我看一下。”

“好好好。”

## 第二十一天

“老师老师，告诉你一个劲爆的消息！”

“嗯？”

“他居然买了花在我家楼下站着哈哈哈。是不是来跟我求复合的啊？！”

“哇，你上次发的朋友圈他有回复吗？”

“有啊，但是就发了一个斜眼的表情，也不知道他啥意思。哎呀呀好紧张啊，一睁开眼就看到他说在我楼下。”

“那你赶紧下去啊，叫人家等老半天了吧。”

“老师等我回来！”

“想哭，他跟我说了一大堆表白的话，可惜我都忘了。我就记得他说的最后一句话是，‘你比以前更可爱了’，嘻嘻嘻……”

“这不是证明你的女性魅力了哈哈哈。”

“可我们算不算和好了？他都没提？！说了一堆啥？”

“哈哈哈你怎么这么可爱，都过来找你了还不算复合吗？”

“哼，我就知道他会跑回来找我。”

“恭喜你呀。”

“谢谢老师谢谢老师。”

## 第二十五天

就在夏诺以为李唯一从此就要过上幸福快乐的生活时，她又突然出现。

“老师啊，我们刚开始复合的时候我觉得我们现在怪怪的，昨天我终于找到原因了，他居然背着我在跟别的妹子聊天！幸好我看了一眼他手机，不然我都不知道！我们就分开这么几天，他居然开始撩别的妹子了！我好难过啊！那天跟我说的都是什么屁话啊！”

“会不会是误会啊……”

“真的！昨天还在聊！聊得可开心了，他还叫人家小姐姐！我真的是……”

“你也先别着急，你有没有问过他？”

“没有呢，我不知道怎么开口。”

“对，这个不能直接问他，不然他可能会揪住另一个问题——你为什么看他手机，又要吵架了。嗯……即使他是真的在撩别的妹子，也不见得有多大事儿，因为毕竟那个时候跟你闹别扭，他不管是出于什么原因，跟别的女生聊聊天也有可能。如果你要想逼他主动招供，我倒是有一个办法。”

“如果他真的肯跟我说，我倒觉得也没什么，不过就是聊聊天而已，但是如果他避讳不谈，我就觉得会不会发生了点什么事啊。”

“的确是，所以我可以教你一个‘隐喻’的技巧，你就给他讲一个故事，就比如你闺蜜的男友出轨了，然后编造一个特别惨的下场，什么被打了呀，什么被抓包了呀，什么人财两空了呀，都行，其实就是给他一个警醒，他一听自然就明白了。如果他就此招了，或者即使没招出来，但是确实收敛和改变了，说明他还是在乎你的，之前也不过是一时兴起。”

“哎，我还真的有一个闺蜜被出轨，但是失恋后贼惨。当然那个男的也没好到哪去，跟小三在一起后被骗光了钱就跑了。”

“这个故事可以呀。你就讲给他听。”

“哎，男人啊男人。”

## 第二十六天

“昨晚上跟他说了，他果真招了。但是……据他自己说是我误会他了。他说就是以前的一个同学，一直都认识，好久不联系了什么的。我管他的，反正我说我不高兴，他说我想多了。”

“你这个脾气呀，还是要控制点，不要又变成以前那样。虽说你们现在复合了，但是如果你又让他重新看到你以前的那种样子，他又会想起很多不好的回忆来，再一次对你产生负面情绪。下一次再以此提出分手，就真的不好挽回了。”

“我知道啊。哎，我已经变化很大了啊。他跟我在一起这两天都说，说我怎么现在说话这么客气，也不跟他争论了，也不那么自我了。他哪知道我有多累啊！”

“你不要总想着自己很累，你要知道，爱情就是两个人相互付出相互汲取的一个过程，一个人的付出是擦不出火花的，也许在很多你不知道的时候，他也在默默忍受着你带来的压力，也在包容着你，要相互体谅。我觉得他是很爱你的，你应该用经营的心态去对待这份感情，而不是把它一种负担的感觉。”

“是啊，以前真的一直是他在付出，我很自私的。我以自己的性格为由，一再伤害他。”

“其实你的性格也不算什么大问题，只不过在相处中你处理不好那些细节，就会让对方觉得不舒服。”

“真的希望有一天，我们都能看到对方身上的改变，我也就能知道为了这段感情，我们都付出了什么。”

“为爱情付出是一件好事。”

“是，因为爱情，我甚至改变了自己的天性。为了掺和一下他的人生，我真的是竭尽全力了。”

“哈哈哈哈，希望你能纠缠他一辈子。”

“嗯，纠缠他一辈子。”

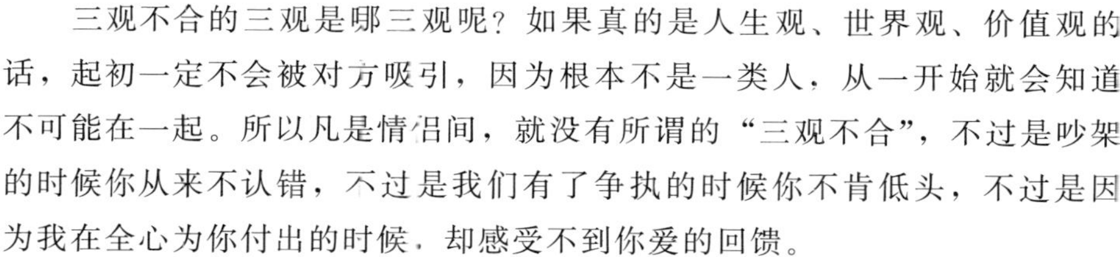

三观不合的三观是哪三观呢？如果真的是人生观、世界观、价值观的话，起初一定不会被对方吸引，因为根本不是一类人，从一开始就会知道不可能在一起。所以凡是情侣间，就没有所谓的“三观不合”，不过是吵架的时候你从来不认错，不过是我们有了争执的时候你不肯低头，不过是因为我在全心为你付出的时候，却感受不到你爱的回馈。

所以我们才说，爱情里最重要的不是身材脸蛋，更不是物质金钱，而是两颗带着理解、尊重和体谅的滚烫的心。

# 附　录

# 爱情的谜底

（导师学员问答精华整理版）

### 1. 作

我跟前男友在一起不到一年，之前他很爱我的，但是后来因为受不了我太作分手了。分手后我已经很低姿态求过他了，他还是不理我怎么办？

### 答：

前男友不理你是因为你还没有改变你留给他的印象，分手初期他对你还有很深的负面情绪，这个时候无论你对他做什么，说什么，都只会增加他对你的反感情绪，对于他来说都是骚扰。所以第一步你需要做的是冷冻，暂时不要联系他，但是期间要保持好朋友圈的动态展示。

朋友圈的展示一方面是展示自己丰富的生活，另一方面也是自己形象和性格的改变。目的也有两个，一方面表现出你已经有了很大的改变，不再是从前的你，改变你留给他的固有印象。另一方面，也表现出他的离开对自己没有太大影响，你仍旧一个积极乐观，热爱生活的好姑娘。

为什么他之前会觉得你作？女生一般多少都会有些小性子，在钢铁直男看来都是“作”。他之所以忍受不了你的“作”，也是因为对你失去了新鲜感，或者说已经没有那么爱你了。所以我们的挽回，也可以称为是“二次吸引”，这就还要提到上面说的，冷冻和展示。

最重要的一点，就是你的低姿态，女生无论什么时候都不应该去低姿态地去求复合，无论是谁的错。因为当你把自身姿态放低的时候，你的自身价值就已经被否定了。这时候你越是跪求，他越会觉得你价值低，根本不值得去理你，更不会想跟你复合的问题。

### 2. 异地、新欢

我们是异地，一星期见一次，因为初恋的问题我和他闹了几天，他是那种有话不说的人，或者说了一次不会说第二次，所以吵了几天他就烦了，后来慢慢地他在新单位认识了一个女孩子，他说有点喜欢她，每天也在聊天。我们现在还没有分手，现在聊天都是我主动的，都是有一搭没一搭地聊天，他不会主动找我聊天，我们从发生问题到现在有差不多两个月了，感觉距离越来越远。

答：

第一个问题，异地恋。异地恋最忌讳的就是吵架，你也说是因为吵架，吵了几天他就烦了。说明你也意识到自己也有问题，你的问题就是，在异地恋这种危险关系中，你第一没有做好女性的魅力展示，第二不了解男性心理，在发生争执的时候不懂得让步和后撤，所以无法在两性相处中达到一个舒适感。

第二个问题，可以说是他有了新欢。男人寻求新欢的原因就是“喜新厌旧”，这是男人的天性。在你们吵架期间，他会对新的目标产生更多的好感，你再去纠缠，只会增加他对你的负面情绪。吵架后最好的方式就是冷冻，不要在气头上聊天，也不要一味地去纠缠，给对方逼迫和压力。

解决方向，一是要做出改变和展示，要改变他对你的印象，也要重新做二次吸引，以全新的面貌重新面对他。可以是形象方面，也可以是社交圈、兴趣爱好、才艺展示等任何方面，主要是让他有眼前一亮的感觉，他才会重新注意你。

第二点，最重要的就是要去学习和了解男性思维和心理，学习两性相处的技巧。在恋爱里女生并不只是一味地享受，有时候也需要做适当的示弱和撒娇。男人需要的是一个能勾起自己征服欲、且能懂得和理解自己的人，所以你要学习一些聊天技巧，在平时的聊天中也能够勾起他的兴趣，让他对你产生依赖和暧昧的感觉。

### 3. 发生关系后冷淡

发生关系之后立马冷淡下来，过了段时间找他谈过一次，说要自由，不想受束缚，偷偷哭过好多次，因为工作上有合作，他变了心之后，我在他身边帮他做事都要看他脸色。一谈到私人感情方面的内容就不回复，讲工作就正常。我该怎么办？还有机会再约他出来吗？

答：

发生关系后冷淡，说明他根本不爱你，只是想跟你玩玩。“想要自由”“不想束缚”都是男人常用的为自己的不负责任开脱的理由。不回复就是一种回避的态度，说明他根本就没想过开始这段感情。所以最好的建议是离开和放弃。如果你不想放弃，想进一步吸引他，那么还需要做很多。

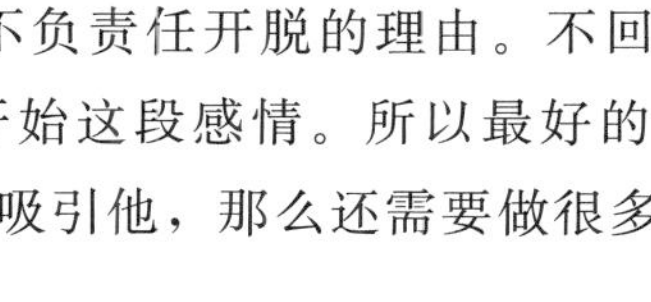

比如，首先要剥离他把你当成炮友的想法，不要他一找你你就放低姿态，一对你动手动脚你就束手就擒。有一个专业名词“反荡妇防卫机制”，简单说就是避免被男人当作一个荡妇，要有一个自己的标准，保持自身的高姿态。在他对你有生理需求时要及时地推开，或者在此时要求投资（物质、精神方面投资都可以），不要让他轻易得逞。

第二点，你们的关系现在不适合谈论感情相关的话题，他本身就在回避，如果你追问得太紧只会给他压力，甚至他会跟你断绝联系。既然工作话题可以聊，那就聊工作。如果两个人在工作上有合作，那么可以请他帮忙，向他请教，这也算是对你精力和时间的一种投资。当他愿意为你付出投资时，就说明有了对你起码的好感，这个时候你可以再以感谢提出邀约，增加两个人的相处机会。约会中也避免提及感情话题，感情问题一定要等到对方回应好、有了暧昧气氛的时候再提。

### 4. 分手、新欢

和前男友交往 2 年分手 3 月，没发生过性关系，现在他已经交新女友 2 月多了，但说要和我做朋友，有困难他都会帮我，前几天还给我朋友圈评论了，我也回了，大家就像普通朋友那样，我还能挽回么?

**答：**

当然可以呀。你们现在的状态就是情侣分手后的最佳状态，暂且可以称为“舒适感”。之前在一起两年多，说明感情已经基本稳定了，怎么会突然分手呢？相信你们两个人之间也不是有不可调和的矛盾，不然也不会答应做朋友。既然他还想跟你做朋友，甚至有困难会主动帮你，也会给你回复朋友圈，说明他对你多少还是有感情的。

如果你们之前是因为平淡期分手，你可以尝试使用“反撇”技巧，通过样貌、性格和兴趣的改变，给他展现一个完全不同以往的你，让他重新看到你身上的发光点。

如果他跟现在女友感情稳定，你想挖墙脚，那么你需要学习一些“冷读技巧”及“聊天话术”，需要在平时的聊天中多跟他产生情绪上的共鸣、共振，当他发现你才是最懂他的人，他自然会放弃现女友，回来找你。男人都会追求精神上的一个灵魂伴侣。

## 5. 挽回

性格腼腆，想得多但不说的男生怎么让他觉得自己懂他，怎样挽回他呢？

**答：**

如果他性格腼腆，不爱说话，想法又很多，说明他是一个比较注重内心想法的男人。即使他不爱说话，还是会希望有一个人能够懂得自己，理解自己。

想要挽回的话也很简单，就是成为他的精神伴侣，成为他的红颜知己就可以了。

一般我们都使用“冷读技巧”，但是这个技巧不太好掌握，就是通过说一些每个人性格里都有的共性，去分析他的性格或者心情，让他觉得你能懂他，从而达到跟他情感上的共鸣和情绪上的共振。具体操作可以看我们之前讲过的课程。

另一方面，男人都是需要被认可、被承认、被肯定的，所以你需要常常赞美他。而这种内心想法比较多的男人，不会十分在意你对他的外表或者表面的赞美，你可以使用“赋格话术”，来通过他平时的社交展示面、他平时的样貌穿搭或者他平时的一些微小的举动，来侧面夸赞他的人格或者性格，比如他在朋友圈里晒了工作照，你可以说，“原来你工作的时候更能散发出那种成熟睿智的魅力。”比如他虽然不爱说话，但是演讲时从不怯场，你可以说，“虽然你平时不爱说话，工作的时候还挺认真的，完全激发出了你的口才。”等等。当然，还有一个与之相反的叫“失格话术”，就是先去对他的性格做一个负面评价，再用“赋格话术”

做一个正面评价，会直接推拉到他的情绪。

## 6. 父母不同意、分手

我跟他是一个公司的，他刚进公司的时候就对我有意思，但是他当时是有女朋友的，我不知道，但是公司里面的人都说他不行。后来追了我三个月，期间还约过别的小学妹，后来我也不知道为什么就同意他了，在电影院里面，我们第一次约会，他吻了我，后来一切进展很顺利，同事都很好奇他这种人是怎么追上我的，其实我自己也不知道。后来他跟他爸妈说

了，他爸妈不同意，然后他就要跟我分手。当时是平安夜，我去找他了，他在网吧，我买了苹果给他，他也不看我不怎么样，就一直打游戏，后来我直接走了，夜里他打电话给我，说我还想努力一下，当时我就同意了，后来就是他一直忽视我的感受，可能我也不懂谈恋爱，就是一直生气，删他好友。第一次的时候我哭着求他，他同意和好了，第二次也是，但从第二次和好后他就对我冷淡了，像是逼我分手，一星期左右后我受不了了，早上一直给他打电话，打了50个，他不接，我就把他删了，但是这次他说不可能再跟我在一起了，无论我怎么哭都没用。我说在哪里等他过来也没用，他说他现在已经不心疼我了。

答：

其实父母不同意导致的分手都是“假性分手”，可以说父母的意见只是一个借口，在你们的相处中一定早就暴露了问题。

后期你说的自己一直生气，删他好友，可以说是女生的通病——“作”，这大概也是后期他越来越冷淡的原因。一个男人特别喜欢你的时候，你作，他愿意哄你。但是当爱情的热情退却之后，你再像以前一如既往地作下去，没有几个男人会受得了。你打50多个电话他不接，你哭他也不再心疼你，说明他对你的负面情绪已经非常深了，你给他留下的“作”的印象已经在他心里根深蒂固了。

所以首先你要做的是先断联，一方面为了消除他的负面情绪，另一方面也是为了在期间做好复联的准备。

复联需要做哪些准备呢？首先，你要完成自身的改变和提升。不要一失恋就整天在朋友圈里哭哭啼啼，你要树立一个阳光坚强的形象，通过学习提高情商的课程，改变自身的一些性格陋习。只有前男友真正看到你的改变，才会重新考虑跟你在一起。

复联的话，可以使用“心锚”，准备一本情侣日记，记录你们的恋爱过程，拿给他看或者寄给他，但是在不确定他是否还有负面情绪的时候，是一个比较冒险的操作。

另一种方法是建立一个僚机，安插在他身边，先打探他的情感窗口，也能侧面看出他对你的态度，如果态度较好的情况下，可以让僚机安排见面，先以朋友的身份继续相处。

你们之间最大的问题在于你对他缺乏吸引力，并且你留给他的都是负面印象，所以首先从这一方面做改变。

## 7. 短择

我是 1992 年的，样貌家庭一般，没有谈过恋爱，曾经有过追求者基本上都只能维持两三个月的追求期，后面就慢慢互相冷淡不联系了，有些追求者我没有过心动，但也谈不上讨厌，只是想通过一段时间多了解一下，但在这段时间对方就会主动放弃。不知道是不是我自身的原因呢？

### 答：

你自身的原因肯定是占主要部分的，首先你对自己不是很自信，女生即使没有十分漂亮的样貌和显赫的家世，一样可以通过各种性格、举止等让自己看起来有格调、有气质。你第一个问题就是不够自信，对自身不够自信。心态只能通过自身来改变，如果你觉得对自己的相貌过分地不自信，可以通过穿搭、化妆等来提升自身的外貌，这也是建立自信的一种方式。

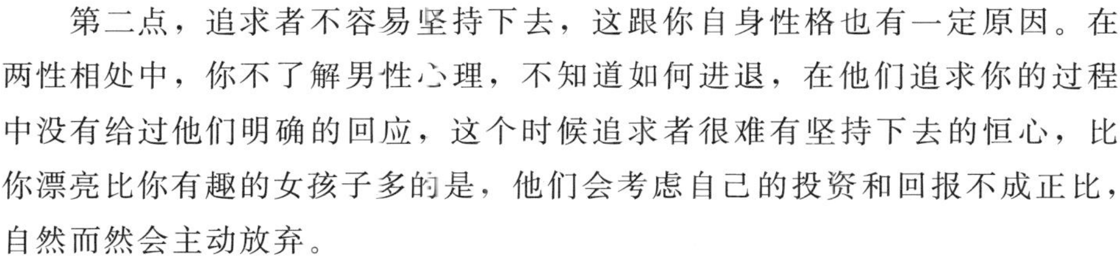

第二点，追求者不容易坚持下去，这跟你自身性格也有一定原因。在两性相处中，你不了解男性心理，不知道如何进退，在他们追求你的过程中没有给过他们明确的回应，这个时候追求者很难有坚持下去的恒心，比你漂亮比你有趣的女孩子多的是，他们会考虑自己的投资和回报不成正比，自然而然会主动放弃。

所以你的问题，第一要提升自己，建设自己的内心和性格，有魅力的女生才更受欢迎。第二点要多学习一些两性相处技巧，其实谈恋爱就是“放风筝”，就是要忽远忽近，既不能让男人一下子得逞，也不能总是吊着对方，这个分寸需要自己把握。

## 8. 逼婚分手

我比男朋友小一岁，在一起六年了，都是彼此的初恋，因为工作原因异地两年。其实我们当初在一起的时候他妈妈就不看好，因为他妈妈想让他找一个本地的。我们异地期间差不多半个月见一次吧，有时候一个月一次，但是每次见面都挺开心的，一直相处的挺好。今年回家过年的时候，家里开始问我打算什么时候结婚，因为身边好多同龄的朋友也都结婚了，所以我也在考虑这个事，就跟男朋友提了。但是说完之后他突然开始犹豫，而且突然对我冷淡了。期间我就一直拿这件事跟他吵架，他可能平衡不好他妈妈这边跟我的关系，所以有点烦，两个人都很累。

每次吵完架之后我去找他，就立马和好了，但是一分开，只要我提结婚的事他就跟我吵架，后面发展到冷暴力。隔了一段时间后他突然提了分手。他说觉得给不了我想要的，他妈妈也给他很大压力，他不想继续这段关系了。我表示了能够理解他，也不会再给他压力，但他执意要分开，我该怎么办？

**答：**

六年的感情的确不容易，可以说你们应该互相十分了解对方了。一般，如果父母施加压力，一方面男友可能是妈宝，从小听惯了父母的话，另一方面是对你的爱不够坚定，也可能是性格使然。对于父母不同意的恋情并不是无计可施，但是你们现在的主要问题是两个人之间的感情。

男人有什么样的特性呢？就是“趋利避害”，当你突然提出结婚，突然给他施加了一系列压力的时候，他就会想要逃避，也就是我们说的“恐婚”，男人恐惧的是婚姻带来的责任和压力。从你的叙述中，可以看出后期他对你的负面情绪已经很深了，因为你给他施加压力太频繁，导致他开始重新考虑这段关系，考虑期间你还在一直施压，他就会觉得离开你才是正确的，这些烦恼都是你带来的，他就“逆向合理化”了你们的分手是正确的。

如果你想要挽回的话，给你一点建议，重心还是放在男友身上，父母那边最后再搞定。首先你要给他一段冷静的时间，再次复联的时候不要再提结婚和感情的事，先“名义框架”成好友，如果能顺利进入“舒适区”和“暧昧区”，说明他对你还有感情，这个时候再努力尝试去理解他，甚是可以“冷读”他，让他觉得你是最懂他的。复合一定要让他主动提出来。

## 9. 性格不合

我和男友两年前在一起，当初在一起是抱着毕业就结婚的态度的，但是相处以后发现两个人性格不是很合适，他受家庭影响很节俭，平时我们都是AA，每笔账都算得很清楚，这让我觉得心里很不舒服，而且他从没送过我东西。我们共同话题也很少，他比较闷，有时候他的话题我不是特别感兴趣，一直在忍耐这些。但是他平时真的很照顾我，特别体贴和关心我，我不知道该不该分手？

答：

现在看来是你没有找到自己内心的答案。你的叙述里大多都是在陈述他的缺点，他有点抠门、不会为你投资物质、没有共同话题、没有精神交流。但是另一方面，他唯一吸引你的地方就是他对你很好，照顾、体贴。但是可以看出来，你对他不是特别满意的，挑剔着他自身的每一个地方。

男生在喜欢你的时候当然会对你好，另一个喜欢你的男生也会对你很好，但是如果你觉得他对你的好足以掩盖他所有的缺陷，你可以尝试去引导他投资，去创造两个人之间的“共谋”，改变一种相处模式，这都不是大问题。但是如果你也觉得，换作另一个人也会这样对你好，那么就不值得你做更多了，你也可以选择放弃。主要还是要看你自己。

10. 挽回、大男子主义

浪哥，我跟男朋友分手一个多月了，分手原因是我加了一个追求者的微信，我男朋友知道后特别生气，把我各种联系方式都拉黑了，后来我去找他，求他，都没有用。我知道这件事是我不对，但是也没有做什么过分的事情，当时通过只是觉得可以做朋友，并没有其他想法。但是男朋友说他接受不了，后来见面也对我特别冷淡，联系方式也没有了。我还可以挽回吗？

答：

你可能不是特别了解你男朋友的性格和心理，他这是明显的大男子主义，是容不得你的这种行为的，所以也不难理解他为什么要执意分手。因为你触犯了他的底线。

但是你这种情况也不是不能挽回，只不过可能需要很长一段时间的缓冲期，首先在分手初期，他正在气头上，你不应该再去纠缠和认错，这个时候你就算把自身姿态放得再低也没用，只会让他更加看不起你。

关于你的追求者，如果你真的没有什么想法，奉劝你还是删掉最好，何必让自己染上不必要的嫌疑呢？这对你和男友的关系是百害无一利的。

你的挽回重点要放在沟通技巧上，冷冻一段时间后再复联，复联后要多运用一些聊天技巧，通过一些技巧让他感受到你对他的理解和认可，既要让他感觉，你是最懂他的人，另一方面还要通过赞美和推拉，让他感觉到你是特别崇拜他的。

### 11. 冷暴力

我跟男朋友在一起三年多了，我比他大一岁，自我感觉比他成熟一点。他平时对我都很好，但是每次吵完架就冷暴力，微信不回，电话不接，任我怎么哭着求他都没用，只有等他气消了我去道歉才和好，一直这样。最近因为我工作上有变动，需要到外地出差，他又跟我闹脾气，然后不理我了。我去他朋友那找到他，也没有给我好脸色，一对我说话就特别冷漠，我真的不知道该怎么办，这个是个人性格原因吗？还是我做得不够好？

**答：**

几乎很多女生都经历过男友的“冷暴力”，不回复，不解释，不求和，就这么干晾着你。为什么有些男人会对自己的女朋友“冷暴力”呢？因为在这段感情里，他们认为自己处于上风，他们总是希望以此来彰显自己在这段感情中的地位，最后总是要以女生的求和结尾。

从你的叙述来看，你在这段感情里始终处于低位，“哭着求他”“道歉才和好”，这摆明了你们这段恋爱关系是不平等的。他享受这样的高位，而你似乎也在慢慢习惯这样的低位，所以他的“冷暴力”会越加严重。当然也不排除个人性格的问题，可能他本身性格也比较强势。

另外从你这方面看，首先你在这段感情中爱得太卑微了，你以为一味的委曲求全就能换来平和，但是过分地放低自身，只会让自己在他眼里变得没有价值，他就会更加看不起你，更不会在吵架的时候心疼你。时间长了，甚至会怀疑自己对你还有没有爱。所以你自身的问题也是需要调整的，可以通过学习一些两性相处技巧和沟通技巧来弥补这方面的不足。

## 12. 出轨

浪哥你好，我是一个三岁孩子的妈妈，结婚七年了。我跟老公是相亲认识的，但是感情一直特别好。因为他工作性质原因经常需要应酬和出差，我也没太在意，但是前段时间我发现他有外遇了，还是个大学生，应该是已经在一起好久了，当时我觉得天都要塌了。我没有告诉家里人，只跟朋友说过，朋友们都劝我应该跟他摊牌，或者离婚，不然他会越来越过分。但是我还不想结束这段婚姻，也不想让孩子受到伤害，家人受到牵连，我要怎么才能让那个小三离开他？

### 答：

在你知道他出轨的时候没有选择大吵大闹是一个明智的选择，因为他极有可能因此主动跟你离婚。但是另一方面也可以看出你性格太好，考虑得太多，所以容易导致自己受伤。

男人婚内出轨多半有两个原因，对家庭生活没有什么兴趣了，所以想在外面找点刺激。另一个原因可能是他感受到家庭的巨大压力，产生了逃避的想法。因为从你的叙述中不确定是何种原因，所以还需要你自行判断。

如果是因为你对他的吸引力不够了，那么就需要从你自身来做改变，可以使用“反撇”“变装”等技巧来制造婚姻里的新鲜感；如果是因为家庭压力大，那么你更需要注重相处模式，是不是对他管束太多？或者是对他关注太少，一心放在家庭和孩子身上？那你需要让他重新感受到你对他的感情，可以多去赞美他，多关心他，甚至可以使用“冷读”、“赋格”等话术，让他知道你是最懂他的人，他心思在你身上了，自然会主动放弃小三。

女神一定要记住，就算是要分离小三，重心也要在你老公身上。你要通过自身的一个改变和提升，让他重新感受到家庭带来的温暖。

## 13. 投资

我跟男朋友是工作后认识的，我们在某二线城市工作。他家是农村的，所以可能跟我消费观念上有点差异，每次吃饭基本上都是他请一次我请一次，然后平时他花的钱我也会主动送些小礼物回赠给他，我也不太愿意让他给我花钱。但是我爸妈知道以后就觉得他不爱我，他们觉得男人喜欢你就该给你花钱，虽然平时花钱我没觉得有什么，但他确实没有送过我什么贵重的礼物，就送过一次花，送过一个几百元的钱包。我还挺喜欢他的，我应该让他给我投资吗？

答：

首先，我不是很了解你们的个人情况。如果说男人不肯为你作出投资的话，第一可能是他本身性格原因，花钱比较谨慎。第二点可能是因为你们关系进展还不到位，他觉得还不值得为你投资更多、或者说你本身不值得他投资那样多。但从你的叙述来看应该比较偏向前者。

其实，如果一个家境不好平时又比较节俭的人，为你作出物质投资可能更注重的不是价钱而是心意了，不用太在意他为你投资的金钱和物质的价格。而且另一方面来说，投资除了物质还有精神和陪伴等投资，不能只从某一方面来看，看他是否在乎你，还要看他平时是不是在意你，是不是紧张你，是不是会担心你，是不是时时刻刻都想着你。这已经是一个男人能够为你做到的最珍贵的投资了。

如果你想引导他主动为你多投资，可以使用公开课讲过的“柴火技巧”，在每次他为你投资的时候使劲儿夸他，给予他一定的回报，让他更有动力，投资是从少到多，从低价值到高价值的一个循序渐进的过程。

### 14. 婆媳关系

我一直关注浪哥很久了，但是第一次遇到了情感问题，确切来说是家庭问题吧。我结婚第五年了，跟婆婆关系一直处不好。刚结婚的时候还可以，后面有了孩子，因为带娃观念不一样，婆婆经常态度很不耐烦，因为我一直没有工作，在家相处的时间又比较多，所以我们经常因为鸡毛蒜皮的事情拌嘴。我知道我该尊重长辈，所以从不跟她吵，但她反而有点得寸进尺了。

我跟老公的感情一直很好，从谈恋爱、结婚到现在，一直都挺幸福的，但是他是那种比较老实的人，也不肯替谁说话，基本上这些事他都不管。

我尝试过去讨好婆婆，但她总觉得我是假惺惺地刻意讨好她，但我其实不过是想让家庭氛围变得好一点。而且家里婆婆掌握着财政大权，有好多话我都憋在心里不能说。我真的觉得认错也不是，强硬也不是，都不知道该怎么办了。

答：

其实婆媳关系吧很好搞定，只要让她觉得你跟她是站在同一战线上的，你是她闺女一样的存在，她自然会对你好了，感情的事也是要将心比心的嘛。

其实你们家庭里并没有太大的矛盾，平时过日子自然有吵架拌嘴的时候，如果不是你婆婆跟你吵架，可能就是你老公跟你吵了，在一起相处的时间多，很正常。

如果你想缓和一下婆媳关系的话，建议你可以通过老公给你婆婆带些礼物，或者有些话不方便说，让你老公帮忙传达。不要在气头上吵架，女人一定要学会控制自己的情绪，做到"善解人意""善于倾听"，有时候也多站在你婆婆的角度看问题，可能很多问题都会释然的。尝试去理解她，也尝试让她去理解你。

15. 推拉

我听公开课里浪哥讲的"晒痛苦"，晒完痛苦之后还要夸他再打压？确定要打压吗？难道不是夸他就好了吗？会不会引起他的反感？

答：

为什么要"晒痛苦"？晒痛苦就是为了引起前男友对你的关注，也侧面测试他是不是还在乎你、对你有感觉。为什么晒完痛苦后要夸他呢？就是要让他觉得，他对你付出的关心和在乎是值得的，是有所回报的，他才会继续为你作出精神投资。

至于打压，这是涉及"推拉"技巧。先夸赞再打压、或者先打压再去夸赞他，都可以达到推拉的效果。推拉的目的就是拉伸你们之间的情感可得性，使他产生情绪上的起伏，这样他才会对这件关于你的事印象深刻。但是并不是说晒完痛苦之后一定要做打压的。也要视情况而定。如果男友对你回应一直比较好，你们处于"舒适阶段"或者"暧昧阶段"，你可以适当地打压；但如果他一直回应一般，甚至于是不好，还有一些负面情绪，那就不适合在赞美后用打压，也不适合在晒痛苦后用打压。技巧都是要灵活运用的哦。

## 16. 劈腿新欢

跟男朋友在一个城市的两头工作，平时不怎么见面，前一段时间他劈腿了新欢，要跟我分手，我闹也闹了，哭也哭了，他执意要分手怎么办？

答：

异地恋的话如果见面还不多，很容易感情变淡、甚至出轨劈腿的。所以我们提到过“社交圈捆绑”的技巧，目的就是为了通过在他的交际圈、生活圈里多刷存在感，以此巩固两人的感情。

男人都是贪图新鲜感的，所以因为新欢跟你提出分手也很正常。可以猜想，你们的关系已经变得不咸不淡，甚至于因为工作关系，你已经忽视了这段感情很长一段时间了，所以才给了他劈腿的机会。也就是说，此时的你对他已经没有任何吸引力了，所以这个时候你再去哭闹，只会留给他更深的负面印象。

如果你想要挽回，不舍得分手，首先你要做的是改变你留给他的印象，其次要通过“社交圈捆绑”来多曝光自己，建立跟他更多的联系。最后你可以尝试使用“情侣日记”来唤起你们之前在一起的美好回忆，也就是我们说的“种心锚”。

## 17. 结婚买房

浪哥，我跟男朋友在一起有七八年了，特别了解对方，也见过双方父母了，现在一起在一个二线城市工作，已经同居了，有车无房。因为年龄也越来越大，家里也开始催婚了，我自己也挺着急，但是三番两次跟男友提了他都没有什么反应，要不就说“还早”之类的话。我家里并没有要求他一定要买大多的房子，也没说跟他要多少彩礼，他一直觉得我要结婚就是想“榨干”他父母。我怎么会有那种想法呢？他一只叫我等几年，但是我都 28 了，已经不想等了，怎么才能让他愿意娶我呢？

答：

你们之间的矛盾很常见，现在几乎每个家庭要嫁闺女必定会开出“房子车子票子”的条件，这是当下社会的一种现状，并不算过分。况且从你的叙述中，能感觉到男友家庭条件不是特别好的那种，所以你愿意主动放低条件，但是即使如此他还是不愿意结婚。

可以分析出两方面原因，第一，他是真的爱你，但是他是一个比较孝顺又固执的人，他妄想通过自己的努力来攒够一套房子和结婚所需要的钱，但是他真的没有看清现实，现在你买套房子，每年涨的钱都要比你挣得多，他想得太简单。第二个可能原因，他可能压根儿就没打算娶你，或许他不够爱你，或许他觉得不值得为你投资这样多。

如果你确定他是十分爱你的，只是出于对房子和钱的考虑，那么你可以通过"未来模拟"的技巧来唤起他对婚姻的渴望，可以多说一些对婚礼、婚姻的期望，画面描绘详细一些，也可以多提起一些已经结婚的朋友、闺蜜的生活，表示对婚姻生活的向往，看一下他态度。

## 18. 聊骚

我跟男朋友在一起不到一年，开始是奔着结婚去的。在认识之前我就知道他异性缘很好。怎么说好呢，就是他身边总有很多什么"姐姐""妹妹"的，要不就是什么"女闺蜜"，他本人性格也比较偏女性化，温柔细腻，所以跟女生们相处得来。跟我在一起之后虽然收敛了很多，但还是有几个经常联系，我也不知道他们有什么好说的。这个事我也提过好几次，他表示只是朋友关系，叫我别多想。后来吵的次数多了，我也有点厌烦，就提了分手，他居然说分手可以，但是不能污蔑他。我觉得为什么他就不能因为我跟别的异性断绝联系呢？为什么他宁愿跟我分手都跟她们断不了？

### 答：

这种男人其实就是打着"朋友"的幌子到处聊骚的渣男。既然你们都考虑结婚了，他心里就不应该再有别的异性，不管是朋友还是什么"姐妹"，他完全就是为自己的花心找了一个好听的借口。如果一个男人真的爱你是不会让你受这种委屈的。所以建议你放弃。

如果你真的还想继续的话，建议你多跟他制造共鸣、共振、共谋，通过捆绑住他的交际圈来捆绑住他的生活。当你完全占据了他的生活时，他就没有什么机会去聊骚了。但可能这个过程比较漫长，需要强大的心态和长期的坚持。

## 19. 辨别渣男

我遇到了一个特别喜欢的男生，也相处了一段时间了，但是一直没有确定关系。因为他平时对我忽冷忽热的，朋友都说他比较渣，劝我离开他。

为什么说他渣呢？因为在认识我的时候，他有女朋友，但是对我隐瞒了，我一直都不知道。聊天我主动比较多，每次去找他他也会对我很亲昵，会牵手会拥抱。我一直以为他也是特别喜欢我的。但是后来从朋友那听说他是有女朋友的，我特别生气，想跟他断了联系，他竟然没什么反应。

最后还是我忍不住找他了，他突然郑重其事地叫我等他一年，说一年后毕业，他跟女朋友分手，然后陪我去我想去的城市。我说那现在怎么办呢？他说现在只好委屈我了。我这个时候才发觉他真的很渣，感觉没什么希望在一起了。

**答：**

所以女神你要问什么呢？如果你说问这个男的渣不渣，可以告诉你是非常渣了，并且是比较高级的一种‘渣’，渣到了极点还假装好人。有女朋友还不拒绝别的异性，你想想如果你是他女朋友，你会不会气到肝疼？

如果你想问要不要跟他在一起，当然是不要了。口头上虚无缥缈的承诺就是单纯地为了拖住你，没有任何别的意思。他只是享受着有异性追捧的感觉，是不是你根本不重要。奉劝早日断绝关系。

## 20. 分手征兆

我跟男朋友认识快十年了，在一起三年，是从好朋友发展成为恋人的。但是在一起之后感觉他变了好多，尤其是最近。消息回复很敷衍，对我说的事也不上心。但是平时还是蛮照顾我的。我以前经常在吵架的时候提分手，他都会耐心地哄我，但是最近吵架我说分手，他居然没有什么反应，还说如果在一起不高兴分开也好，他这样是不是真的想分手了？

**答：**

是。而且一定是已经蓄谋已久。虽然回复敷衍、不上心也会体现在进入平淡期的情侣身上，但是如果你提出分手的时候直接表示肯定了，那一定是心里早就有打算了。

但是从你的叙述来看，你自己本身也有女生的通病——“作”，“分手”两个字是不能常常挂在嘴边的，有时候说得多了会让对方伤心，久而久之他就会麻木，觉得“分开也不是不行”，这就是你男友现在的心理状态。千万不要以为你拿“分手”两个字能唬到对方对你更好，其实只会让男人越来越反感，从而真的产生分开的念头。

## 21. 挑剔

我男朋友家世比较好，然后我家庭一般，在一起是我倒追的他，从我追他起他就一直数落我，比如我身材不好啊，长得不漂亮啊，不会穿衣服啊，成绩不好啊等，各种事情都能被他拎出来说。开始我只是觉得他是开玩笑之类的吧，但是后来有几次他真的很认真地跟我说。我全身上下被他说得一塌糊涂了，我说你瞧不上我为什么还要跟我在一起，他说没有啊，我就是希望你变得更好。我真的不知道他这是什么心理，我真的特别喜欢他，但是每次他这样说我我都会很难受。

### 答：

如果他家境特别好的话，可能也是受到家庭的影响，眼光比较高。但是既然他没有跟你提过分手，也没有说不喜欢你，就可能是真的想让你变得更好。毕竟男人都爱面子的，他们当然希望自己的女朋友更漂亮，更优秀，这样带出去才有面子。

其实你提到的这些都不是问题，外貌可以通过学习穿搭和化妆来改变，你只要用心改变一下就可以了。最大的问题可能是你不够自信，对女人来说，比外貌更重要的是自信和气质。你可以通过读书或者报一些专业的培训班，来做到内外兼修，快速提升自己。告诉你做这些并不是让你去讨好他，当你真的做到的时候，你就明白这些东西对你的人生有多重要了。

## 22. 姐弟恋

我今年 30 岁，有过一次失败的婚姻，现在遇到了一个比我小五岁的男友。他刚刚踏入社会不久，很多想法不成熟，所以有时候他总会觉得我在“教训”他，其实他对我很好，平时也都是他照顾我。但是总感觉我们之间差点什么，他之前说过想跟我结婚，但是我觉得他家里应该不会同意，不知道这段感情该不该继续下去？

答：

其实从你的语气里能够感觉出来，你是喜欢他的，但是你对这段感情不自信。你觉得你们有年龄差距，首先观念不一样，其次家人可能也不会同意，但是这些都是外在因素。要不要在一起，主要还看你们个人的情感体验。现在姐弟恋已经不算什么大问题，明星中也有很多甜蜜的例子。主要是看你能不能把握住比你小的男人的心，能不能搞定他的父母。

23. 情趣

我男朋友总是说跟我没话聊，说我没情趣，我说我介意他跟别人聊天，他又说我不自信，各种嫌弃我，有时候还冷暴力。我一直弄不明白他说的情趣是什么？跟别人聊天就有情趣了吗？

答：

为什么总是有女生被男友嫌弃“没情趣”？情趣到底是什么呢？可能很多不了解的女人不知道情趣对于一个女人的魅力来说有多重要。在男人眼里，情趣就是你善解人意、聪明可爱，简单来说就是，你们有共同的话题，你总是能在谈话中把他逗笑，你让他觉得你这个人很有意思，偶尔你会对他夸赞让他获得满足感……详细说起来就太多了，展示你的“情趣”最简单的一种方法就是提升自己的沟通技巧，学会如何调侃，如何调情，如何暧昧，如何给他一些出其不意的回答，能迅速勾起他对你的兴趣。姑娘你要学习的还很多呀。

24. 压力

我男朋友以“压力大”为由跟我提出分手，我也不知道他说的压力大究竟来自何处。我们一起考研，终于考上了他跟我说他压力大。我平时不粘人也不撒娇，也从来没催过他要什么结果，我不知道他说的“压力大”是什么意思？是不是只是一个分手的借口？

答：

男人的压力通常来自于“工作”和“金钱”，既然你没有催促过他关于未来，道理上应该不是这方面的压力。

另一方面可能是来自感情方面的。一般女友的任性、作、物质都会给男友带来压力，但显然从你的叙述里看不出你是这种人。

综上所述，他就是随便找了一个借口，只是想跟你分手而已。

## 25. 物质女

之前男朋友因为觉得我太物质跟我分手，我是从小就受家庭环境影响，所以在跟他相处中也没有特意在意过。但是他家庭并不富裕，觉得我要求的很多东西太过分，我该怎么改变他这种想法？让他重新爱上我。

### 答：

要想改变他对你的看法，你要内外同时做出改变。不要再展现自己物质的一方面，或者尽量克制。多展现自己的修养、爱好等方面，展现自己勤劳、懂事、体贴的一面。跟他相处过程中多去理解他和夸赞他，让他感受到你由内而外的一个变化。

具体说来需要做的太多了，如果想挽回他的话可能需要一段时间。

## 26. 复合

我跟男友分手两年了，后来工作的时候又重新遇到，觉得还是有点舍不得对方。当初分手是因为异地，而且两个人想法都不成熟，思想也不稳定，经常吵架。现在我们想重新开始，我觉得他也有那个意思，但是现在只停留在每天聊天上，我要如何委婉地表达想跟他复合呢？

### 答：

其实男人都不傻，你稍微有多一点的情感透露都会被他发觉。如果你想快速制造一些暧昧或者是升温感情，可以尝试在聊天中多使用调侃性的和推拉性的话术，给对方制造情感上的拉伸性，比如“角色扮演”“虚拟元素植入”“奖罚制度”“推拉话术”等。

如果你想快速对他的情感制造刺激，可以使用“预选”技巧，展现出自己平时很受异性欢迎的状态，让他感受到一定的压力，主动提出复合。

## 27. 无爱婚姻

我前年跟老公结的婚，是亲戚介绍认识的，当时觉得各方面条件都合

适，而且有了宝宝，很快就结婚了。刚开始还好，他对我一直很关心，很照顾，但是我发现自从带了孩子以后他就对我越来越冷淡。月子期间一直都是我妈照顾我，他跟婆婆一直都没管过，孩子的东西他们也都没买过，都是我自己之前存的钱买的。老公是一个比较绅士的人，不会对我大呼小叫，但就一直冷暴力，经常说不上几句话，有时候我带孩子很累他也不会帮我，我问过他是不是不爱我了，他模棱两可地也说不清。这样的无爱婚姻还应该继续下去吗？

**答：**

你说他没有表示对你是否还有爱，但从你的叙述中也看不出你对他是否还有爱。你们的婚姻更像是为了结婚而结婚，这样的婚姻注定就是搭伙过日子。如果你想多获得老公的关注，可以尝试用“社交圈捆绑”“精神投资”“陪伴投资”等技巧，让他的关注点多放在你和孩子身上。简单说，比如“晒痛苦”，比如多找时间让他陪你，多进行有效沟通，缓和一下你们的关系。在生活中你应该是一个性格比较强硬、不会撒娇的女人，这在婚姻生活里十分不讨好，撒娇是女人的天性，适当的示弱有时反而能获取男性的怜悯和心疼。

## 28. 前男友借钱

浪哥，前男友每次找我都是跟我借钱，而且基本上没有还过，每次打着约会的名义见我，其实都是想借钱，我是不是不该借给他？

**答：**

当然了，傻姑娘！你没有听过一句话吗？“想摆脱前任最好的方式就是跟他借钱。”一个有担当的男人不会轻易向一个女人伸手要钱的，何况还是前任。他明摆着就是欺负你善良心软。女人要保持善良，但是善良并不是软弱！这样的渣男不但不能借给他，一定要让他滚远一点。

## 29. 挽回、欺骗

我是男朋友的初恋，他一直把我当作小公主宠着，但是因为怕他多想，我没有告诉他以前谈过好几次恋爱。后来他偶然之间从朋友那听说我以前谈过恋爱，他就特别生气，觉得接受不了这样的我，还说我隐瞒欺骗他，我怎么解释他都不听，还说永远不会原谅我。

我觉得以前的事我也不是刻意隐瞒的，他没有主动问过我，所以我也不想提。我知道他对我很好，我也希望跟他能走到最后，我觉得那些都不是问题，我不知道他为什么这么在乎。这样还能挽回吗？

答：

挽回也不是不行，但是暂时先不要去联系他，负面情绪很深的情况下不要去逼他。我们只能通过自身的改变让他重新看到你的闪光点，二次吸引他，而不是纠结于解决这个问题，因为你可能很难改变他这种想法。本身他性格也是有一点问题，太固执己见，思想又比较封闭，没有必要完全去迎合他。

### 30. 缺乏共同话题

我通过朋友介绍刚刚认识了一个男生，长得很帅，条件也不错，但是话很少。我们加上微信之后也没有聊过几次，每次聊天都冷场。我从他朋友圈了解到他比较喜欢打篮球，喜欢听民谣和摇滚，也不怎么打游戏，但是这些我都不太了解，也插不上话。一直都没有共同话题，怎么才能让聊天气氛变得好一点呢？

答：

题主自己也说了，关注到了对方喜欢的东西，但是自己不了解，所以没有共同话题，那么为什么不努力一点，多去了解一些他喜欢的东西呢？这样话题不自然就有了？而且跟对方聊他比较喜欢的东西，他的情感是极度亢奋的，对你们的聊天也会印象深刻。

即使是你们喜欢着完全不同的东西，你不能在短时间内了解那么多，但是起码你能在听到一首喜欢的歌时分享给他，看看你们的口味是否一致，可以在看到某些球星或者比赛新闻的时候分享给他，他一定会很惊讶“没想到你也关注这些！”这些做起来并不难，只要你用心一点，总能找到共同话题的。你害怕开口，其实也跟你自身性格有一定原因，你缺乏自信，害怕冷场，所以越来越胆怯，所以你首先要培养自己的自信心。聊天的时候轻松愉悦的气氛最重要。

## 31. 被分手，作

浪哥，我之前就是一个比较作的女生，因为被家里人惯的，可能有点“公主病”，喜欢对另一半大呼小叫的，平时对他也不好，但是我很喜欢我男朋友的。我们是同学，有很多共同兴趣，他是一个对感情很认真的人，所以之前也是一直在包容我吧，努力迎合我的各种要求。但是最近他突然跟我提出分手来，说是太累了，虽然还喜欢我，但是不想在一起了。我哭了好久都没用，又去找他，他说如果你一直这个样子，我们真的没有办法在一起。我说我会改的，他说你本性改不了。我要怎么才能改变留给他的印象呢？

答：

既然现在他因为你的“作”主动提出分手来，说明对你的负面情绪已经很深了，你留给他的印象几乎已经根深蒂固了。所以你现在去找他无论说什么做什么都没用了。

建议你先断联一段时间，然后在这段时间好好提升自己，包括性格和修养，多培养一些兴趣，丰富自己的生活。可以在平时的展示面里多展示一些自己比较“懂事”“温柔”“善良”的一面，比如照顾小动物，比如做菜做甜品，比如孝顺父母等。

性格固然很难改变，但是你更需要学习的是两性相处的技巧，你在恋爱关系中不懂得撒娇和示弱，也不懂得付出和分享，一味的索取会让对方觉得很累，压力过大。在以后的聊天和相处中也需要学着去体谅和关心对方，不要总是提复合，要让他真正看到你的改变，然后重新接受你，让他主动提出来。

## 32. 父母反对

我跟男朋友在一起快三年了准备明年结婚的，但是遭到了我父母的反对，理由是双方家庭距离太远，没有协调好以后定居的城市。但是男朋友家里已经在他家那边买好房子了，拿不出更多的钱买其他的房子了。但是我家里人不同意我嫁那么远。本来都打算双方父母见面谈结婚的事了，但是父母突然态度强硬地要求我分手，我现在有点不知道该怎么办，不知道怎么才能说服他们。

答：

其实父母不同意这种事一般有两种情况，第一个可能透过经验，能看出来这个人不适合你，不能给你带来更好的生活。另一种可能是父母透过你的叙述了解到你们的相处过程和对方的条件，觉得跟你不般配。其实距离这个问题需要考虑，但不会是造成反对婚姻的绝对问题。很可能是在你的叙述中，父母觉得对方家庭不够优渥，即使突破了距离问题也不会给你幸福。

关于定居的城市以后可以两家人相互协商。现在的主要问题是，你要让你父母看到你男友身上的闪光点，比如让他们知道他是一个底子好又努力的人，以后不会让你吃苦。或者去展示他们家庭的高价值，解除你父母的顾虑。

父母一般考虑的出发点都是孩子的幸福，有时候你也要站在他们的角度看一下，体谅一下他们的难处和良苦用心。



## 33. 异地恋、冷淡

我跟男朋友一直是异地，两个人平时工作都很忙，很少时间见面，只是每天聊微信和开视频。但是后来因为我经常加班，也很少视频和聊天了。最近再找他聊天的时候总感觉他态度很冷淡，就是我问一句他答一句，不再跟我分享他自己的生活了。我有点害怕，也联系了他那边的朋友问他的近况，他朋友说他没什么反常的，就是可能没事的时候就打游戏。

我知道异地恋很辛苦，有时候也经常忽略他，但我还是希望能互相克服一下，能跟他走下去。有没有什么办法能让他恢复到以前的热情呢？

答：

异地恋确实比较辛苦，想念的时候看不见摸不到，所以很多时候视频或者电话比单纯的聊天要好，起码能够感受到对方的语气。

工作繁忙并不能成为冷淡恋爱关系的借口，即使再忙，连问候一句的时间都没有吗？话题少就不能主动分享一下自己的生活吗？就不能抽出一天时间来见个面？就不能互相寄一些小礼物维系感情吗？很多事情只是你没有去做，如果当时你发现他态度冷淡就立马去找他，我相信他冰冷的外壳会立马卸下来。

其实男生都有点孩子脾气吧，他现在只是回应冷淡，没有提出分手，可能也是想看一下你的态度，如果你还在乎这段感情就大方向他表露，否则冷淡的下一步很有可能就是分手了。

### 34. 复联

我之前因为跟别的男生聊天让男朋友特别生气，然后他主动提出了分手并把我所有联系方式都拉黑，现在联系不到他，怎么才能再次复联呢？

**答：**

复联有很多种方法，要找到适合自己的。

如果分手的时候他负面情绪很深，你现在不确定他是否对你还有负面情绪，在知道他地址的前提下，可以尝试寄礼物。寄礼物是为了让他主动联系你。

如果在现实生活中有机会碰面，就多制造一些偶遇，比如去他家附近或者他公司附近制造一些偶遇，大大方方地打招呼，不要太刻意，一方面也可以观察到他现在对你的态度，另一方面也有重新加回联系方式的可能。

如果你们有共同好友，可以将好友发展为“僚机”，通过社交圈的捆绑来让他重新关注到自己。比如让共同好友组一个局，让你们有机会再次见面。

具体的方法要视个人情况而定。

### 35. 磨合期

我跟男朋友认识两年多，在一起一年了，但是中间分分合合了好多次，每次吵架都会分手，然后过不久又和好。现在我有点迷茫，不知道该怎么做，觉得这段感情很累。

**答：**

一年多的时间还没有走过磨合期很正常，因为刚刚褪去了恋爱里的新鲜感和热情，所以矛盾会突然激增。

但是你们需要改变的是你们的相处模式，不要每次吵架就提出分手，对一段感情没有好处，只会让两个人同时对这段感情丧失信心。

既然分分合合，代表离不开对方，所以就需要利用有效的沟通来解决

一些矛盾。你自己也说，觉得在这段感情里很累，对方一定也是这种感觉，只有找到一种好的相处模式，两个人才能长久地走下去。

### 36. 提升暧昧

我刚刚认识了一个男生，在一起一个多月了吧，但是一直没有什么男女朋友的感觉，虽然我们都彼此欣赏对方，但是还是觉得两个人不够贴心。怎么才能快速从舒适区走到暧昧区呢？

**答：**

制造暧昧气氛、提升关系可以从很多方面入手。比如说在聊天中，可以使用一些比较暧昧和有趣的聊天话术（奖惩制度、角色扮演等），通过撒娇、示弱、晒痛苦等方式引起他的关注。

另一方面可以通过多见面来提升关系。约会之前多铺垫一下对见面的期待感，比如这家餐厅很好吃，比如说我们要去一个很好玩的地方，让他对约会印象深刻。约会期间也可以使用一些小技巧，比如走路时靠他近一点，比如去哪里、吃什么都交给他做决定，会让男人产生极大的满足感。

另外，如果你们比如欣赏对方且已经进入了舒适区，可以尝试引导他为你投资，每次在他投资后一定要使劲儿夸他，鼓励他做出更多的投资。当一个男人心甘情愿为一个女人做出越来越多的金钱物质和精神等各种投资的时候，不知不觉就已经对你死心塌地了。

### 37. 思维差异

我今年 26 岁了，工作两年，男朋友跟我同岁，工作三年了。最近经常吵架，因为各种事，有时候是工作的事，有时候是生活中的事。我越来越发现我们的观念特别不一样，比如他认为我就应该跟所有领导和同事处理好关系，教我怎么做，但是我觉得我没必要去迎合每一个人。比如他觉得他已经跟我住在一起了就不需要整天打电话发微信了，但是有时候一整天不见面，我就是想给他发个微信，他就会觉得烦！我觉得这是我爱他的表现啊，他却觉得我太粘人。我们是不是思维差异太大了？有走下去的可能吗？

答：

的确，男女在思维上有特别大的差异，简单说男人是理性思考，他们很少动用情绪和情感。但女人恰恰相反，容易感情用事，在遇事的时候很少理性客观地分析。所以这样的思维差异也导致了在生活中的很多小矛盾和摩擦，其实都是正常现象。

你现在遇到的问题是不够了解两性思维差异，导致在遇到问题的时候不能找到正确的解决方向。你需要多了解一些男性思维，从他们的角度出发去看问题，在不发生争执的前提下解决问题。

另外针对情侣吵架有一种技巧叫做“上堆”，发生争执的时候就找共通点，比如你们吵架的目的都是为了解决某某问题，比如你们吵架的原因都是希望两个人更好，等等。没有必要什么事都要争论。

## 38. 挽回

我男朋友跟我在一起半年多的时候又喜欢上另外一个女生，因为那个女生有时候会冷落我，他说他很纠结不知道该选哪个，觉得对不起我，但又不想骗我。现在他们两个就是暧昧关系，我们两个也没有正式分手，怎么才能让他关注我多一点呢？

答：

傻姑娘他要是觉得对不起你就不会喜欢上别人了，这样你都能接受？他跟你在一起还光明正大地跟另一个女生暧昧，这种男人就是想脚踏两只船啊。

如果你真的特别爱他，离不开他，想让他只爱你一个人，就让他使劲给你投资，无论是物质还是精神，给你砸钱，找时间陪你。

另外怎么表现出你比另外一个女生更加优秀更值得他爱呢？首先要底子好，外貌提升不用说了，你要真正成为他的精神伴侣，让他离不开你，比如夸赞，比如“冷读”，比如突破他的情感窗口。从精神上让他觉得离不开你，非你不可。

## 39. 经济矛盾

我跟男朋友在一起三年多了，本来打算今年结婚的，也买好了婚房。

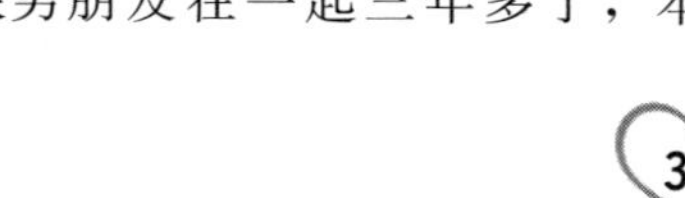

他家只给了六万的彩礼，别的装修的钱是我们俩自己攒的。

但是已订婚之后我才发现男朋友对钱很计较，我觉得我跟我父母已经做出很大让步了，我们这边彩礼一般都是十万，考虑到他家经济条件没有多要。

婚房只交了首付，以后还是要我们共同还贷的。但是装修的时候我们意见一直产生分歧。我觉得婚房一定要装修得好一点，肯定按照自己的心意来，但是他就很纠结钱的问题，一切只想着怎么省钱，因为这个原因装修到一半就搁置了。

现在我都开始怀疑是我们的感情有问题还只是因为钱的问题？不知道我们还能不能顺利结婚。

答：

其实你们之间表面上来看是经济矛盾，但是这样的经济矛盾已经触及到了感情矛盾。因为他并没有满足你经济上的要求，所以你心里已经对他有了怨气。所以后期无论他提出什么要求来，你都会觉得很过分，都是不想给你多做投资的表现。

关于你们还能不能顺利结婚的问题，需要你问一下自己。当初既然能主动让步接受他家庭的经济条件，说明是有感情的，那么你就要考虑你是更看重感情还是更看重条件了，爱情与面包的选择，别人不好说。

如果你想放弃也无可厚非。但是如果你还爱着这个男人，还想继续走下去的话，就多体谅他一点，凡事都可以商量。你明知道他的经济状况，再去提出他经济范围能力以外的要求，明显就是在打压他的自尊，这样对他和对你们的关系都不利。走入婚姻后有一个让夫妻关系变得更紧密的技巧——“共压技巧”，共同承担一部分的经济压力未尝不是一件好事。

## 40. 冷淡

我去年经朋友介绍认识了现在的男友，刚刚在一起三个月。刚在一起的时候关系很亲密，但是最近因为他换了工作，比较繁忙，经常一周见不到一次面，平时也很少聊天，节假日对方也没有什么表示。我觉得自己一直被冷落，向他提到过这个问题，他一直说自己工作太忙，让我懂事一点。我不知道他这是借口还是真的，我该怎么做让他更关注我一点呢？

答：

刚刚在一起三个月，按理来说应该是热恋期，处于非常暧昧的状态，他突然冷落你肯定不是没有缘由的。可能就像他说的，工作很忙，这样的话你就需要控制自己的需求感，不要再频繁找他，尝试让自己的生活丰富起来。当他找你的时候尝试使用“推拉”技巧，不要让他觉得是你一直在追着他的。

如果他工作忙只是一个借口的话，可能你们的关系就有些危机了。在三个月的时候不应该出现这种状况的。如果你想让他多关心你，可以尝试使用“晒痛苦”的方式，也可以测试出他对你的心意和在意程度。

## 41. 有效沟通

男朋友是在大学里追的我，性格比较腼腆，一直暧昧了大半年才在一起。在一起是因为觉得他真的对我非常好，舍得为我投资，但两个人一直沟通很少，或者说没有什么有效沟通。

他属于比较内敛的人，很多事不会直接说，即使问他他也不肯说的那种。我就觉得很累。有没有什么办法让他能主动跟我说说心里话？或者我能了解到他内心想法的办法？

答：

这是男人的天性吧，一般都不会主动分享自己的内心和秘密。如果有一天他主动向你分享了，那一定是特别信任你和依赖你了。

那么要如何做到呢？首先你说他本人性格“内敛”、“腼腆”，不是一个擅长交际个沟通的人，所以你就不能用一般的方式来逼他。要想做到有效沟通，就要多听听他的想法。很多时候可能他没有说话，但是他的表情、态度和动作已经在“说”了，所以一定要学会观察和倾听。

怎么成为一个男人的精神伴侣呢？就是要让他觉得你是懂他的，你是理解他的，你是能够包容他的。这样他才会主动向你分享。所以你要做到跟他产生情感上的“共鸣”和情绪上的“共振”。共鸣的技巧就是“冷读”，产生共振的技巧就是跟他感同身受，表达跟他同样的想法和感受。

做到这两方面的话，男人很难不向你敞开心扉。

## 42. 缺乏安全感

我男朋友长得比较帅，各方面条件都很好，当初是我追的他，但是在一起之后一直感觉没有安全感。平时找他聊天的女生很多，也有很多比我更漂亮、条件更好的。所以我一直对自己没什么自信，总怕他会离开我，他也总说我多疑，怎么调整自己这种心态呢？

**答：**

缺乏安全感也不完全是你自身的问题，一部分原因也在你男友身上，是他有些事情的做法让你觉得没有安全感。可能就像你说的，因为他太优秀，而你太平凡，所以你们两个在感情上不对等。

既然你知道自己不够好，为什么不做得更好？从外表和内在建立更强的自信心。你的多疑来源于不自信，那就让自己变得更加自信一点，男朋友也会因此更加爱你。

另一方面，你们可以多制造两个人之间的“共谋”来深度了解对方，建立更深层次的关系，一起谋划着做一些难忘的事，也会给你们两个人留下美好的共同回忆，从而巩固你们之间的关系。

## 43. 忘不了前任

我跟老公在一起的时侯就知道他有一个前任，一直缠着他。现在我们结婚几年了，老公还是忘不了她，说年轻的时候为他打过一个孩子，觉得对不起她。那个女的经常偷偷约他见面什么的，我都假装不知道，但是心里还是很不舒服。男人真的会忘不了前任吗？怎么才能让他安下心来？

**答：**

为什么有的男人放不下前任？其实并不是因为她有多美多优秀，而是这个女人在他的生命里留下了一段难以磨灭的回忆。这种男人也不能说他就是不好，只能说他有点念旧。至于为什么跟你结婚了还放不下前任，只能说明你留给他的印象还抵不过他前任为他打过的一次胎。

为什么你对老公的吸引力不够呢？这就要从你自身找一些原因了。是你婚后不用心打扮自己了，还是你不注重两个人之间沟通和交流了？再或者你们夫妻之间的日常生活乏善可陈，没有创造出更多的美好回忆？

解决办法有很多，最简单的一种是跟他多制造共谋，这个在日常生活中可以随时做到，比如说两个人一起做一顿饭，比如周末一起出去看电影逛街，比如一起去旅行，比如一起参加聚会等等。

第二种，通过“晒痛苦”等方式让他关注到你，多对你进行精神方面的投资。

还有一点需要做到，就是你要捆绑住他的交际圈，平时多跟着他出入他的聚会，了解他的圈子，在他的朋友、同事面前给他营造一个“好老公”的形象，会让他特别有成就感。

做到了这些，还会愁他忘不了前任吗？

## 44. 未来模拟

浪哥你好，我关注你们很久了，一直听你的公开课。之前听你讲过一个“未来模拟”技巧，然后突然发现男朋友从来不跟我承诺未来的事，我自己也没太在意过。但是我跟他在一起是打算结婚的，现在突然不知道他什么想法。所以后来就去试探他了，就跟他侧面提过一些对于以后的憧憬，比如去参加朋友婚礼的时候，跟他说我想办一个什么样的婚礼，也跟他说过喜欢的房子的风格，他当时都应和了，但是关于结婚见家长的事一直没有提上日程，我该不该催他呢？“未来模拟”这个技巧是这样用的吗？

### 答：

关于应不应该，当然还是要看男方的态度，了解一下他目前对于婚姻和未来的打算。一般强逼着的男人都会抗拒的。

“未来模拟”这个技巧就是多去制造对于未来美好生活的憧憬，多说一些对未来期待的话。方向你做得是对的，至于为什么“结婚见家长的事没有提上日程”，可能是因为你没有进行细节的描绘，你应该把一些画面具体化，具体到希望未来的家里摆些什么东西，放在哪个方位。具体你希望在婚礼上用什么歌，喜欢什么样的婚纱，越细致越好。在你这些详细的描绘中，男友的脑海中会不知不觉跟着你的描述出现一副蓝图，想象到你穿婚纱的样子，想象到你们以后生活的样子。

一般说到这种地步，男人都会懂你什么意思了，也会主动解答你的困惑，说出他对于未来的想法。

## 45. 妈宝男

我男朋友是家里的独子，他父母都是教授，所以从小特别听话，应该算是“妈宝男”。他妈妈对他干涉特别多，从上学到工作，到现在我们谈恋爱，一直都是他妈妈在主导着。刚开始在一起的时候他妈妈就是不同意的，后来因为我们俩死缠烂打，他妈妈才松了松口，但是说婚房只能给我们首付，以后贷款自己还。我自己倒觉得没什么，因为我们俩收入都还不错。但是我家里爸妈不太乐意了。我爸妈就想找他爸妈再商量一下，但是男朋友突然特别坚定地说不行，说要不就听他妈妈的，要不然就分手。我突然就懵了，我不知道这是他的意思还是他妈妈的意思。不管是怎么样，我觉得我们感情一直很好，为什么会突然这样呢？我真的改变不了他的想法吗？

### 答：

对于“妈宝男”，也不能完全否定他们，毕竟从某一方面来说，他们是极其孝顺的，只不过父母对他的干涉已经影响了他自身的判断力。

从你的叙述来看，男友是突然变成这样的，那你有没有具体追究过是什么原因呢？也许他是在顺应父母，为了跟你结婚向父母妥协。也或许只是分手的一个借口，这还需要你再去深入沟通了解到。

为什么他会听他妈妈的多于听你的想法？首先你要明确，那个是生养他的人，他顺从是应该的，但当然不能一味地去顺从。如果你们意见出现了分歧，你不妨站在他妈妈的角度，顺着他妈妈的想法说，看一下他们什么反应。当你在男友心里留下一个“孝顺”“懂事”的印象时，他就会觉得你跟他是站在同一战线的，会开始考虑你的一些想法是否也有道理。

## 46. 挽回

我跟男友在一起一年多，在一起大概三个月的时候开始同居，感情一直还不错，偶尔也会吵架拌嘴，但是很快就会和好。但是前一段时间我发现他一直在跟一个妹子聊天，聊天内容很暧昧，而且他并没有表示自己有女朋友，我特别生气，就跟他吵了一架，没想到他提出了分手。我并没有想过分手，所以一味地求他，也答应以后不会再干涉他的事，但他还是不同意和好。已经大概两周没有联系了，那天问了他有没有想好，他说他还需要时间。不知道这段感情还能不能挽回？

答：

知道为什么他说“还没有想好吗？”因为你太低姿态了，他已经看不起你了。何况现在他身边不乏新的目标，不会在意一个低声下气跪求自己的人。

他跟别的妹子聊骚，本身就是他的错，最后却还要你道歉，还要你承诺“以后不会再干涉他”，你的价值是有多低？你在他心里已经没有一丝地位了。

要想挽回的话还是好好学习提升自己吧，主要从内在方面入手，让他看到你的高价值，你一定要通过“坚强”和“自信”等品质来展现自身的女性魅力。

现在还不要联系，再次联系的时候也不要逼问他答案，暂时不能提及感情问题，容易暴露需求感。想要挽回，你只能通过“二次吸引”的方式。

## 47. 价值差异

老师，我是一名大三的学生，读的是艺术院校。但是我男朋友考到了985。因为是异地，而且他觉得两个人差距太大，我配不上他的感觉，提出了分手。因为他家里条件不太好，所以家里要求很严格，他对自己要求也特别严格，平时除了上课就是看书，弹吉他。他说他希望找到一个跟他水平差不多的女朋友，可以有共同话题，相处也不费力。但是现在我又改变不了什么了，怎么才能让他觉得我跟他合适？

答：

你们之间的主要差距体现在“价值”上，很明显的学习能力和自我提升方面你差他太多了。所以你需要做的就是努力去提升自己，达到跟他相近的水平。即使现在你改变不了你的学习能力，但是你可以通过表现出自己热爱学习、热爱读书、热爱生活的一面来让他看到你的改变和价值啊。

他是一个严谨的人，你也开始严格要求自己。他喜欢读书，你可以多跟他讨论一些书里的问题，他喜欢弹吉他，你也学习乐器，可以多跟他切磋一下技艺。你要想配得上他，必须努力，即使达不到他的那个高度，也要达到他的身上那种毅力和严格，让他觉得你跟他一样，都是面对生活积极努力的人。

## 48. 见面

跟前男友分手三个月了，断联一个月，最近聊天不错。约了下周第一次见面，我邀约的，有什么注意事项吗？

### 答：

分手后第一次见面，最好不要谈论感情话题。可以随意聊些最近的近况，可以聊一些工作和生活，但是不能提“复合”“感情”之类的字眼，很容易暴露自己的需求感，对复合是不利的。

当然具体也要视情况而定，假如你对你们现阶段的关系有足够自信的话（比如对方回应极好，也有复合的意向），可以通过一些暧昧的肢体动作，或者准备一本情侣日记，来让他感受到你的心意。但复合的事最好还是让他主动提出来。

第二点就是不要发生关系！不要发生关系！在你们正是复合之前，不管对方以什么态度什么理由提出要求都不要轻易顺从，因为这样很容易让他把你当成 P 友，但他并不会因此就跟你复合，千万不要用自己的身体去换来廉价的感情。

另外的就是一些外貌的装扮和话题的准备了，打扮得漂漂亮亮的，大方得体，能在冷场的时候接得上话，能够在短短的时间内通过当面谈话提升你们的关系，这样的你一定会让他刮目相看。

## 49. 关键词：沟通

2016 年遇见他，2017 年年初在一起，当时特别甜蜜，每天黏在一起，他给我的生活带来很多欢乐，我开始慢慢摆脱过去，恢复了以往的活力。但是 2017 年中旬开始吵架，争吵越来越多，我开始怀疑我们是不是不应该在一起。虽然我知道我们是相爱的，我们一直都是彼此的依靠，但是这样的争吵太累了。年末的时候我们终于分开了，但是我整整失眠了一个月，我不知道是不是就该这样放弃。我很清楚我们之间没有别的矛盾，就是没有办法建立有效沟通，每次的沟通都会变成争吵。我内心还是希望和他重新在一起的，但是不知道自己还没有机会。

答：

争吵在一段恋爱关系里是特别正常的一件事。世界上不可能有完全合拍的两个人，或多或少都会产生分歧，最重要的是用什么样的方式去解决。

如果两个人不是性格原因，那其实很好解决，你只是没有掌握两性沟通技巧，在和男友进行沟通时没有适时地后撤和冷冻，更不懂得示弱和撒娇，撒娇是女人的天性，你没有好好利用起来。复合当然是可以的，但女神还需要恶补沟通技巧啊。

50. 关键词：网恋奔现

我在游戏里认识了一个男生，打游戏包括聊天认识了有大半年了，在同城，也互相发过照片，一直聊得比较好。最近他提出来想约我见面，但是我感觉还没有准备好。我是特别喜欢他，但是觉得网络上的感情不是特别靠谱。他人挺好的，没有强求我。我自己也在犹豫，害怕奔现后没有结果，更害怕万一他不是我想象中的样子。我到底应不应该去见他？如果见面有什么需要注意的？

答：

其实网恋奔现也并不都是新闻里说的那样糟糕，同事就有网恋奔现，现在幸福地在一起啊。但是如果你准备好要见面了，浪哥不得不给你一点建议，不要在第一次见面的时候让他了解你太多，更不要发生关系。如果特别喜欢，可以多少有些肢体接触，但是要有底线。

如果你是担心见面后的尴尬或者失望，这个也没有办法帮到你，因为毕竟网聊跟见面的感觉差别还是挺大的。

见面一定要选在人多的公共场合，如果有其他的担心可以叫朋友一起。见面的时候就当作是聊天，就聊你们平时的正常话题，冷场的时候可以用一些我们课程里讲过的“穿越话题”来化解尴尬。

一两次见面可能不足以判断一个人，还是要深入接触后再确定关系。喜欢就大胆地去约会吧，祝幸福哦！